岩土多场多尺度力学丛书

硬岩板裂化及其锚固机制

周　辉　卢景景　张春生　陈建林　等　著

科　学　出　版　社

北　京

内 容 简 介

本书围绕硬岩板裂化机理、模型及板裂化锚固机制等前沿基础问题开展系统深入的研究，在理论、方法及工程应用等方面均取得了重要进展。本书介绍硬岩板裂化的工程尺度特征和板裂化岩爆特征，详细阐述板裂化类型、机理及其发生的应力条件、板裂化力学模型与数值模拟方法、板裂化形态特征的影响因素及影响规律、板裂化岩爆机制及倾向性、板裂化破坏锚固机制等系统性研究成果，并结合锦屏二级水电站深埋水工隧洞工程实践进行了现场应用。研究成果可为我国深部工程安全建设、深部资源安全开采提供有力的技术保障，同时也可丰富深部岩体力学理论。

本书可为深埋工程围岩破坏特征研究提供启示和借鉴，为工程设计、施工技术和方法研发提供支持，可供地质工程、采矿工程、水电工程、交通工程、结构工程、岩土工程、地下工程等相关专业的研究生、科研人员和工程技术人员学习参考。

图书在版编目（CIP）数据

硬岩板裂化及其锚固机制/周辉等著. —北京：科学出版社，2019.3
（岩土多场多尺度力学丛书）
ISBN 978-7-03-055502-1

Ⅰ. ①硬… Ⅱ. ①周… ②卢… ③张… Ⅲ. ① Ⅳ. ①TD713

中国版本图书馆 CIP 数据核字（2017）第 281457 号

责任编辑：孙寓明/责任校对：董艳辉
责任印制：彭　超 / 封面设计：苏　波

科学出版社 出版
北京东黄城根北街 16 号
邮政编码：100717
http://www.sciencep.com
武汉中远印务有限公司 印刷
科学出版社发行　各地新华书店经销
*
2019 年 3 月第　一　版　开本：720 × 1000　B5
2019 年 3 月第一次印刷　印张：13 3/4　彩插：4
字数：278 000

定价：128.00 元

（如有印装质量问题，我社负责调换）

“岩土多场多尺度力学丛书”编委会

"岩土多场多尺度力学丛书"序

为了适应我国社会、经济与科技的快速发展，深部石油、煤炭和天然气等资源的开采，水电工程 300 m 级高坝、深埋隧洞的建设，高放核废料的深地处置、高能物理的深部探测等一系列关乎国计民生、经济命脉和科技制高点的重大基础设施建设正紧锣密鼓地开展。随着埋深的增大，岩土工程建设中的多场（地应力、动载、渗流、温度、化学条件等）耦合效应与多尺度（微观、细观、宏观及工程尺度）特性更加突出和复杂。例如，天然岩体是完整岩石与不同尺度的节理/裂隙等不连续系统组成的复合介质，具有非均匀性、非连续性、非弹性等特性，其力学行为具有显著的多尺度特性。岩石的微观结构、微裂纹之间的相互作用、孔隙和矿物夹杂均影响着岩石细观裂隙系统的演化，而裂隙的扩展和贯通与宏观上岩石的损伤和破坏密切相关，也决定了工程尺度上的岩体稳定性与结构安全性。因此，研究岩土多尺度力学特性不仅对岩土工程建设至关重要，同时可以促进岩土力学研究向理论化与定量化方向发展。近年来，岩土微观与细观实验技术与几何描述方法、细观力学损伤模拟方法、从细观到宏观的损伤模拟方法等细-宏观等效研究方法已基本确立了细观到宏观尺度上的沟通桥梁。但这还不够，建立微观-细观-宏观-工程尺度上系统的分析方法才能全面地处理好工程建设中复杂的岩土力学问题。大型岩土工程建设还普遍涉及复杂赋存环境下岩土体的应力和变形、地下水和其他流体在岩土介质中的运动、地温及化学效应直接或间接的相互作用及相互影响。以岩土渗流与变形耦合作用为例，渗流是导致岩土介质及工程构筑物发生变形和破坏的重要诱因，国内外因渗控系统失效导致的水库渗漏、大坝失稳与溃决、隧洞突涌水等工程事故屡见不鲜。渗透特性具有非均匀性、各向异性、多尺度特性和演化特性等基本特征，揭示岩土体渗流特性的时空演化规律是岩土体渗流分析的基础，也是岩土工程渗流控制的关键问题。因此，对于处于复杂地质条件和工程环境中的岩土体，揭示其多场耦合条件下多尺度变形破坏机理、流体运移特征、结构稳定性状态及其演化规律是保证岩土工程安全建设与运行的重中之重。

近年来，岩土多场多尺度力学研究领域成果丰富，汇聚了 973、863、国家自然科学基金项目以及其他重大科技项目的科研成果，试验和理论研究成果也被进一步广泛应用于重大水利水电工程、核废料处置工程及其他工程领域中，取得了显著的社会效益和经济效益。在此过程中，我们也欣喜地看到，岩土多尺度、多场耦合理论体系在与工程地质、固体力学、流体力学、化学与环境、工程技术、计算机技术、材料科学、测绘与遥感技术、理论物理学等多学科不断融合的基础上日趋完善。更振奋人心的是，越来越多的中青年学者不断投身其中，推动该研究领域呈现出生机勃勃的发展态势。“岩土多场多尺度力学丛书”旨在推介和出版上述领域的相关科研成果，推进岩土多场多尺度力学理论体系不断发展和完善，值得期待！

“岩土多场多尺度力学丛书”涉及近年来在该领域取得的创新性研究成果，包括岩土力学多场多尺度耦合基础理论、多场多尺度岩土力学数值计算方法及工程应用、岩土材料微观细观宏观多尺度物理力学性能研究、岩土材料在多场耦合条件下的理论模型、岩土工程多场耦合计算分析研究、多场耦合环境下岩土力学试验技术与方法研究、复杂岩土工程在多场耦合条件下的变形机制分析以及多尺度、多场耦合环境下的灾害机制分析等方面的内容。

相信在“岩土多场多尺度力学丛书”的各位编委和全体作者的共同努力下，这套丛书能够不断推动岩土力学多场耦合和多尺度分析理论和方法的完善，全面、系统地为我国重大岩土工程解决“疑难杂症”。

2018 年 11 月

前　言

为了适应我国国民经济快速发展的需要，“西部大开发”“南水北调”战略及“一带一路”倡议等相继实施，带动交通、水利水电、采矿等基础工程建设和资源/能源开发以前所未有的速度蓬勃发展，已经并将继续出现大量复杂地质条件下的深埋长大隧（巷）道、地下洞室工程。工程实践表明，板裂化破坏现象是深埋地下工程开挖过程中硬脆性围岩脆性破坏的最普遍的一种形式，与岩爆等高应力灾害密切相关，对围岩板裂化破裂机理和特征的认识有助于准确把握和科学调控地下工程围岩稳定性。

国内外众多学者对深埋工程中的围岩板裂化发育特征、发生机制、板裂化形成岩爆的机理等开展了大量试验和理论研究，取得了较多成果；但由于工程硬脆性岩体结构与赋存条件的复杂性，对于深埋洞室围岩板裂化机理、类型、力学条件以及围岩板裂化与岩爆的关系等方面尚待开展针对性的细致、深入和系统研究。本书以锦屏二级水电站深埋隧洞群为工程背景，基于现场大量板裂化破坏现象的统计分析结果，研究了硬岩板裂化的工程尺度特征和板裂化岩爆特征，结合硬岩力学特性和扰动应力场演化规律给出板裂化类型、机理及其发生的应力条件，在此基础上，建立板裂化力学模型与数值模拟方法，分析板裂化形态特征的影响因素及影响规律；板裂化岩爆与板裂化密切相关，基于工程案例和室内模拟试验研究板裂化岩爆发生机制，介绍了基于突变理论的板裂化岩爆倾向性分析方法；最后，介绍板裂化预应力锚杆和全长黏结式锚杆锚固的机制。

本书得到了国家自然科学基金项目“深埋隧洞围岩板裂化机理与岩爆风险评估预测研究”（41172288）、“考虑应力主轴旋转的围岩板裂化形成机理与结构特征研究”（51709257）、“岩爆防治锚固系统工作机制试验研究”（51709113）；国家重点基础研究发展计划（973）课题“TBM 掘进扰动下深部复合地层围岩力学行为响应规律（2014CB046902）”；国家重大科研仪器研制项目（51427803）；中国科学院知识创新工程青年人才类重要方向项目“深埋长隧洞围岩层裂机理与岩爆预测研究（KZCX2-EW-QN115）”；中国科学院青年创新促进会等项目的资助。此外，中国电建集团华东勘测设计研究院有限公司、中国科学院武汉岩土力学研究所岩土力学与工程国家重点实验室等单位对相关成果研究提供了支持和帮助，在此表示衷心感谢！

参与本书写作的还有：张传庆研究员，徐荣超讲师，胡善超讲师，杨凡杰助理研究员，刘宁教授级高工。此外，胡大伟研究员、刘继光高级工程师、朱勇助理研究员、高阳助理研究员、孟凡震副教授为部分试验工作提供了指导，并对本书进行了细致修改；博士生陈珺、姜玥、崔国建、丁长栋、杨福见，硕士生史林肯、韩钢、黄磊、李华志等参与了部分校对工作。在本书的撰写过程中得到有关专家的指导和帮助，引用了多位学者的文献资料，在此对上述做出贡献的专家和研究生表示感谢！

由于作者水平有限，书中难免存在不足之处，恳请专家、学者不吝批评和赐教。

作　者

2017 年 12 月

目 录

第1章　绪　　论

近年来，随着国民经济持续稳定增长，国家对能源开发和基础工程建设投入的力度不断加大，交通、水利水电，采矿等方面的建设日益增加。如在交通领域，我国每年都新建大量深埋长大铁路和公路隧道，如川藏公路二郎山主隧道全长4176 m，最大埋深770 m。在水利水电领域，我国有20多个世界级的大型和特大型水利水电工程正在或即将兴建，这些工程大多位于我国西部和西南部的高山峡谷地区，形成了数量众多的深埋长大水工隧洞，如南水北调西线一期工程隧道累计总长244 km，单洞最长73 km，最大埋深达1100 m。在采矿领域，随着我国浅部矿产资源/能源逐渐枯竭，大规模开采深部丰富的矿产资源/能源已成为我国采矿工业发展的必然趋势，为此，需要掘进大量超千米深的深井巷道，如我国近年来平均每年掘进的煤矿深井巷道累计超过2000 km。可以预见，随着我国基础工程建设和资源/能源开发快速发展，将会出现越来越多的深埋长大隧（巷）道工程。

随着埋深的增加，板裂化破坏成为深埋隧洞硬脆性岩体开挖卸荷最具代表性的破坏形式（图1.1（a）~（d））。板裂化现象给工程安全和施工带来新的课题和挑战：①硬脆性围岩板裂化及其特征与岩爆强度和发生时间之间具有显著的相关关系，如锦屏二级水电站深埋长隧洞大量岩爆案例表明，在绝大多数开挖卸荷诱发的隧洞岩爆发生前，相对较完整的洞壁围岩都会出现明显的板裂化现象（图1.1（e））；②围岩劈裂形成的板裂化结构不稳定，发生片帮、冒顶和坍塌等现象的随机性很大，对施工人员的安全造成威胁；③对于引（输）水隧洞来说，板裂化结构的存在将对隧洞围岩的长期稳定性和渗透性产生重大影响（图1.1（f）），围岩如何进行支护，目前尚缺乏完善的和针对性的设计理论。因此，深入揭示围岩板裂化形成机理与规律对于保障深埋隧洞安全具有重要意义。

此外，深埋隧洞发生频率最高的岩爆类型是由于板裂面切割围岩形成的破裂结构发生突发性失稳破坏而形成的，即在绝大多数开挖卸荷诱发的隧洞岩爆发生前，相对较完整的洞壁围岩都会出现明显的板裂化现象，在本书中将该类型岩爆称为“板裂化岩爆”或“板裂屈曲岩爆”。该类型岩爆与板裂化形成和演化过程有密切关系，不同形态的板裂形成的岩爆结构及其失稳机制和过程均不相同，而目前对其认识的局限性极大地制约了板裂化这一有效的前兆信息在深埋隧洞岩爆预测中的应用。

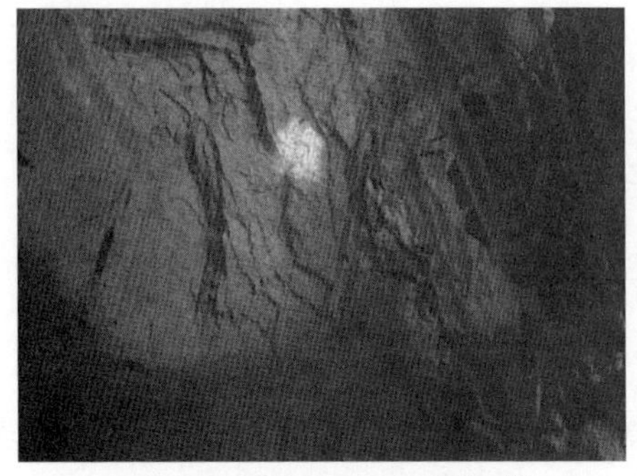

（a）齐热哈塔尔水电站引水隧洞[1]

（b）白鹤滩地下厂房第一层开挖侧拱~拱脚[2]

（c）钻爆法开挖围岩板裂化破坏

（d）TBM 开挖围岩板裂化破坏

（e）伴有板裂化破坏的顶拱岩爆

（f）板裂化围岩高位水压导致衬砌破坏

图 1.1　深埋隧洞围岩板裂化及其危害（后附彩图）

综上，板裂化和板裂化岩爆是深埋硬脆性岩体开挖过程中围岩发生的最普遍的两种破坏形式，板裂化到板裂化岩爆具有过程性，可以作为该类岩爆发生的前兆信息，但就目前的研究情况来看，对于围岩板裂化的破坏机理、发生规律、锚固机制以及作为岩爆发生前兆信息等方面的研究并不充分，导致深部地下工程在支护设计参数和岩爆预测防治等方面缺乏充分的理论依据。本章将首先对何谓板裂化和板裂化岩爆进行说明，然后总结两者及锚杆锚固机制与止裂效应的国内外研究现状。

1.1 深埋硬岩板裂化与板裂化岩爆

1.1.1 板裂化现象与概念

国内学者孙广忠等[3]从工程地质的角度定义了“板裂结构”的概念：由软弱结构面分割构成板状结构体的岩体结构，称为板裂结构。这里定义的板裂结构是指长期地质作用形成的天然岩体结构。文献[4]指出，板裂岩体包含由人工开挖导致的完整围岩岩体劈裂成板状结构而形成的似板裂结构岩体，这对“板裂结构”进行了有益补充。需要说明的是，本书研究的板裂化属于相对完整岩体开挖卸荷形成的“似板裂结构”，并非经过长期地质作用而形成的“天然板裂结构”。

1. 板裂化现象的描述和定义

板裂化破坏现象的产生，很早便引起了国内外学者的注意，许多学者对板裂化破坏现象进行了记录与描述。Fairhurst 等[5]最早对这种近似平行于围岩洞壁的板裂破坏进行了详细的描述，将板裂破坏现象称之为 spalling 或者 slabbing，认为板裂破坏的产生与围岩内张拉裂纹的扩展与贯通密切相关。孙广忠[6]从理论上论述了高边墙地下洞室洞壁围岩在高地应力作用下可以产生板裂化，将板裂化现象解释为：在高地应力作用下，高边墙地下洞室边墙围岩内部变形不是连续的，而是在切向力作用下围岩发生开裂和板裂化，板裂化形成的板条在轴向力和自重力作用下产生弯曲变形，这和在轴向力作用下产生张破裂一样，是受极限张应变控制的，鲁布革电站地下厂房边墙围岩开裂的实例则证明了这一论点[7]。Ortlepp[8-9]认为，板裂破坏是高地应力条件下，开挖卸荷引起的一种破坏形式，板裂面一般平行于最大切向应力方向，且随着破坏的发展，最终会形成一个 V 形凹槽。Martin 等[10]通过对加拿大硬岩矿山开采中 178 例矿柱破坏模式的现场案例统计研究表明：当硬岩矿柱的宽高比小于 2.5 时，其主导破坏模式为渐进的板裂化与剥落破坏，最终形成类似“漏斗状”或“沙漏状”的破坏形状，如图 1.2 所示。Cai[11]研究认为，板裂破坏通常表现为洞壁围岩密集分布的洋葱皮状裂纹，裂纹切割围岩形成近似平行于开挖面的岩板，裂纹密度取决于岩体地应力条件、岩体强度以及岩石的非均质性。张传庆等[12]将锦屏二级水电站 2 号试验洞开挖后，围岩板裂化破坏形态详细划分为：片状破坏、薄板状破坏、楔形板状破坏三类，并对各种

图 1.2　矿柱板裂化破坏[10]

类型的板裂破坏形态进行了较为详细的描述。周辉[13]在对锦屏二级水电站深埋隧洞大量围岩板裂现象的统计分析基础上，按照围岩板裂化出露于洞壁的几何形态将其分为薄片状、曲面状、规则闭合板状、规则张开板状、不规则张开板状和巨厚板状六大类；按照围岩板裂化沿隧洞断面的分布特征，分为密集板裂区和稀疏板裂区。

由上述可知，板裂化破坏是高应力下硬脆性岩体开挖卸荷后围岩脆性破坏的一种表现形式，而对于高应力下硬脆性岩体的破坏模式和机制，国际上最具有代表性的是加拿大原子能有限公司（Atomic Energy of Canada Limited，AECL）地下试验室（Underground Research Laboratory，URL）开展的相关研究工作[14]。其中 Martin 等[15]详细记录了在埋深 420 m，水平布置的试验隧洞在开挖过程中 V 形破坏的形成过程。V 形破坏与板裂破坏均属于高地应力硬岩发生的脆性破坏，文献[15]中 V 形破坏形成过程中关于板裂现象的描述如下：板裂破坏发生在掌子面后方 0.5~1 m 的围岩洞壁周边，每次开挖循环一结束就会在洞顶和底板出现，从微裂隙密度最大的地方开始扩展，并逐步形成密集薄板，薄板厚度与岩石晶粒尺寸相当，即厚 2~5 mm；伴随着 V 形剥落的继续发展，会在 V 形两翼形成不稳定的板裂裂纹扩展，形成的岩板厚度一般为一至几厘米厚，若将形成的岩板剥离洞壁，会观察到 V 形破坏向围岩内的扩展情况。图 1.3 所示为 V 形破坏中的板裂现象。

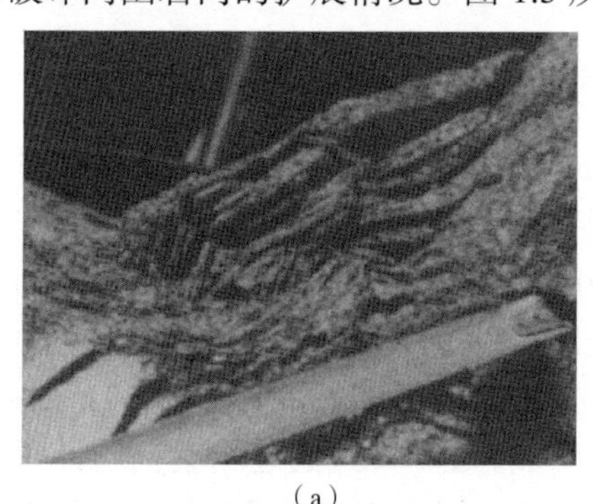

（a）

（b）

图 1.3　V 形破坏中的板裂现象[15]

此外，Lee 等[16]利用 Lac du Bonnet 花岗岩进行室内双轴压缩试验，发现了 V 形破坏形成中的板裂现象（如图 1.4 所示）：V 形破坏形成过程中，会在 V 字形的两翼形成一系列密集分布、近似平行的张拉裂纹；被这些近似平行、密集分布的裂纹分割而成的薄板，渐进地分离或剥落，逐步导致了狗耳朵状的 V 形破坏。

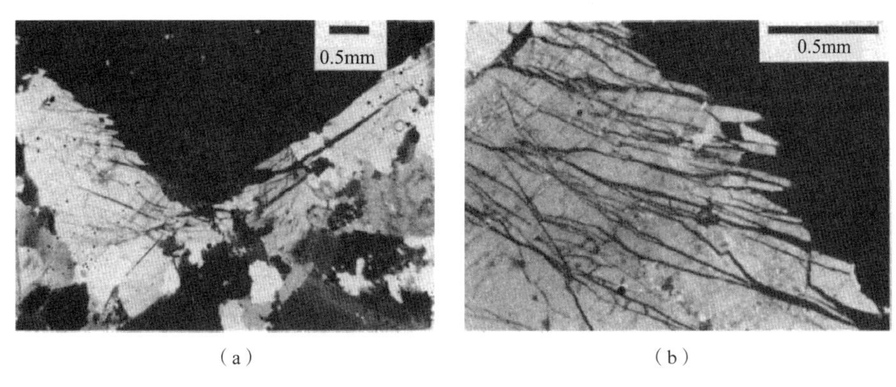

（a）　　（b）

图 1.4　室内试验 V 形破坏中的板裂现象[16]

2. 板裂化破坏与其他破坏模式的区分

板裂化破坏是深埋高地应力条件下，硬脆性岩体由于开挖卸荷而导致围岩内形成多组近似平行于开挖面的裂纹（板裂面），裂纹（板裂面）将围岩切割形成板状或层状破坏现象。而对于这种板状或层状破坏的描述也有其他说法，因此认识板裂化破坏现象应注意与其他破坏模式的区别与联系。

（1）板裂与弯折内鼓。弯折内鼓[17]在破坏的表现形态上虽然也是一种呈层状或板状的剥离，但从岩体的完整性角度而言，弯折内鼓是层状、特别是薄层状围岩的主要破坏模式（如图 1.5 所示），而板裂破坏是相对完整岩体所表现出的脆性破坏，完整岩体形成板裂结构后有时会继续发生弯折破坏。

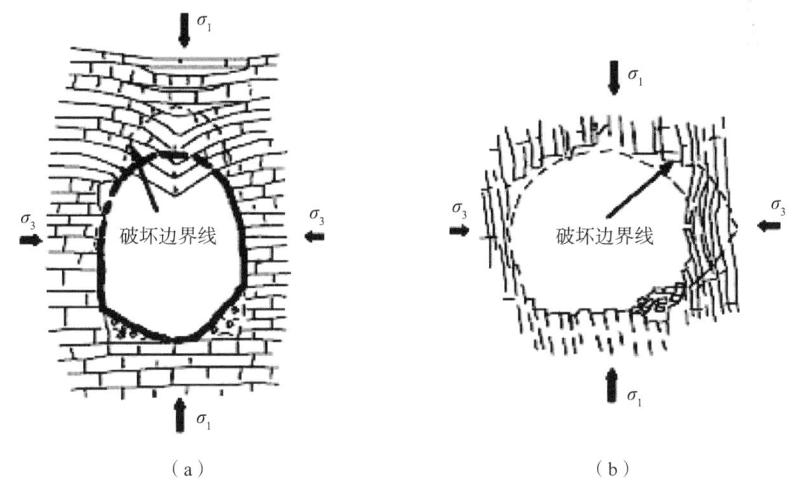

（a）　　（b）

图 1.5　弯折内鼓[17]

（2）板裂与片帮剥落、溃屈破坏。完整或较完整岩体在切向集中应力作用下发生劈裂拉伸，呈薄片状或板状，若劈裂成薄片状，片状岩体直接剥落，落地后碎裂，称为片帮剥落；若劈裂成板状，板状岩体继而发生弯折断裂，称为溃屈破坏[17]。尽管随着板裂化破坏的稳定发展，洞壁围岩会表现出与片帮剥落、溃屈破坏相类似的形态，但在多数情况下（尤其是曲率半径无限大的直立边墙）围岩板裂破坏形成的岩板厚度较大、板裂结构强度大，板裂破坏现象并非直观地体现在围岩洞壁上的片状或板状剥落，在围岩内部仍存在板裂破坏，只是需要借助一定手段，如钻孔摄像等，才能发现（如图 1.6 所示），Cai[11]从数值模拟角度说明了这一点。此外，在开挖隧洞横断面、沿着隧洞径向，板裂破坏向围岩内部的扩展深度通常都要比片帮剥落、溃屈破坏大很多。

（a）

（b）

图 1.6 洞壁表面板裂化破坏和钻孔观察[15]

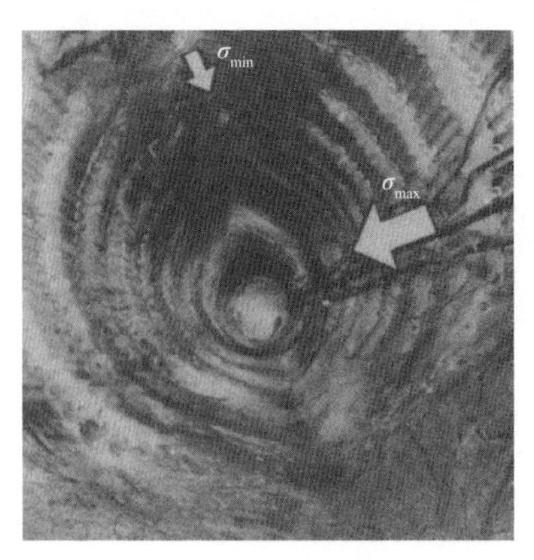

图 1.7 主应力方向与 V 形破坏[15]

（3）板裂与 V 形破坏。如上文所述，板裂与 V 形破坏均是高地应力下围岩发生的脆性破坏，现场观测和室内试验均表明，V 形破坏形成过程中伴有明显板裂现象的产生，如图 1.3 所示。然而，V 形破坏分布范围表现出明显的主应力方向相关性（沿着最小主应力方向或成一小角度，如图 1.7 所示），而现场案例统计表明，洞室边墙、拱肩均会有板裂破坏现象的产生，且板裂破坏形态受洞室曲率半径影响较大，少数情况下表现出宏观的 V 形轮廓。

此外，一些文献中用层裂代替板裂，来描述围岩的这种开挖卸荷形成的脆性破坏现象。然而，根据层裂现象的定义[18-19]，层裂是冲击荷载作用下材料的一种破坏模式，是材料内部微损伤在极短时间内经历了成核、长大、连接这一演化过程的最终结果，主要由压应力波在介质自由表面反射为拉应力波造成的拉伸破坏，如图 1.8 和图 1.9 所示，在金属材料领域的研究较为成熟；尽管，板裂破坏的产生在一定程度上受爆破荷载和卸荷应力波以及动力扰动的影响[20-21]，在表现形态上也确为一种分层间隔破裂现象，但是板裂化破坏的影响因素更多的还是较高的应力条件和岩体自身的脆性程度，并不适合用具有明确定义的层裂来表述。

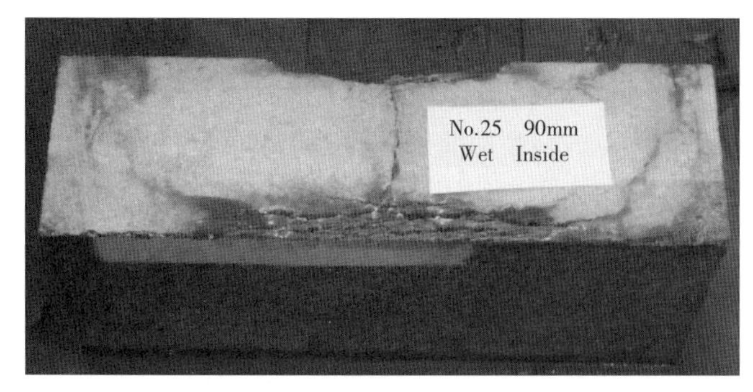

图 1.8　花岗岩的层裂现象[22]

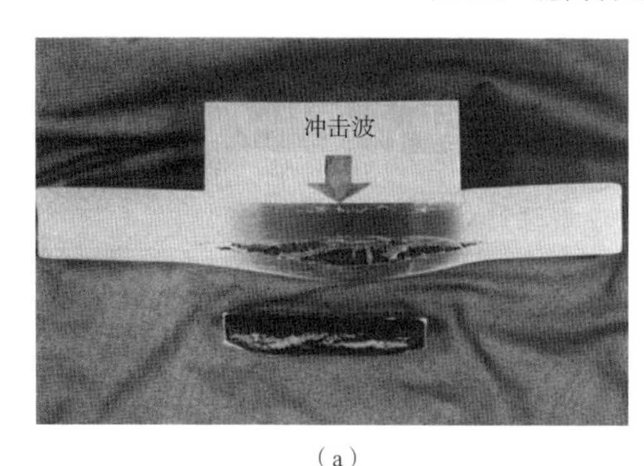

(a)

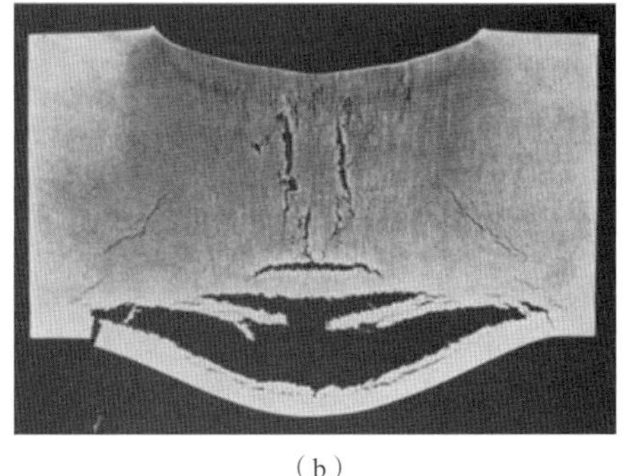

(b)

图 1.9　金属的层裂现象[23]

1.1.2　板裂化岩爆的概念

锦屏二级水电站深埋隧洞等我国重大工程的大量岩爆案例表明：在多数开挖卸荷诱发的隧洞岩爆发生前，相对较完整的洞壁围岩都会出现明显的板裂化现象[13]。图 1.10 为锦屏二级水电站深埋隧洞发生的两次典型岩爆案例，在岩爆发生前，相应的岩爆区域均出现了明显的和较为规则的板裂化现象。这种由围岩板裂化结构失稳破坏演化导致的岩爆，本书称之为板裂化岩爆或板裂屈曲岩爆。

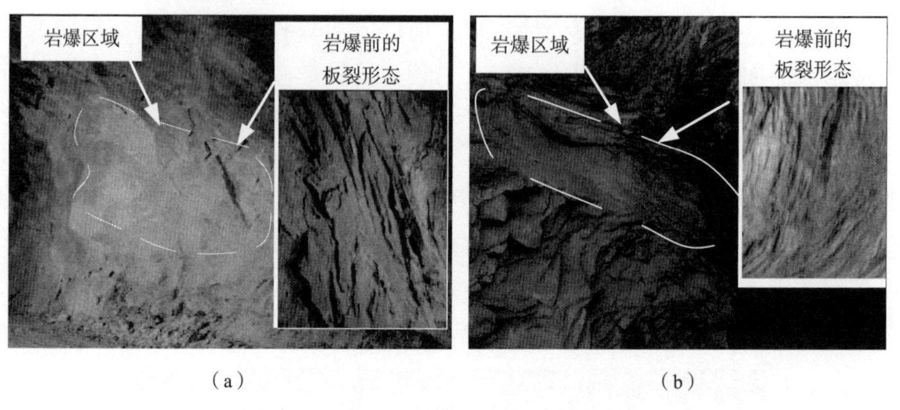

（a）　　　　（b）

图 1.10　锦屏二级水电站典型岩爆灾害

实际上，板裂化岩爆或板裂屈曲岩爆并非本书著者首次提出。谭以安[24]从岩石脆性断裂的微细观研究入手，应用 SEM 电镜扫描技术，对岩爆岩石断口进行观察，认为板状劈裂以张性断裂为主，局部存在剪切应力作用，并结合隧洞岩爆观测，提出了围岩“劈裂成板—剪断成块—块、片弹射”的岩爆渐进破坏过程；Dyskin 等[25]的研究表明，自由表面对裂纹的扩展会产生显著的影响，当裂纹扩展尺寸与其至自由表面距离相当时，自由表面的存在使得裂纹产生不稳定扩展，进而产生近似平行于洞壁方向的板裂化破坏的形成，岩板折断与围岩突然分离形成岩爆破坏，其过程如图 1.11 所示；侯哲生等[26]通过对锦屏二级水电站隧洞工程的现场调查，定性分析了深埋完整大理岩张拉型板裂化岩爆的发生机制：洞壁附近围岩因开挖卸荷发生张拉型板裂化，岩板在切向力的进一步作用下积聚弹性应变能，最后岩板受某种扰动，弹性应变能被突然释放并将岩板抛出形成岩爆。

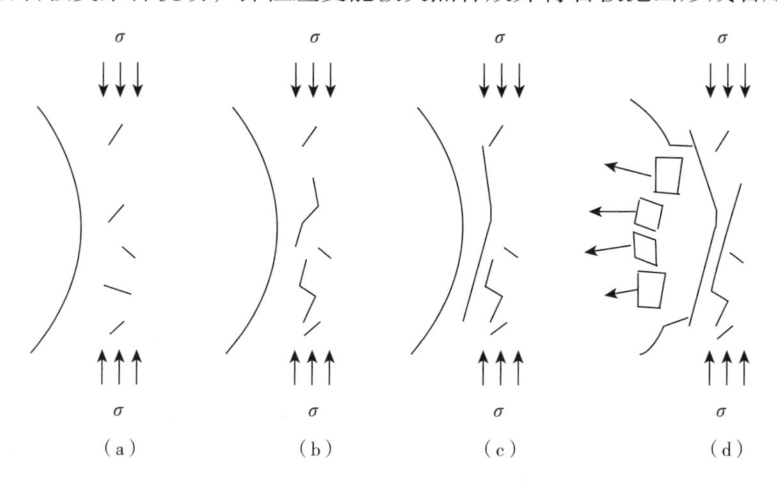

（a）　　（b）　　（c）　　（d）

图 1.11　岩爆机理的定性描述

可见，板裂化岩爆或板裂屈曲岩爆是对一类岩爆发生过程的一种描述，板裂化破坏与岩爆之间存在着密切相关性。更多国内外学者的研究表明，由板裂化破坏演化发生岩爆是当前深部工程中遇到的多数岩爆的主要发生机制，这将在板裂化岩爆研究现状章节中详细介绍。

1.2 研 究 现 状

1.2.1 板裂化机理与力学模型

1. 板裂化破坏机制及影响因素

深部地下工程开挖过程中，围岩板裂化关系着围岩稳定性和支护参数的设计，因此一直是学者们研究的重点。多年来，科研工作者们分别从现场调研与案例分析、理论研究、室内试验与数值模拟等途径，对板裂破化的形成机制及其影响因素进行了研究，取得了大量研究成果。

1）板裂化破坏机制

深埋地下工程硬脆性岩体破坏多表现洞壁围岩发生平行于洞壁面的板裂化破坏。目前对于板裂化破坏多认为与室内试验条件下的劈裂破坏机理密切相关，即在压应力场中形成的张拉破坏。岩石的宏观破坏机理与应力状态和材料特性有很大关系。同一岩石材料，在不同的应力状态下，其破坏机理不同；相同应力状态下，不同的岩石材料，其破坏机理亦不同。三轴压缩状态下，岩石试件的破坏形式随围压增加而变化，单轴压缩条件下（围压为 0），试件为张拉破坏，破裂面与最大主应力方向近似平行，断口很粗糙；随着围压的增大，试件破裂面与最大主应力夹角逐渐增大，破裂面越来越平整，有时，破裂面为一对共轭剪切破裂面；当围压继续增大时，试件中部鼓起但不破裂。当然，对于不同的材料，在单轴压缩状态下，可能出现不同的破坏形式。Cai[11]的研究表明，岩体非均质、相对较高的第二主应力以及低至 0 的第三主应力是地下洞室洞壁围岩产生平行于洞壁表面的板裂化破坏的主要原因，较高的第二主应力限制了裂纹扩展方向只能沿着平行于第一和第二主应力方向扩展，该种样式的破裂和断裂导致了洞壁浅部围岩的洋葱式剥落、片帮和板裂化等破裂形态。

对于板裂化现象的室内试验研究常采用预制孔洞试样或厚壁圆筒试样。Carter 等[27]研究发现，在单轴测试中，首先在孔洞的上部和下部出现拉伸裂缝并沿最大主应力方向扩展，随着轴向应力的增加，在远离孔洞的地方逐渐形成近似菱形的裂缝，最终在孔洞侧壁上最大压应力区形成近似平行于围岩壁的板状或层状剥落，其破坏区域近似呈三角形。Ewy 等[28-29]系统地研究了砂岩厚壁圆筒孔壁的破坏形式，其典型破坏形式如图 1.12 所示，可见层层破坏的板裂化 V 形区域，并基于线弹性理论进行了解析分析。李地元等[30]研究了含预制孔洞板状花岗岩试样的力学响应，发现随着轴向应力的增大，试样在平行于孔洞竖直方向的位置相继出现劈裂裂纹并逐渐贯通，孔洞周边岩体出现块体弹射、片帮等应变型岩爆特征，研究结果在一定程度上揭示了深部硬岩洞室开挖后，在高地应力作用下总是产生平行于洞室开挖边界面的板裂、片帮破坏现象。Martin 等[15]对圆形试验洞的破坏过程做了更细致的观察，发现板裂变形与隧洞断面形状有关，当隧洞达到新的带有凹槽的形状时，其平面应变条件是稳定的；更为重要的一点是，他们的观察结果表明，脆性破坏形成板裂后板与板之间的黏聚力非常低，就比如板裂结构在重力作用下会掉落，而凹槽以外的地方岩体的损伤很小并保持其完整性；这个结论对于支护设计是非常重要的，因为只有发生板裂破坏区域的岩体需要支护，而板裂区域外的岩体可做锚固端。

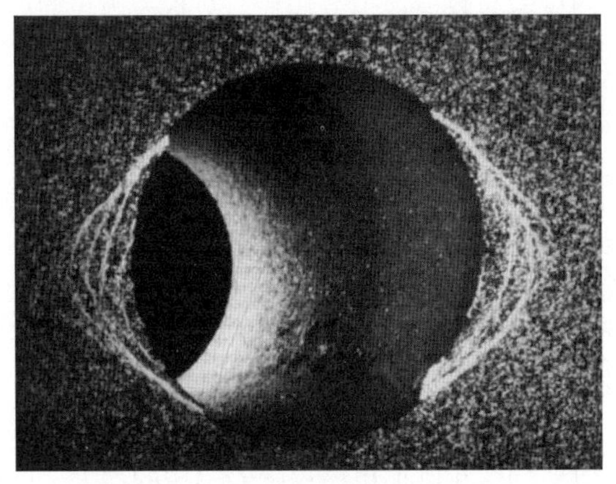

图 1.12　厚壁圆筒孔壁破坏形式[29]

另外，Martin 在 1995 年通过微震监测设备研究了隧道脆性破坏过程微观尺度的断裂，结果表明微观破裂特征显示为张拉破坏，由该破裂引起的板裂面平行于隧洞表面并垂直于最小主应力方向。Hoek 等[31]和 Edelbro[32]的研究表明初始劈裂发生在最大主应力集中处，板裂化区域剥落后形成的 V 形区域与最大主应力方向垂直，如图 1.13 所示。Sahouryeh 等[33]对双向荷载下的裂纹扩展进行了研究，表明中间主应力是裂纹扩展机制发生改变的根本原因，端部摩擦较大时，才会发生剪切破裂。李地元等[34]利用断裂力学理论，以张开型滑移微裂纹单元应力模型为基础，研究了压缩荷载作用下平行于最大主应力方向板裂裂纹的扩展规律；采用 FLAC 数值模拟手段，模拟了单轴压缩下含孔洞岩样的板裂破坏，发现塑形破坏

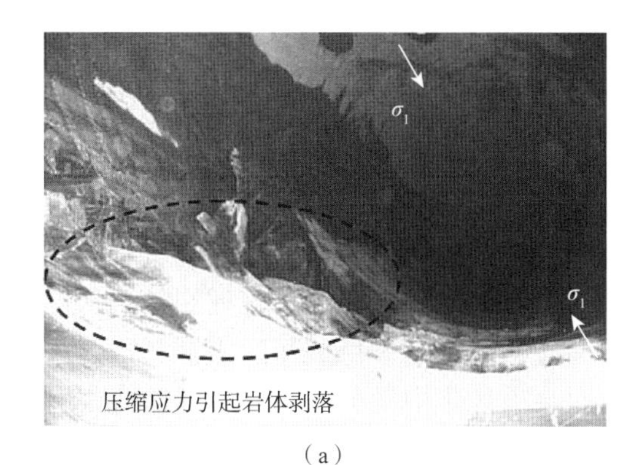

（a）

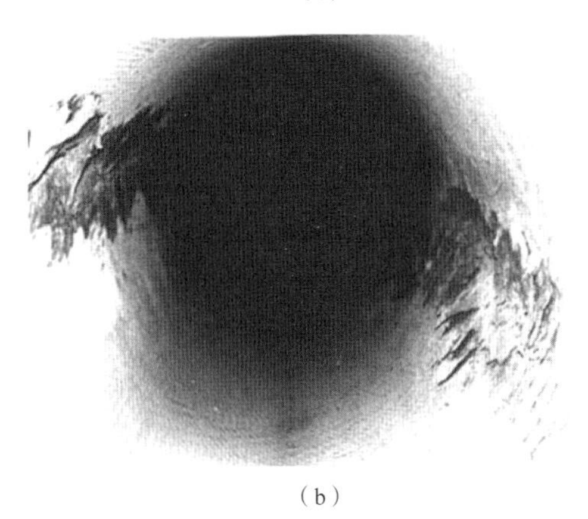

（b）

图 1.13　板裂化发生位置（Hoek 等[31]和 Edelbro[32]）

单元以拉伸破坏为主，拉伸破坏单元沿孔洞竖向边界贯通形成劈裂破坏面，模拟结果与室内试验观测结果一致。

2）板裂化影响因素

现场案例统计表明，板裂化形成的板片厚度从几毫米到十几厘米不等，Fairhurst 等[5]认为板片的厚度和变形与应变能有关。李地元等[30]、Hoek 等[31]的试验表明，影响板裂化破坏区形状的因素有应力路径、应变率、边界条件和开挖形状。另外，大量的室内试验与数值模拟研究[35-38]表明：岩石在压应力场中，裂纹尖端所形成的次生裂纹，其扩展方向大致都沿着最大主应力方向。从工程角度来说，隧洞开挖过程中，伴随掌子面不断向前推进，掌子面前方围岩各处主应力大小将不断发生改变，主应力方向也发生偏转，这将导致微裂纹的多次扩展和扩展方向的改变[39]。Eberhardt[40]利用 VISAGE 软件进行隧洞开挖过程的三维数值模拟，详细分析了掌子面推进过程中监测单元的主应力大小变化、方向偏转情况，并探讨了研究结果对认识硬脆性围岩板裂破坏形成机制的意义。Zhang 等[41]从数值模拟和断裂力学角度，分析了中间主应力、应力路径、主应力方向偏转等因素对锦屏二级水电站试验洞岩体板裂化破坏的影响，分析认为：洞壁围岩的裂纹扩展受第二主应力的影响较大；隧洞开挖过程中，围岩应力调整导致主应力方向的偏转，主应力方向偏转不仅影响裂纹的扩展方向，还会引起板裂裂纹的进一步扩展。此外，贾蓬等[42]采用 RFPA 数值模拟软件研究了不同侧压力系数条件下板裂围岩的失稳破坏特点：侧压力系数对深埋垂直板裂结构岩体中洞室围岩失稳破坏形式有重要影响，边墙岩柱的溃屈失稳破坏发生在侧压力系数小于 1 的情况下，当侧压力系数大于 1 时，破坏集中发生在拱顶和隧道底部，边墙岩柱不发生溃屈破坏。王学滨等[43]将岩石视为等效连续介质，采用 FLAC 数值模拟技术，研究了不同侧压系数时圆形巷道围岩中的剪切应变增量、最小主应力、最大主应力等的分布规律，认为围岩板裂现象的原因，是环向高压应力和径向高拉应力的共同作用的结果。雷光宇等[44]采用 LS-DYNA 软件，对扰动应力波作用下巷帮围岩板裂破坏结构的形成过程、扰动应力波强度对板裂结构形成的影响进行数值模拟，得到了一定巷道围岩应力状态下巷帮围岩板裂结构的形状、厚度等特征。张晓春等[21]采用数值方法，模拟应力波作用下巷道围岩板裂结构的形成过程，探讨巷道围岩板裂结构的形成与巷道埋深、岩体弹性模量及应力波强度、时程特性的关系。石露等[45]采用 FLAC3D 系统进行了岩石中间主应力效应的模拟研究；Hudson 等[46]及其团队开发了二维和三维 RFPA 软件，并对多轴应力条件下岩石的破坏过程和破裂行为进行了系统模拟和研究，得出了很多有意义的成果；潘鹏志等[47]采用岩体局部裂化模型和自行开发的三维弹塑性细胞自动机软件系统，分析了不同侧压系数、中间主应力对深埋硬岩破裂行为的影响，结果表明，最小主应力升高使深埋隧洞的稳定性增强，深埋隧洞围岩的稳定性具有中间主应力效应及其区间性的特征。

地下洞室开挖卸荷造成的影响有两方面，一是应力路径，二是产生了动荷载。理论分析和现场爆破高速摄影资料均表明[48]：在爆破破岩过程中，被爆岩体从母岩上脱离并发生抛掷运动的时间为数毫秒至几百毫秒量级，因此岩体的爆破开挖卸荷过程实际上应该是瞬态过程；对于地表工程或地应力水平较低的情况，爆破开挖对围岩的影响主要为爆炸荷载的动态作用，而在高地应力地区进行爆破施工时，围岩同时受到爆炸荷载和开挖轮廓面上初始地应力的瞬态卸荷两个方面的作用。石磊[49]所研究的大理岩试样加卸荷力学特性表明，卸荷初始围压在 30 MPa、40 MPa 时，岩样主要以主剪切面破坏为主，主剪切面宽度较小而且单一；较低卸荷初始围压时，岩样以剪切破坏为主，剪切破坏面相互贯通形成具有一定宽度的剪切带，同时局部还伴随有张性裂纹。卸围压速率较慢（0.2 MPa/s）时，岩样以主剪切破坏为主；卸围压速率增加到 0.4 MPa/s 时，岩样出现共轭剪切；卸围压速率为 0.6 MPa/s 时，岩样局部出现张性裂纹；当卸荷速率更快为 0.8 MPa/s 时，岩样出现劈裂加剪切破坏，剪切面附近出现贯通上下的劈裂。周维超[50]对锦屏二级水电站不同施工条件下的岩石断裂面进行了电镜扫描试验，发现 TBM 施工造成的岩石断口以剪破坏为主，部分为张性破坏，钻爆法施工工程中，岩石断口的张剪破坏都很发育；而这两种施工方法的卸荷断口较一致，都以拉破坏为主，少量呈现剪切破坏。

综上所述，板裂化形成机制与板裂化影响因素的研究现状均表明，板裂化是深埋高应力条件下硬脆性岩体开挖后在洞壁围岩形成的类似板状的脆性破坏形式，是由于岩体的非均质和开挖后围岩所处的二次应力场状态引起的张拉破坏，其破裂机制涉及了裂纹形成、压应力场中张拉破坏的形成、爆破应力波和卸荷应力波的传播等等至今未明确解决的问题。并且通过本书后面的叙述可知，板裂化破坏并不单是张拉破坏，其破坏机制更广泛，因此对于板裂化破坏的形成机制和影响因素需要进一步的系统研究。

2. 板裂化破坏力学模型

自从最早的板裂化现象被发现之后，国内外学者从不同角度对板裂化的力学行为进行了研究。由于最早发现的板裂化破坏类似于单轴压缩条件下的劈裂破坏，因此，大量学者的研究集中在压缩条件下平行于主应力方向的裂纹扩展方面，从断裂力学角度给出了板裂化单个劈裂面的形成机制，并基于 Griffith 准则给出了劈裂裂纹形成的判据。此外，学者们还根据工程案例统计和室内试验结果给出了板裂化发生的经验判据，并有一些学者基于弹塑性理论，在连续介质理论框架下研究了板裂化的力学行为。简要总结如下。

1）线弹性断裂力学模型

从断裂力学角度来说，板裂化的形成是岩体内裂纹萌生、扩展与贯通的最终结果，因此，许多学者从板裂破坏形成的细观机制，即板裂裂纹的形成与扩展规律入手，对板裂化展开研究。地下岩体工程多处于压缩应力状态，因此，学者们对板裂裂纹的研究也多集中在压缩条件下的裂纹扩展机制上。Brace[51-52]和 Hoek[53]的研究表明了修正的 Griffith 脆性断裂理论可以用来解释硬岩脆性断裂过程中的裂纹扩展问题。Nemat-Nasser 和 Horii[54-56]开展了大量含有不同初始缺陷裂纹的试样在单轴压缩和双轴压缩加载条件下的裂纹扩展过程（图 1.14），展现了单轴压缩条件下的劈裂过程，而在双轴条件下由于侧向的约束作用，抑制了裂纹的扩展，并基于图 1.15 所示的裂纹扩展模式，推导出了裂纹扩展的判别公式为

$$K_{\mathrm{I}} = -\frac{\sigma_3\sqrt{\pi c}}{\left(1+L\right)^{3/2}}\left[1-\lambda-\mu\left(1+\lambda\right)-4.3\lambda L\right]\left[0.23L+\frac{1}{\sqrt{3}(1+L)^{1/2}}\right] \quad (1\text{-}1)$$

式中：c 为 1/2 初始裂纹长度；μ 为摩擦系数；λ 为主应力的比值，即 σ_2/σ_3；L 为翼型裂纹的长度与初始裂纹长度一半的比值。Lajtai[57, 58]基于断裂力学理论分析了压缩条件下的脆性破坏，考虑了应力梯度的影响，提出了经验裂纹阻力函数和裂纹驱动函数的模型。另外，众多学者基于 Griffith 理论和上述结果提出了各种条件和假设下的裂纹扩展规律，如 Holcomb[59]、Moss 等[60]、Wang 等[61]、Lauterbach 等[62]、Wong 等[63]。

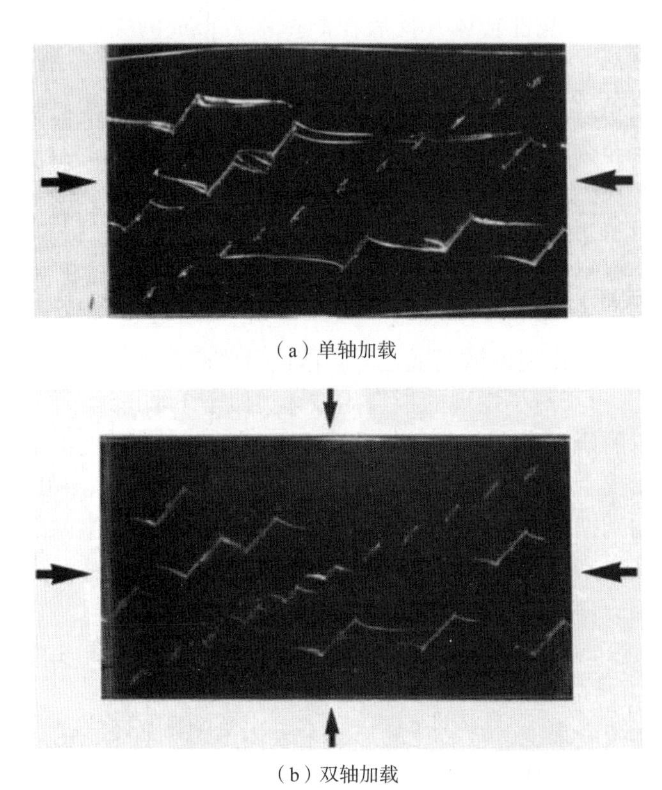

（a）单轴加载

（b）双轴加载

图 1.14　预设裂纹缺陷的试样加载结果[55]

刘宁[64]等从劈裂裂纹的贯通机制出发，在断裂力学应力强度因子分析的基础上，根据劈裂裂纹的扩展过程确定围岩发生劈裂破坏的判据，然后通过该判据判断围岩的应力状态，确定劈裂范围，并将劈裂围岩视为薄板模型。地下洞室围岩的劈裂破坏可以描述为：地下洞室开挖后，洞室围岩会出现应力集中现象，这种受力状态是由洞室一侧卸荷导致近开挖区域产生类似于受压状态而引起的，如图 1.11（a）所示；在载荷的进一步作用下，各裂纹将产生如图 1.11（b）所示的扩展；当裂纹满足开裂条件 $K_{\mathrm{Imax}} \geqslant K_{\mathrm{IC}}$ 时，裂纹将沿最大压应力方向以稳定的方式扩展，随着载荷的继续增大，加之自由边界的影响以及裂纹间的相互作用，裂纹的扩展将不再稳定，此时裂纹会突然增长，形成贯通的尺度较大的劈裂裂纹，如图 1.11（c）所示；如果载荷足够高会出现较剧烈的岩爆现象如图 1.11（d）所示。

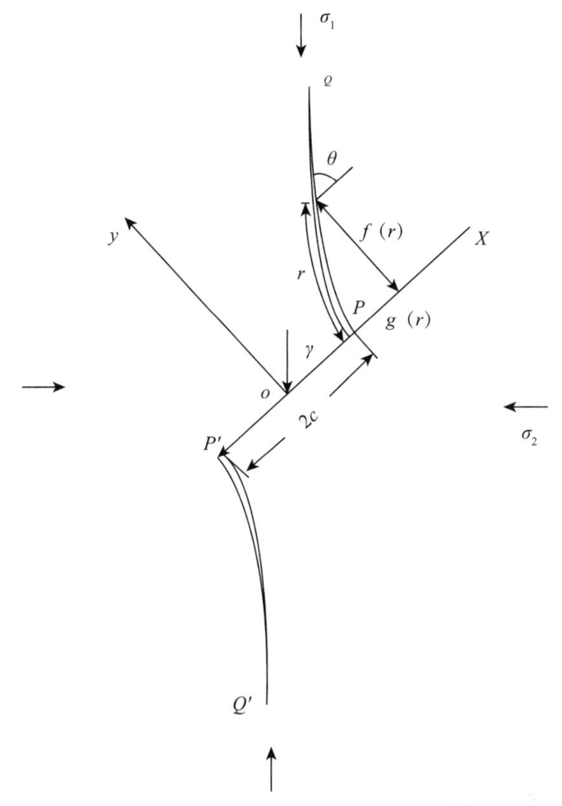

图 1.15 初始裂纹扩展模式示意图[56]

因此，在线弹性断裂力学理论条件下，板裂化破坏最基础的判断依据则为 $K_{\mathrm{Imax}} \geqslant K_{\mathrm{IC}}$，不同的学者只是基于不同的条件给出了不同的 K_{Imax} 的表达式。

2）经验模型和判别标准

传统方法[65]：安全系数$=\dfrac{\sigma_{\mathrm{sm}}}{\sigma_{\theta\theta}}$，$\sigma_{\mathrm{sm}}$ 表示岩体发生板裂化的强度。在平面应变状态下：$\sigma_{\theta\theta} = 3\sigma_{\max} - \sigma_{\min}$，为围岩内最大切向应力。

Ortlepp[66]提出的隧洞稳定性判别标准：基于南非金矿的破坏情况，按照远场最大主应力与室内单轴压缩强度的比值 $\sigma_1/\sigma_{\mathrm{c}}$ 来划分，此值大于 0.2 时发生板裂化破坏，Hoek 等[67]则进行了更细的分类，$\sigma_1/\sigma_{\mathrm{c}} = 0.2$ 时为轻微板裂化，$\sigma_1/\sigma_{\mathrm{c}} = 0.3$ 时为剧烈板裂化。南非的例子表明可以通过比较开挖边墙上的最大切向应力和室内最大单轴压缩强度来获得隧洞的稳定性评价，但是把结果应用到其他工程时则需重新考虑隧洞形状和地应力场。Wiseman[68]试图通过综合考虑开挖边墙上的应力来克服该限制，提出了边墙应力系数$SCF=\dfrac{3\sigma_1-\sigma_3}{\sigma_c}$，$\sigma_1$，$\sigma_3$为远场原位主应力，当该值达到 0.8 时，无支护隧洞的边墙急剧恶化。

Li 等[39]利用挪威 Iddefjord 花岗岩,研究了单轴压缩条件下长方体试样板裂破坏的形成条件：单轴压缩条件下，试样高宽比小于 0.5 时，试样的宏观破坏形式由剪切破坏转变为板裂破坏；室内试验条件下，当轴向应力达到单轴抗压强度的60%左右时，试件内开始产生板裂裂纹。

3）弹塑性框架下的力学模型

（1）简单张应变准则。拉伸应变准则可描述为：当拉伸应变超过该岩石所能承受的最大拉伸应变时发生直接拉伸断裂。在线弹性行为中，相当于最大拉应力准则。Bridgman[69-70]、Jaegar 等[71]、Jaegar[72]以及 Griggs 等[73]的研究表明，即使在很高的压缩应力条件下也会在垂直于破坏面方向上发生张拉破坏。

Stacey 等[74]研究发现，硬岩隧洞开挖过程中，隧洞边墙和掌子面附近大量发育的张拉裂纹，应用传统的 Mohr 强度准则和 Griffith 强度准则无法给出合理的解释（如裂纹的起裂应力水平和方向）。基于此，Stacey[75]提出了一个脆性岩石开裂的简单张应变准则，该准则描述为：脆性岩石的张应变超过其阈值张应变时，将产生张裂纹，即

$$e \geqslant e_c \tag{1-2}$$

式中：e 为张应变总值，e_c 为张应变阈值，张应变阈值可由室内试验确定，且岩性不同，其张应变阈值不同。张应变（extension strain）与拉伸应变（tensile strain）不同，拉伸应变暗含拉应力作用而产生的应变，而拉应力并不是张应变产生的必要条件，这一点可以通过下式给出解释。在线性变形条件下

$$e=e_3=\frac{1}{E}\left[\sigma_3-\upsilon\left(\sigma_1+\sigma_2\right)\right] \tag{1-3}$$

式中：E 为弹性模量，υ 为泊松比，σ_1、σ_2、σ_3 分别为第一、第二、第三主应力。由式（1-3）可以看出，即使在三向受压的情况下，当υ（$\sigma_1+\sigma_2$）$>\sigma_3$ 时，便会有张应变的产生，张应变超过岩石阈值张应变时，张裂纹将在垂直于最小主应力方向的平面内扩展。这很好地解释了硬脆性岩体开挖卸荷后，板裂、劈裂现象的产生。同时，与传统的 Mohr 强度准则和 Griffith 强度准则相比，该准则考虑了第二主应力的影响。Stacey 等[76]将该准则用于高地应力条件下洞室边墙围岩板裂化破坏深度的预测。但是，不同岩石的张应变阈值难以准确确定，因而该破坏判据并未在工程中广泛应用。

（2）考虑弹性参数变化。围岩内弹性模量降低的原因：①不同类型的损伤；

②岩土材料的非线性变形。初始非线性是低围压下的微裂纹闭合或颗粒间的接触滑移造成的；应力应变曲线中后续永久变形的形成则是因为黏聚力的损失和颗粒滑移引起的，并在材料中形成断裂或剪切带。因此，非线性变形可由洞室断面径向深度内刚度的不同来表示。基于此有学者提出了压力相关性弹性模量[77]（radial-pressure-dependent modulus）和半径相关弹性模量[78]（radius-dependent modulus）。其表达式如下

压力相关性弹性模量

$$E = E_0 \sigma_{\mathrm{r}}^m \tag{1-4}$$

式中：m 为常数系数，$0 \leqslant m \leqslant 1$。

半径相关弹性模量

$$E = E_1 \left(\frac{r}{R_1} \right)^a \tag{1-5}$$

式中：E_1 为洞壁（$r = R_1$）处弹性模量；a 为常数系数，$0 \leqslant a \leqslant 1$。

Ewy 等[29]将这两种模型应用在了如图 1.12 所示的厚壁筒壁的破坏模式分析上。

（3）考虑参数演化和张拉特性的弹塑性力学模型。Hoek 等[31]、Martin[79]、Hajiabdolmajid 等[80]、Diederichs[81]等学者对如何描述硬脆性岩体的板裂化破坏进行了深入研究。Hoek 提出的弹脆性材料模型，采用较低的残余黏聚力和摩擦角，能够很好地解释脆性剥落现象；Martin 等[15]基于 Mine-by 试验洞的微震监测数据，提出初始损伤和深度发生在偏应力 $\sigma_1 - \sigma_3 = 75\mathrm{MPa}$ 或 $1/3\sigma_{\mathrm{c}}$ 处，该式表达成 Hoek-Brown 形式为 $\sigma_1 = \sigma_3 + \sqrt{s\sigma_{\mathrm{c}}^2}$，常数系数 m 为 0，常数系数 $\sqrt{s}$ 为 1/3，此式表明，在应力引起的脆性屈服过程中，由于张拉裂纹导致的黏聚力损伤是该脆性破坏发生的主导原因；同样的，Martin 等[82]建议在弹性分析中可以用 Hoek–Brown 准则的 m_{b} 近似等于 0 和 $s = 0.112$ 来预测脆性剥落的位置和深度；Hajiabdolmajid 的应变软化模型（CWFS）采用黏聚力弱化和摩擦力强化计算出的剪切屈服单元与加拿大 URL 实验室的结果一致，其所用的理论与 Schmertmann 等[83]提出的摩擦在颗粒运动时起作用是一致的。颗粒间的黏聚力弱化则意味着颗粒间发生了运动，当塑性应变很小时，摩擦力的影响是微小的，但是，随着塑性应变的积累，颗粒间的黏聚力丧失，此时摩擦角增加具有重大意义。但是，这类应变弱化参数是很难获得的。Diederichs 等[84]通过探测初始损伤的转折点确定软化参数，以剪切带和屈服单元预测剥落体的深度，与现场结果一致。

为了预测脆性破坏发生的位置和破坏的最大深度，Wagner[85]、Pelli 等[86]、Martin 等[82]、Castro 等[87]采用传统的基于摩擦强化的屈服准则，发现不是很适合，为了弥补这一缺点，试图采用迭代弹性分析和传统的屈服准则来描述渐进破坏过

程，即当某一单元发生屈服时则移除该单元，然后对形成的新的几何结构继续进行计算，并试图采用此方法来描述脆性渐进性破坏过程，但是 Martin 等[82]发现该过程是不稳定的，预测的深度是实际深度的 2~3 倍。

Hoek 等[88]基于 Griffith 理论推导了一个强度准则，其表达式为

$$\sigma_1 = \sigma_3 - 4\sigma_t\left[1 + \left(1 - \frac{\sigma_3}{\sigma_1}\right)^{\frac{1}{2}}\right] \tag{1-6}$$

式（1-6）成立的条件为 $\sigma_3/\sigma_1 \geqslant -0.33$，同样的可以写成莫尔曲线形式，即 $\tau^2 = 4\sigma_t(\sigma_t - \sigma)$，$\sigma$ 为破裂面正应力。Griffith 准则和 Mohr 准则是应用最为广泛的两大应力准则，但却不适用于所有情况。Gramberg[89]应用改进的 Griffith 准则解释轴向劈裂破坏；Fairhurst 等[5]认为平行于最大压缩主应力方向的劈裂破坏是脆性岩石真实的初始破坏模式；Handin 等[90]发现没有合适的应力准则能够解释脆性岩石的宏观断裂，包括 Griffith 准则和 Mohr 准则。

综上，学者们多集中在通过力学参数的演化来表现脆性破坏特性，也有学者考虑了张拉破坏特性，摩尔库伦准则不能描述准脆性材料的拉伸行为，因此假设了拉伸区域的三维准则

$$\sigma_i - f_t + h\varepsilon_i^{p} = 0, \quad i = 1,2,3 \tag{1-7}$$

式中：h 为塑性软化模量。由式（1-7），压缩屈服引起的非弹性拉伸应变与抗拉强度的降低是耦合的，因此，压缩屈服会引起正交方向上的拉伸屈服。所提的模型具有明确的物理意义，也可以表现洞室围岩壁上板裂裂纹的屈服。

1.2.2 板裂化岩爆

1. 岩爆类型和板裂化岩爆

岩爆破坏的表现形式多种多样，国内外众多学者从不同角度提出了多种分类方法，目前学术界尚未达成共识，一般是依据岩体弹性应变能的储存与释放特征或应力作用方式等来进行分类。

Notley[91]从形成岩爆的破坏机理出发，提出了三种基本的岩爆类型：I、II 和 III 类岩爆，I 类岩爆在地下施工中最为常见，常发生于掌子面附近，是开挖过程中局部岩体应变能的突然释放；II 类岩爆产生的原因是由于岩体本身存在潜在的滑移层或初始应力较大，接近岩体的抗剪强度，或者后期开挖扰动使应力重新分配，甚至改变原有主应力方向，进而使岩体产生整体滑移失稳；III 类岩爆是由于不适当开挖致使矿柱应力集中而发生破坏。南非 Ortlepp[9]根据岩爆震源机制将岩爆分为 5 种：应变–爆裂（strain-bursting）型岩爆、弯屈鼓折（bucking）型岩爆、矿柱（pillar of face crush）型岩爆、剪切破裂（shear rupture）型岩爆和断层–滑移

（fault-slip）型岩爆。加拿大 Hasegawa 等[92]同样依据岩爆震源机制，将开采引起的震动事件分为 6 种：洞室垮落（cavity collapse）型、矿柱爆裂（pillar burst）型、采空区顶板断裂（cap rock tensional fault）型、正断层滑移（normal fault）型、逆断层断裂（thrust fault）型和近水平断层断裂（near horizontal thrust faulting）型。Rydert[93]根据地震波初动符号不同，提出岩爆的两种类型：C（crush/collapse）型岩爆和 S（shear/slip）型岩爆。汪泽斌[94]根据国内外 34 个地下工程岩爆特征，将岩爆划分为破裂松脱型、爆裂弹射型、爆炸抛突型、冲击地压型、远围岩地震型和断裂地震型 6 大类。谭以安[95]则从形成岩爆的应力作用方式出发，将岩爆类型划分为水平应力型、垂直应力型、混合应力型三大类和若干亚类。张倬元等[96]按岩爆发生部位及所释放的能量大小，将岩爆分为三大类型，即洞室围岩浅部岩石突然破裂引起的岩爆、矿柱或大范围围岩突然破坏引起的岩爆、断层错动引起的岩爆。王兰生等[97]依据岩爆的特征将岩爆类型划分为爆裂松脱型、爆裂剥落型、爆裂弹射型和抛掷型四大类。徐林生等[98]根据岩爆岩体高地应力的成因，将岩爆类型划分为自重应力型、构造应力型、变异应力型和综合应力型四大类。张可诚等[99]、赵伟[100]依据秦岭终南山公路和铁路隧道破裂程度大小特征分为弹射型、爆炸抛射型、破裂剥落型和冲击地压型岩爆。冯涛等[101]依据岩石峰值载荷后的松弛特征将岩爆分为本源型和激励型两类。李忠等[102]则根据岩爆发生的时间将岩爆分为速爆型和缓爆型。苗金丽等[103]通过深入分析岩爆分类，根据对岩爆发生机理的认识，结合工程现场岩爆现象，将岩爆分为应变型岩爆、构造型岩爆和冲击型岩爆。冯夏庭等[104]根据发生的条件和机制，将岩爆分为应变型岩爆、应变-结构面滑移型岩爆和断裂滑移型岩爆，从发生的时间方面考虑，又可将岩爆分为即时型岩爆和时滞型岩爆，所谓即时型岩爆，是指开挖卸荷效应影响过程中，完整、坚硬围岩中发生的岩爆，而时滞型岩爆是指深埋隧洞高应力区开挖卸荷后应力调整平衡后，外界扰动作用下而发生的岩爆[105]。

Diederichs[81]研究认为：板裂化破坏是在高地应力条件下，洞室开挖过程中围岩在压应力场中产生的张性破裂过程；板裂化可以是剧烈的，也可以是非剧烈的，在某些情况下也可能是与时间有关的一个缓慢过程；围岩板裂化破坏可以发生在应变型岩爆之前，板裂化破坏产生的近似平行的岩板，其产生不稳定的变形（屈曲失稳），为应变型岩爆能量的突然释放创造了条件。吴世勇等[106]则明确指出了锦屏二级水电站深埋大理岩发生的两种板裂化现象为剧烈板裂化岩爆和非剧烈板裂化片帮。可见，板裂化破坏与岩爆之间存在着密切相关性，但至今为止，由板裂化破坏演化发生的岩爆还处于探索和争议阶段，需要进一步的研究。

2. 板裂化岩爆机理

岩爆研究一直是深部岩石力学的研究热点和难点，岩爆机理探索也一直是一个重要的课题。随着地下工程埋深的增加，岩爆案例也逐渐增多，对岩爆机理的认识也逐渐深入。多年来，众多学者从各个不同的方面对它的形成机理进行了持续的研究，主要有以下内容。

Hoek 等[107]、Muhlhas[108]等认为，岩爆是高地应力区洞室围岩剪切破坏作用的产物。Zubelewicz 等[109]和 Mueler[110]认为，岩爆是在岩体的静力稳定条件被打破时发生的动力失稳过程。谭以安[24]应用 SEM，以标准应力作用下的典型断口为图谱，对照分析隧洞岩爆岩石断口形貌特征及力学属性，并结合隧洞岩爆观测，首次提出了前人曾经重视但未能解决的岩爆渐进破坏过程，指出岩爆形成机理为：岩爆是储有大量弹性应变能的硬质脆性岩体，由于开挖洞室、坑道，使地应力分异和围岩应力集中，在围岩应力作用下，首先克服岩石的黏聚力和内摩擦力产生张-剪脆性破坏，伴随声响和震动，岩体力学平衡状态遭到破坏，而消耗部分弹性变形能的同时，剩余能量转为动能，使围岩急剧向动态失稳发展，造成岩片（块）脱离母体，获得有效弹射能，猛烈向临空方向抛（弹、散）射，是经历了“劈裂-剪断-弹射”渐进破坏过程的动力破坏现象。杨淑清等[111]通过对天生桥二级水电站引水隧洞进行相似材料岩爆机制物理模拟试验，总结出岩爆造成围岩劈裂破坏和剪切破坏的两种机制，并且认为它们是两种应力水平的产物，即劈裂破坏属脆性断裂，而剪切破坏是岩石应力达到峰值强度状态时的破坏。谭以安[112]通过对南盘江天生桥水电站引水隧洞岩爆灾害进行现场调查、对岩爆破坏断面进行分析、对岩爆破坏岩石断口形貌特征进行电镜扫描分析，得到岩爆爆裂面整体呈阶梯状 V 形断面，其中一组裂面与原开挖洞壁大致平行，另一组与洞壁斜交。其中与最大初始应力平行的一组裂面表现为张性，斜交面表现为剪切性质。并根据岩爆破坏的几何形态特征、一般力学与动力学特征，在岩爆破坏分析的基础上，提出了岩爆渐进破坏过程的三个阶段：劈裂成板、剪断成块和块片弹射。徐林生[113]结合洞壁围岩二次应力场测试与围岩变形破裂状况对比分析的结果，将不同烈度级别的岩爆与三向应力条件下变形破坏全过程相对照，从力学机制角度，将岩爆归纳为压致拉裂、压致剪切拉裂、弯曲鼓折（溃屈）等三种基本方式。许东俊等[114]通过对地下洞室围岩的应力状态分析和真三轴压缩试验的分析研究得到，片状劈裂岩爆是在双轴压缩应力状态作用下在洞壁面产生；剪切错动型岩爆是在真三轴应力状态下的围岩内部产生。其研究思想表明，在不同的地应力场情况下，岩爆破坏模式有片状劈裂和剪切错动两种。谷明成等[115]为了进一步分析岩爆的形成发生过程，把洞壁岩爆的岩体单元看作实验室受压的岩石试件，把岩体单元周围的稳定围岩看成是一台加载的试验机，构成了“围岩-岩体单元”系统。这个系统的加载是通过施工掌子面的推进，由应力状态的改变来施加的。据此分析岩爆的形成、发展过程，并将其分为张性劈裂、破裂成块和岩块弹射三个变形破坏阶段。何满潮等[116]利用自行设计的实验系统，进行了高应力条件下花岗岩破裂过程的真三轴加卸载实验，并通过岩爆后的破坏形式与能量释放率的关系将岩爆破坏形式分为低能量释放率条件下的颗粒弹射破坏、中等能量释放率条件下的片状劈裂破坏和高能量释放率下的块状崩落破坏三类，并指出岩爆的发生过程可分为垂直板裂化、垂直板屈曲变形及岩爆破坏。侯哲生等[26]在对锦屏二级水电站引水隧洞与施工排水洞现场调查的基础上，就深埋完整大理岩的岩爆归纳为拉张型板裂化岩爆和剪切型岩爆。徐士良等[117]通过颗粒流模拟展现了应变型岩爆发生的物理过程，表明岩爆的发生是一个渐进性破坏过程，岩爆孕育的细观机制为平行于开挖面的微裂纹萌生，到微裂纹扩展、聚合，最后宏观裂纹形成的过程。上述岩爆机理虽没明确指出板裂化与岩爆的机理关系，但就其表述可以看出在发生岩爆之前，围岩存在板裂化过程，并且正是平行薄岩板的变形造成的不稳定（即屈曲失稳），才导致了应变爆裂中能量的突然释放，形成岩爆。

对于真正的板裂化岩爆的发生机理，已有学者依据断裂力学相关理论，研究近自由边界板裂裂纹的形成及其失稳扩展形成岩爆的过程。Nemat-nasser 等[54]通过理论和试验研究了预制裂纹在压应力场中的扩展规律，分析了自由边界对裂纹扩展形式的影响，并对研究结论在板裂及岩爆的应用进行了有益探讨。Dyskin 等[25]认为，隧洞开挖导致洞壁围岩压应力集中，原生裂纹向着最大压应力方向稳定扩展；自由表面对裂纹的扩展产生显著的影响，当裂纹扩展尺寸与其至自由表面距离相当时，自由表面的存在使得裂纹产生不稳定扩展，进而产生近似平行于洞壁方向的板裂破坏，岩板折断与围岩突然分离形成岩爆破坏。冯涛等[118]在 Dyskin 研究基础上，应用断裂力学原理讨论了岩体的断裂特征，指出裂纹与自由边界发生相互作用可能引起裂纹的失稳扩展，进而裂纹相互连接形成长薄片状岩层，由此提出了岩爆发生机理的板裂屈曲模型，该模型可以描述岩体自由表面动力失稳型岩爆。方恩权等[119]基于断裂力学机制，对自由边界分别为直边、凹形、凸形条件下近边界原生裂纹的扩展稳定性进行了理论研究，并利用 FLAC 数值模拟技术验证理论解，数值结果表明：凹边界情况下裂纹扩展较为稳定，而直边界及凸边界情况裂纹扩展过程由稳定扩展向非稳定扩展逐步进行。

如上所述，众多学者从各个角度对板裂化岩爆的机理进行了研究，但由于诱发板裂化破坏和板裂化岩爆的应力条件复杂，影响因素众多，目前对板裂化岩爆的认识还不全面，要想充分解释板裂化岩爆机理，并通过板裂化现象预测预报岩爆的发生，还需从多方面进行大量的工作。

3. 板裂化岩爆力学模型与预测

板裂化岩爆是先形成板裂结构，板裂结构失稳发生岩爆。板裂化与岩爆有个先后过程，但时间上不一定是先后分开的，两者的间隔有可能是瞬时的，时间的先后顺序不是那么明显，但不妨碍学者们将二者作为前后两个过程来研究。基于此，众多学者借助于薄板模型、梁模型等结构模型，考虑屈曲失稳并借助其他手段建立了板裂结构形成后到岩爆的力学模型，分析了板裂化岩爆的发生条件等。王敏强等[36]针对锦屏长探洞现场岩爆的实际破坏形式，提出了边墙破坏的板梁-脆性弹模模型，研究了破坏面平行于洞室边墙情况下的岩爆机理和判别方法，并给出了板裂结构发生岩爆的判别式。张晓春等[120]分析了煤壁板裂结构形成及压曲失稳破坏规律，给出了板裂结构压曲失稳的条件。颜立新等[121]采用板壳理论，根据工程结构可靠性分析原理，研究了直立板裂结构岩体的稳定概率分析方程和计算方法。左宇军等[38]建立了洞室板裂屈曲岩爆的突变模型，得到了洞室板裂屈曲岩爆在准静态破坏条件下的演化规律，还建立了动力扰动下洞室板裂屈曲岩爆的非线性动力学模型，研究认为：洞室板裂屈曲岩爆与否，不仅取决于岩体的内因，还取决于外部作用的大小和方式。李江腾等[122]应用能量原理及突变理论推导了矿柱失稳的临界荷载，提出矿柱发生失稳的屈曲模型。何满潮等[116]利用自行设计的深部岩爆过程实验系统，通过对深部高地应力条件下花岗岩岩爆过程进行实验研究，将岩爆发生过程分为垂直板裂化、垂直板屈曲变形及岩爆破坏，即岩爆板状结构演化模型，如图 1.16 所示。

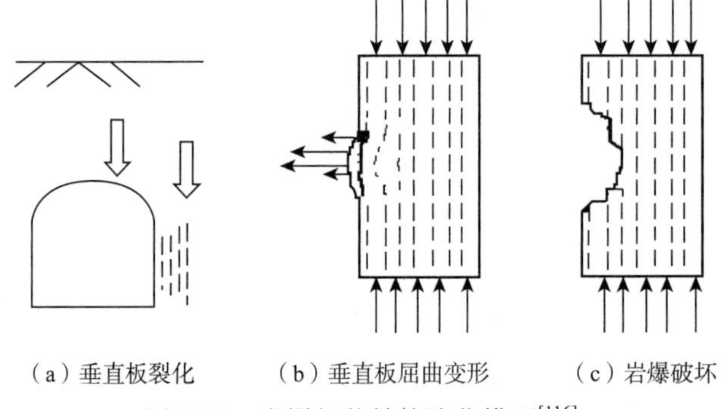

（a）垂直板裂化　（b）垂直板屈曲变形　（c）岩爆破坏

图 1.16　岩爆板状结构演化模型[116]

对于岩爆的预测，学者们已基于不同的理论提出了大量的预测指标。强度理论以岩石的单轴抗压强度为度量标准，从围岩的静力平衡条件出发，将各种强度准则作为岩爆的判据，如 Russenes 判据[123-124]、Turchaninov 判据[125-126]、Hoek 岩爆判据[127]、Barton 岩爆判据[128]、陶振宇判据[129]等，此判据适用于地应力主要由岩体自重产生的岩爆，不适用于地质构造形成的地应力所产生的岩爆；能量理论从能量守恒定律出发解释了岩爆的破坏机理，摆脱了传统理论的束缚，但该类理论并未说明平衡状态的性质和破坏条件，如能量释放率 ERR[130]、冲击地压能量判据[131]、峰前应力-应变曲线中的岩爆能量判据 W_{et}[132]、全应力-应变曲线中的岩爆能量判据 $W_{T\Phi}$[133]、剩余能量指数 W_R[134]、局部能量释放率 LERR[135]、局部能量释放密度 LERD[136]等；岩爆倾向性理论认为岩爆发生的内因是岩石本身的力学性质，用岩石力学实验得到的岩石物理力学指标提出岩爆倾向性评价，如弹射性能综合指数 K_{rb}[137]、松弛系数[102]、脆性系数[138]、深埋硬岩隧洞岩爆倾向性指标RVI[139]等；此外还有刚度理论[140]、失稳理论[141]、断裂损伤理论[142]、分形理论[143]、突变理论[144-145]等。Feng 等[146]利用专家系统对南非深部金矿岩爆的发生进行了系统研究；王元汉等[147]采用模糊数学综合评判方法，选取影响岩爆的一些主要因素，对岩爆的发生与否及烈度大小进行了预测；刘章军等[148]以模糊概率理论为基础，采用模糊权重，建立模糊概率模型对岩爆进行预测；杨健等[149]提出了系统决策和模糊数学相结合的层次分析-模糊综合评价法对岩爆发生进行综合预测评价。史秀志等[150]针对岩爆烈度分级预测评价中诸多因素不确定性问题，应用未确知测度理论并结合工程实际，建立岩爆烈度分级预测的未确知测度评价模型。文畅平[151]基于属性数学理论，建立岩爆发生预测和烈度分级的属性识别模型。综上，岩爆的预测理论可谓是多学科、跨领域的结合，由此也进一步说明了岩爆的影响因素众多，不同岩性不同埋深的岩爆预测都要重新选择预测理论，也由此说明岩爆的机理和预测研究还有很长的路要走。

Szwedzicki[152]研究认为，岩体工程灾害发生前，总是伴有明显的前兆规律和信息，而这些前兆规律也是逐步发展和演化的，准确解译岩体破坏发生前所特有的前兆信息是进行风险评估和采取防治和挽救措施的关键。由以上众多科研工作者的研究成果可见，围岩板裂化现象与岩爆之间具有很强的相关性和本质的联系，因此，全面、准确地解译板裂化破坏包含的岩爆前兆信息是合理评估和准确预测深埋隧洞岩爆风险的关键。

1.2.3　锚杆锚固机理及止裂效应

锚杆作为地下工程中最常用的支护结构之一，其强有力的支护加固效果已被众多工程实践所证明。对于深埋硬岩隧洞而言，锚杆的止裂效应是其有效抑制围岩裂化现象（以板裂化为代表的硬岩小变形开裂现象）的重要原因之一。现将相关研究进展总结如下。

1. 锚杆锚固机理

自 1911 年美国采用锚杆支护煤矿巷道以来，锚杆支护技术至今已有一百多年的历史，已经成为地下工程建设最为常用的加固技术之一。锚杆支护具有节约钢材、降低支护成本、减轻劳动强度、维护费用低及施工方便等优点[153]。以美国和澳大利亚为代表的国家，锚杆支护技术发展最为迅速，美国 1947 年就开始采用锚杆支护煤矿巷道和工作面顶板，目前是锚杆支护技术最先进、使用最广泛的国家。20 世纪 50 年代 Louis、Panek、Jacobio、Rabcewicz 等人相继提出了悬吊、组合梁和组合拱理论，进一步促进了锚杆支护技术的推广应用[154]。20 世纪 80 年代以后，其他国家也大力发展和应用锚杆支护技术，我国锚杆支护是在 1956 年才开始研究和发展的，由于条件有限，锚杆支护的发展一直比较缓慢，直到 20 世纪 90 年代才得到迅速发展[155]。尽管锚杆支护技术在工程中已经得到了广泛的应用，但由于岩土锚固工程的复杂性，锚固机理的研究和设计理论远远落后于工程实践。随着科学技术的发展，人们不仅局限于对锚固工程的实践总结，还借助于计算机进行锚固作用机理的研究，由此能够深入探究锚杆与围岩之间的相互作用、影响因素。目前，锚杆锚固理论发展到现在其主要的加固机理主要有以下几种：支撑理论[156-157]、能量理论[158]、加固理论[159]、突破点理论[160]、中性点理论[161]。

1）锚固理论

传统的围岩支护理论主要由 20 世纪 60 年代奥地利工程师 Rabcewicz[157, 162]提出的新奥法（new Austrain tunnelling method，NATM）发展而来，新奥法认为应充分发挥围岩的自承载能力，促使围岩本身变为支护结构的重要组成部分。20 世纪 70 年代，Salamon 等[163-164]提出了能量支护理论，该理论认为，支护结构与围岩相互作用、共同变形，在变形过程中，围岩释放一部分能量，支护结构吸收一部分能量，但总的能量没有变化，主张利用支护结构的特点，使支架自动调整围岩释放的能量和支护体吸收的能量，支护结构应具有自动释放多余能量的功能。在这之后 Lang，Louis Panek，Jacobio 等[154]相继提出了悬吊理论、组合梁理论、组合拱理论。悬吊支护理论认为，锚杆支护的作用是将顶板直接悬吊到上覆坚硬岩层上，在软弱围岩中，巷道开挖后围岩应力重新分布，出现松动破碎区，并在其上部形成自然平衡拱，锚杆支护的作用是将顶板下部松动破碎的岩层悬吊在自然平衡拱上；组合梁理论认为，端部锚固锚杆提供的轴向力将对岩层离层产生约束，并且增大了各岩层间的摩擦力，与锚杆杆体提供的抗剪力一同阻止岩层间产生相对滑动；组合拱理论认为，在松散破碎的岩层中安装锚杆，假设锚杆间距足够小，锚杆共同作用形成的锥体压应力区相互叠加，在岩体中产生一个均匀的压缩带承受载荷，锚杆支护的作用是形成较大厚度和较高强度的组合拱，拱内岩体受径向和切向应力约束，处于三向应力状态，大大提高岩体承载能力，组合拱厚度越大，越有利于围岩的稳定。

此外，冯豫[165]、郑雨天等[166]在总结新奥法支护的基础上，对破碎围岩巷道支护技术进行系统研究，提出了联合支护理论，该理论认为对于巷道支护，一味提高支护刚度是不行的，要先柔后刚、先抗后让、柔让适度、稳定支护。方祖烈[167]提出的主次承载区支护理论认为，巷道开挖后在围岩内形成拉压区域，压缩区域在围岩深部，体现了围岩的自承载能力，是维护巷道稳定的主承载区；张拉区域形成于巷道周围，通过支护加固也具有一定的承载力，但与主承载区相比，只起辅助作用。侯朝炯等[168-169]提出了围岩强度强化理论，认为锚杆支护实质是锚杆与锚固区域的岩体相互作用组成锚固体，形成统一的承载结构，改善了锚固岩体的力学性能，增加了围压，提高围岩的承载能力。何满潮等[170-171]、孙晓明等[172]基于深部巷道破坏机理研究提出了关键部位耦合支护理论，认为深部巷道的破坏是从局部开始的，局部破坏也主要是由于支护体的强度、刚度和巷道围岩体不耦合造成的。董方庭[173]提出了围岩松动圈理论，围岩一旦产生松动圈，最大变形载荷是松动圈产生过程中的碎胀变形，围岩破裂过程中的岩石碎胀变形是支护控制的对象，松动圈尺寸不同，锚喷支护的作用机理也不同。刘泉声等[174]、黄兴等[175]针对顾桥、朱集等煤矿深井岩岩巷破碎软弱围岩提出了分步联合支护机制，即初期支护的“应力恢复”— 高强支护的“围岩增强”— 破裂区“固结修复”—“应力转移”。康红普等[176-178]研究了锚杆支护系统刚度，特别强调了预应力对支护效果的重要性。张农等[179-180]在高应力软岩巷道支护、复杂条件煤巷锚杆支护及煤矿巷道顶板安全控制等方面提出了巷道围岩滞后注浆加固、深井软岩巷道过程控制与分步加固技术、高强预应力锚杆支护技术等围岩强化理论和施工控制技术、沿空留巷支护围岩稳定原理与关键控制技术。

2）荷载传递机理

锚固段载荷传递机理，指的是注浆岩石锚杆中锚杆与注浆体、注浆体与围岩体之间黏结应力的分布和传递机理的研究。对于预应力锚杆而言，其载荷传递的机理是，当外部施加的载荷在注浆体与锚杆之间产生了相互作用力，此相互作用力对注浆体施加了一个反作用力，此反作用力又作用在围岩体上，其关键就是注浆体和围岩体之间、注浆体和锚杆之间两个界面上的作用力；而对于非预应力锚杆而言，尤其是在软岩和破碎岩体中的注浆锚杆，通常把注浆体和锚杆看为一个综合锚固单元，其载荷传递机理则是由于围岩体与锚固单元之间的相对位移，产生相互作用力，而导致的锚固效果[181]。Lutz 等[182]研究表明锚杆表面上存在着微观的粗糙皱曲，浆体围绕着锚杆，在锚杆和浆体之间的结合破坏之前，其结合力发挥作用；当锚杆和浆体之间发生一定的相对位移之后，两者界面的某些地方就要遭受破坏，这时锚索和浆体之间摩擦阻力就发挥主要作用，而且摩擦阻力是随浆体的剪胀而增加，增大锚杆表面的粗糙度就能提高摩擦阻力，对浆体而言则是提高了其剪切强度；对于光滑表面锚杆，锚杆和浆体之间的结合主要取决于滑动之前的附着力和滑动之后出现的摩擦力；在进行拉拔试验时，力由锚杆传递到浆体，最后的结果可能是浆体的开裂或压碎，锚头滑动并附带部分浆体而拔出整个浆体，所以浆体的强度和厚度成为承载力的主要控制因素。汤雷等[183]基于常规拉拔试验建立了全长注浆岩石锚杆的应力分布函数。唐春安等[184]开发出了一种新型全长多点楔胀式管缝锚杆，并采用数值模拟、物理实验、现场试验的研究思路开展了锚固界面应力分布等工作。杨庆等[185-186]根据大量的数值试验，对其数学模型的有关参数进行了改进，得到了更加符合试验结果的应力分布函数。张季如等[187]建立了锚杆荷载传递的双曲线函数模型，获得了锚杆摩阻力和剪切位移沿锚固长度的分布规律及其影响因素。牟瑞芳等[188]基于共同变形原理给出了考虑锚杆、浆体和围岩间相互作用的锚固段内力分布和传递规律的积分方程表达及其数值解。尤春安等[189]基于 Kelvin 问题的位移解，导出了内部锚固型锚固段的剪应力和轴力分布规律。Gunnar[190]应用弹性理论中的Mindlin解分析了预应力锚杆的加固机理。尤春安[191]基于 Mindlin 问题的位移解，推导了全长黏结式锚杆剪应力、轴向载荷等应力分布的弹性解。朱训国等[192]基于 Boussinesq 问题的位移解，推导出了和基于 Mindlin 问题的位移解相同的结果。牟瑞芳等[193]、尾高英雄等[194]，杨庆等[195]按照共同形变原理，把岩体对锚固单元的剪切作用简化为一系列独立作用的切向弹簧，建立了全长注浆岩石锚杆的应力分布函数。何思明等[196]利用 Shear-Lag 模型，应用损伤力学理论建立了岩石锚杆的修正滞剪模型；Cai 等[197]基于 Shear-Lag 模型，提出了一种改良的计算分析方面法来描述锚杆与注浆体以及围岩体之间的相互作用。

拉拔试验是研究荷载传递机理的重要手段在这方面，陈胜宏等[198]提出了复合单元的概念，建立了考虑岩体、砂浆、锚杆、岩体与砂浆接触面、砂浆与锚杆接触面等多重介质的砂浆固结锚杆分析模型。杨强等[199]采用二维格构模型分析了岩石中锚杆拔出试验，而且他认为以杆单元模拟锚杆的数值模拟方法一般都会低估锚固效果。贺若兰等[200]采用一种能够真实模拟锚杆和岩土体界面闭合、滑移及张开等实际变形性能的摩擦–接触型界面单元，建立了拉拔工况下全长黏结锚杆的数值模型。高丹盈等[201]建立了纤维增强塑料锚杆在岩土体中的黏结锚固基本方程。苏霞等[202]采用“岩石破裂过程分析”（RFPA）系统，用正交试验方法进行了一系列数值试验，对影响锚杆拉拔力的 6 个因素进行了分析研究，并与有关物理试验结果进行了对比。朱浮声等[203]提出根据锚杆抗拔试验来确定锚杆摩阻力的方法，使用边界元对锚杆的支护机理进行模拟。

2. 锚杆止裂效应

国内外岩体工程实践表明，岩体工程的破坏大多数是由于其内部节理、裂隙等缺陷发展导致的局部化失稳，为了防止岩体的变形破坏，需采用各种锚杆进行加固。锚杆的止裂效应是其补强围岩、抑制围岩力学参数劣化的根本原因，国内外学者从不同角度开展了大量研究。

理论研究方面，杨延毅等[204-205]采用等效抹平的处理方法，从损伤岩体的自一致理论出发，推求出加锚节理岩体的等效柔度张量和损伤张量，运用脆性材料的损伤增韧止裂理论，依据加锚节理裂纹的断裂扩展过程建立损伤演化方程，给出了此类加锚岩体的本构关系。朱维申等[206]以大型水电工程和矿山等大型隧道为背景，建立了加锚节理岩体断裂损伤模型和锚固分析模型，并提出了计算锚固效应的等效公式。李术才[207]应用断裂力学与损伤力学理论，对复杂应力状态下脆性断续节理岩体的本构模型及其断裂损伤机制进行研究，根据应变能等效的方法和自洽理论，建立加锚断续节理岩体在压剪、拉剪应力状态下的断裂损伤本构模型，并建立裂纹在压剪和拉剪状态下的损伤演化方程；李术才等[208]为揭示裂纹扩展性态与岩体稳定性的关系及锚杆的增韧止裂作用，建立了压剪应力状态下加锚节理面抗剪强度与锚固参数之间的关系，并用突变理论建立了加锚节理面压剪应力状态下分支裂纹扩展的突变模型。张强勇[209]根据岩石锚杆对节理裂隙岩体的加固机理，提出各向异性损伤锚固模型，同时建立一种三维损伤岩锚柱单元模型来模拟锚杆的支护效果，并将建立的力学模型应用于滑坡地质灾害治理工程项目中。伍佑伦等[210]在分析穿过节理的锚杆与岩体相互作用的机理后，采用线弹性断裂力学的方法，分析在拉剪综合作用下锚杆对裂纹尖端应力强度因子产生的贡献，并揭示了各种应力作用情况以及锚杆与节理面之间不同的夹角下锚杆的作用规律，计算分析结果表明，锚杆的作用使节理端部的应力强度因子发生转换，从而明显降低了对岩体破坏产生主要作用的应力强度因子，这是锚杆能够加固节理岩体的重要原因。王成[211]基于线弹性断裂力学原理，将层状岩体的层间潜在最弱面等效为等间距共线多节理的力学模型，通过分析含有一条节理的有限大小岩体在压剪应力作用下节理线附近应力场在锚固前后的变化，提出了计算由于锚固引起的锚固效果公式。

第 2 章　工程尺度围岩板裂化特征

目前对于板裂状现象的认识尚未统一，已有的认识均是基于单个特定的工程，对于板裂化的形态也局限于局部的 V 形形式或“葱皮状”剥落形式等。随着深埋工程的增多，硬脆性岩体在深埋高地应力场条件下开挖卸荷所特有的板裂化破坏也越来越多，其形态特征也逐渐丰富起来，为板裂化研究提供了更多的参考依据。板裂化破坏具有统一的、内在的力学机制和规律性的形态特征，文献记载的板裂化形态只是在特定应力场、特定岩体力学性质等条件下所呈现出的某一特定形态特征，如 Mineby 试验洞在高侧压系数下的 V 形板裂化形态。而对于板裂化破坏更一般更全面的破坏机制和形态特征则需综合考虑多种条件下多种因素的影响。板裂化破坏是工程尺度上的一种破坏形式，因此，本章基于对锦屏二级水电站隧洞群和试验洞群揭露出来的板裂化现象的统计，全面总结板裂化工程尺度特征，旨在揭示围岩板裂化形态特征的统计规律、影响因素及影响规律。

2.1　板裂化形态描述指标

工程现场揭露出的围岩板裂化破坏形态特征是介于微观尺度损伤变量和工程地质学尺度岩体结构特征之间的一种尺度特征，借鉴损伤变量和结构面特征的描述方法，根据工程现场板裂化所揭露出的信息特征选定如下定量指标来描述板裂化特征

$$L_i(n_j, a_j, d_j)$$

式中：L_i 为垂直于洞壁临空面一定深度内具有相同倾向的一组板裂化；n_j 为一组板裂化内第 j 个板裂面的法向量；a_j 为一组板裂化内第 j 个板裂面的厚度；d_j 为一组板裂化内第 j 个板裂面与第 $j+1$ 个板裂面的间隙宽度，也称为张

图 2.1　板裂化定量描述指标示意图

开度。具体指标描述如图 2.1 所示。为便于叙述，本书中将具有 a_j 厚度的板片状岩块称为板片或板裂片，板片的破坏面称为板裂面，板片与板片之间的间隙称为板裂裂缝。

由于板裂化是发生在围岩洞壁至一定深度内的破坏，且板裂面近似平行于洞壁，因此板裂化形态描述指标只能通过垂直于板裂面的断面或现场钻孔摄像进行获取。但现有研究表明，板裂化是发生在高应力和硬脆性岩体条件下，其危险性可想而知；并且板裂化是大面积且具有三维特征的破坏形态，要想获取其完整信息必须按一定方式布置多个钻孔，这样又会对围岩造成再次损伤，降低围岩稳定性，增加了洞室使用期间的不安全因素。因此，板裂化定量特征的获取必须寻找新的无损测量方法或选用其他手段。经过调研，目前使用的无损测量方法如声波、电磁波、超声波等都无法精确或模糊测量板裂化破坏尺度的板片厚度和板裂面产状，但在一定程度上可以测量板裂化破坏深度。由于板裂化破坏深度不同于围岩破坏深度，在测量时要综合多个测量信息进行区分。综上所述，板裂化定量指标的获取还需借助室内试验研究、板裂化破坏机制以及数值模拟计算等手段进行获取，将在后续章节介绍。

需要说明的是，现场钻孔摄像看到的围岩破坏对于板裂化现象来说是一个点式特征，只能大致描述沿垂直于板裂面某一直线上板片厚度和板裂裂缝特征，并且对于是否是板裂化破坏还需借助相邻钻孔特征进行判别。工程现场出现最多的是洞壁表面和洞壁至围岩十几厘米深度内的板裂化破坏形态，这些通过观察和简单测量就可获得，图 2.2 为洞壁表面围岩板裂化板片厚度测量示意图，洞壁表面及垂直于板裂面的破坏断面揭露出的板裂化特征信息也很丰富，且便于测量，该部分统计值为后续板裂化破坏研究提供了重要依据。

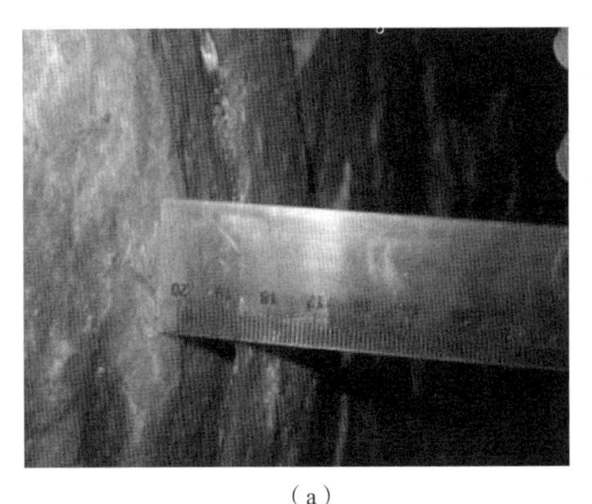
（a）

（b）

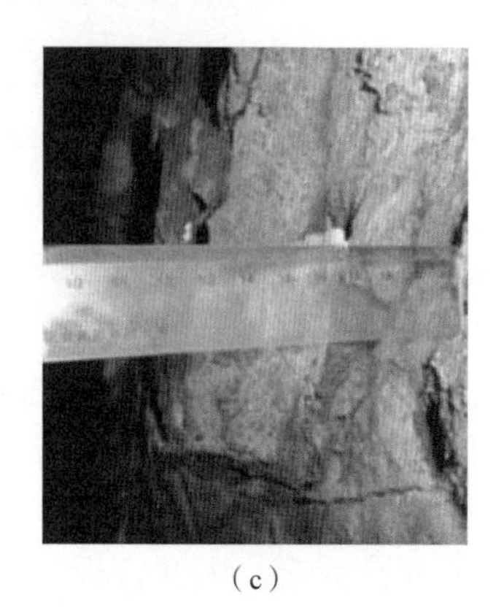

（c）

图 2.2　洞壁表面板裂化板片厚度测量

通过第 1 章节的叙述可知，板裂化现象的破坏形态受多种因素影响，在洞室洞壁不同位置及围岩不同深度内板裂化形态各异，且数量众多，单独和全面地描述板裂化形态特征并不可行也无明显的研究意义。但是，通过对锦屏二级水电站隧洞群和试验洞群围岩板裂化现象的调查发现，围岩板裂化现象随某些影响因素呈现规律性分布，本章重点论述这种分布规律，并剖析影响板裂化形态特征的因素，为后续研究提供工程依据。

2.2　工程尺度围岩板裂化分布特征

2.2.1　概述

锦屏二级水电站为超深埋长隧洞特大型地下水电工程，隧洞群上覆岩体一般埋深 1500~2000 m，最大埋深约为 2525 m，具有埋深大、洞线长、洞径大的特点，地应力场最大主应力接近 70 MPa，引水隧洞洞段主要为 T_{2y}^{5} 中厚层状大理岩、T_{2y}^{6} 薄层状大理岩和 T_{2b} 厚层状大理岩。T_{2y}^{5} 和 T_{2b} 岩层岩石结构致密，强度较高，隧洞通过该岩层时岩爆风险较高。锦屏二级水电站特有的高应力条件和硬脆性大理岩的组合造成了围岩板裂化现象的普遍存在。

锦屏二级水电站隧洞洞群断面形状主要有圆形断面、四心圆马蹄形断面和直墙拱形断面三种，试验洞群则多以直墙拱形（城门洞形）断面为主。不同开挖断面所造成的围岩板裂化形态不同，如图 2.3 所示。圆形断面围岩板裂化板片较薄、密集卷曲、层数较多，板裂面与洞壁表面近似平行，沿断面一周板裂化形态变化不大，见图 2.3（a）；直墙拱形断面围岩板裂化板片较厚，洞壁浅部围岩几层板裂面近似平行于洞壁表面，板裂面随洞周线弧度的变化而变化，沿断面一周不同部位板裂化形态差异较大，见图 2.3（b）。上述围岩板裂化形态的不同不单单是断面形状的不同引起的，应力场、开挖方式和开挖路径、岩体力学性质等等都会引起板裂化形态的不同，如图 2.3（a）中所示的圆形断面为 TBM 一次开挖形成，图 2.3（b）中所示的直墙拱形断面则为钻爆法分步开挖而成。

（a）圆形断面隧洞围岩板裂化形态

（b）直墙拱形断面隧洞围岩板裂化形态

图 2.3　不同断面形状隧洞围岩板裂化形态（后附彩图）

地下隧洞开挖完成后，围绕隧洞断面具有三个方位：沿隧洞洞周方向（切线方向）、洞壁至围岩深部方向（径向方向）、开挖方向（洞室轴线），如图 2.4 所示。锦屏二级水电站隧洞洞群和试验洞群在这三个方位均有板裂化发育，板裂化形态特征也各有特点，特别是对于直墙拱形隧洞，从图 2.3 中也可看出不同方位所分布的不同的板裂化形态。

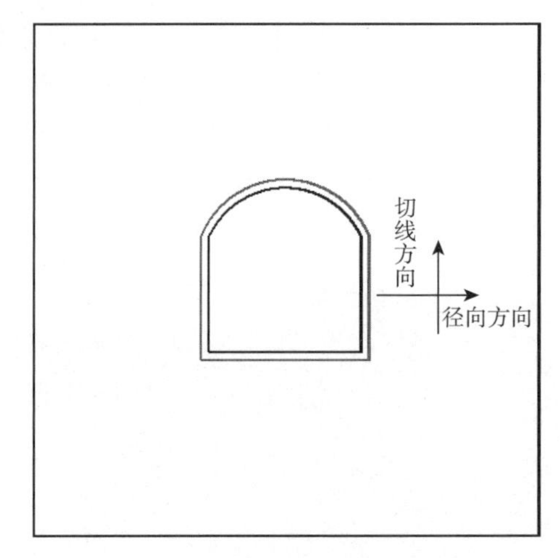

图 2.4 隧洞断面方位示意图

2.2.2 沿隧洞洞周切线方向板裂化形态特征

对于圆形断面隧洞，沿隧洞洞周切线方向洞周线弧度无变化，围岩板裂化部位和形态主要由地应力场主应力方向、开挖速率、岩体完整程度决定，而对于直墙拱形隧洞，除上述因素外，洞周线不同的弧度也会对板裂化形态有影响，因此，沿隧洞洞周切线方向围岩板裂化形态分布特征重点考虑了直墙拱形隧洞。

直墙拱形隧洞断面由拱顶、拱肩、边墙、底脚和底板组成，不同部位洞周线弧度不一致，可采用洞周线的曲率半径来衡量，边墙和底板的曲率半径为无穷大，底脚（边墙和底板连接处）的曲率半径为无穷小，拱顶则为设计曲率半径，拱肩（拱顶和边墙连接处）的曲率半径则为边墙曲率半径到拱顶曲率半径的过渡。图 2.5~图 2.7 为锦屏二级水电站 2#试验洞支洞、3#试验洞 F 支洞和直墙拱形断面隧洞内围岩板裂化形态照片，由照片中可明显看出不同曲率半径处板裂化形态的不同。

（a）边墙和拱肩

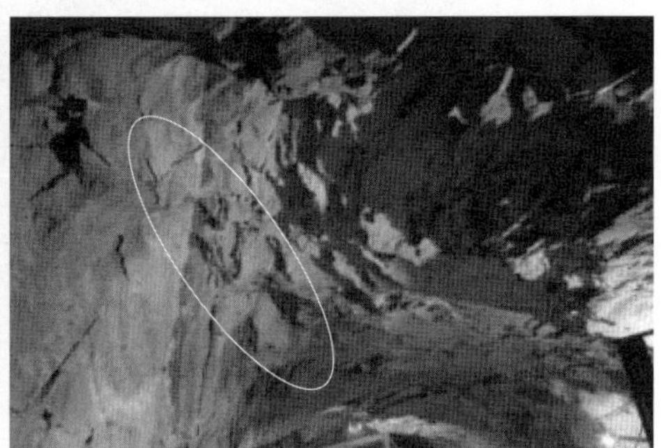

（b）拱顶和拱肩

图 2.5 2#试验洞支洞板裂化形态（后附彩图）

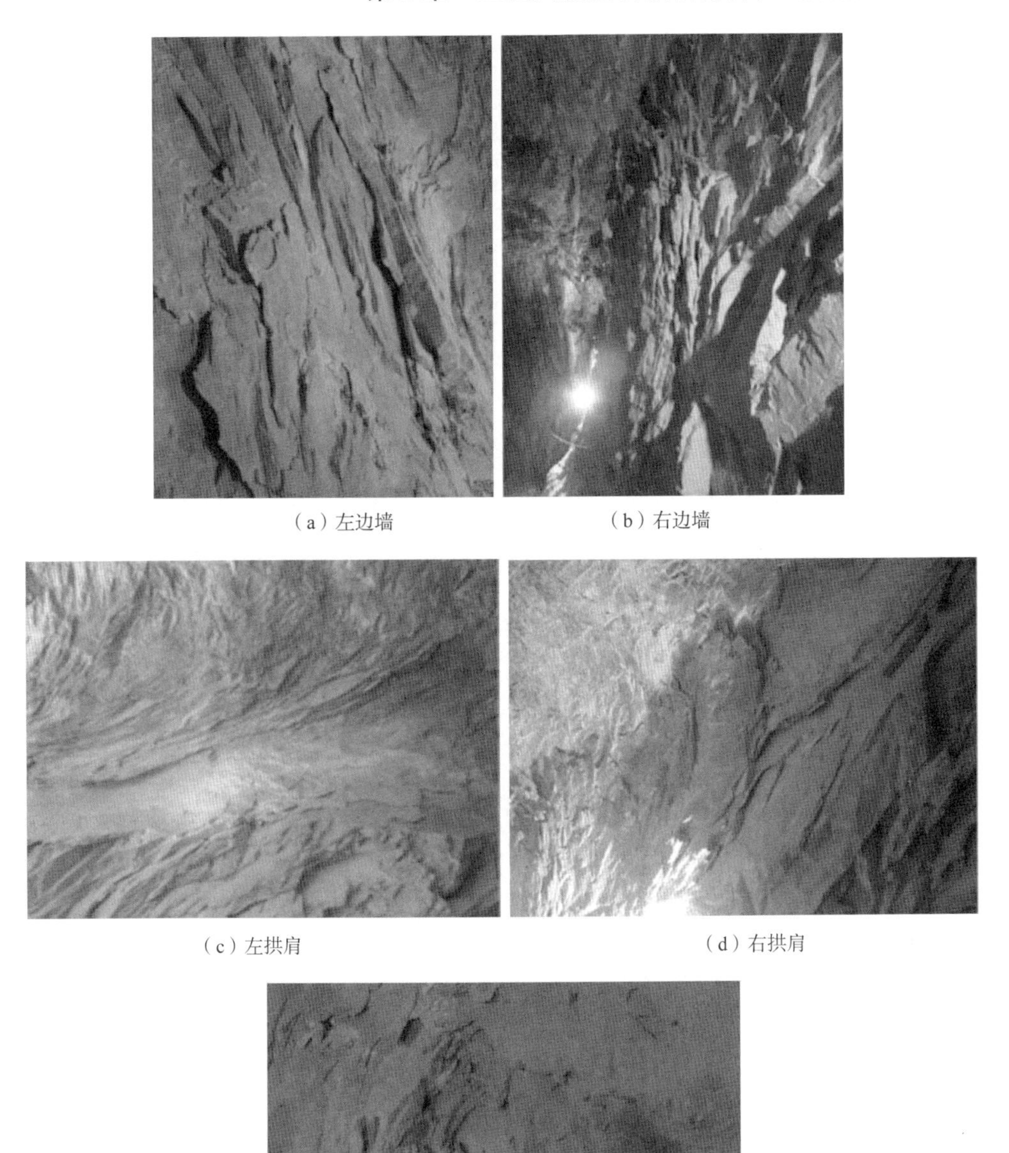

（a）左边墙　（b）右边墙

（c）左拱肩　（d）右拱肩

（e）底脚

图 2.6　3#试验洞 F 支洞板裂化形态

（a）边墙 1　（b）底脚 1

（c）边墙 2　（d）底脚 2

（e）拱顶 1　（f）拱顶 2

图 2.7　隧洞板裂化形态

2#试验洞区埋深 2 430 m，所处地层为白山组 T_{2b} 、T_{2y}^{5} ，岩性为大理岩，隧洞为直墙拱形（城门洞形），尺寸宽 3.0 m 高 2.2 m。由图 2.5 所示，边墙和拱顶处围岩板裂化板裂面近似平行于洞壁面，可观察到的板片有多层，各层近似平行，靠近洞壁处板片之间有缝隙；拱肩处近洞壁处板裂面近似平行于该处洞壁表面，但较深处板裂面则与洞壁表面呈一定夹角往里延伸，见图 2.5（a）椭圆线框标注处和图 2.5（b）椭圆形区域处。

3#试验洞区埋深 2 370 m，所处地层为白山组 T_{2b} 、T_{2y}^{5} 大理岩，隧洞为直墙拱形（城门洞形），尺寸宽 7.5 m 高 8.0 m。图 2.6 所示的边墙和拱肩处的板裂化形态与图 2.5 所示的具有一致性，由于 F 支洞断面尺寸较大，其板片厚度和板片尺寸也较大。图 2.6（c）拱肩处表层板裂片已脱落，露出较深处板裂面延伸方向，进一步证实了拱肩较深处板裂面与洞壁表面成一定夹角往里延伸（具体延伸深度观察不到），且板裂面上出现剪切滑移痕迹；图 2.6（d）拱肩处表层板裂片未脱落，由图中可见表层板裂片与拱顶和边墙表层板裂片具有连通性。边墙和底板成近似直角连接，底脚处表层板裂化形态延续了边墙表层板裂化形态，表层板裂化脱落处揭露出的里层板裂面则与洞壁表面成一定倾角，见图 2.6（e）。图 2.7 所示直墙拱形隧洞内不同部位的板裂化形态与上述描述一致，隧洞开挖后及时支护，因此现场隧洞揭露出的板裂化破坏多是发生岩爆或表层板裂片弯曲鼓折致使支护层脱落后表露出来的。

综上所述，边墙和拱顶处板裂化板裂面近似平行于洞壁面，由出露在外可观察到的板裂化形态可看出板裂片分多层，各板裂面相互平行。拱肩为拱顶和边墙连接处，其表层板裂面近似平行该处洞壁曲面，与边墙和拱顶的表层板裂面具有连贯性，但表层以内板裂化形态则发生了变化，由出露在外的板裂面端部不难推测里层板裂面与原拱肩曲面成一夹角延伸。底脚处表层板裂片较厚，表层鼓胀脱落后可见内部薄状密布板裂化形态，板裂面与洞壁已成一定夹角。底板处由于重力、应力分布等影响很少见到板裂化破坏。洞周不同部位对应着不同的曲率半径，因此可总结为：具有一定曲率半径段板裂化板裂面近似平行于该处洞壁面；曲率半径变化处，表层板裂化延续了与其连接段的板裂化形态，但里层板裂化板裂面则与洞壁面形成一定夹角。

2.2.3 沿隧洞围岩径向方向板裂化形态特征

洞壁至围岩深部方向即围岩径向方向，该方向围岩板裂化形态只能通过垂直于板裂面的断面或现场钻孔取芯、钻孔摄像等方式获得，而钻孔取芯、钻孔摄像所观察到的只是沿垂直于板裂面方向一直线上的点式特征，要想通过现场测量获得沿径向方向上的板裂化三维特征具有相当大的难度，需要借助室内试验、数值模拟等手段进行研究。现场调研发现，洞壁表面处板裂化形态也有很大差异，因此，将径向方向板裂化形态分为洞壁表面和洞壁至围岩一定深度处两方面叙述。

1. 洞壁表面板裂化形态特征

洞壁表面板裂化形态最具代表性的为 2#试验洞群试验支洞 C 和 3#试验洞群试验支洞 F。

图 2.8 为 2#试验洞群试验支洞 C 洞壁表面板裂化形态。2#试验支洞开挖后，隧洞围岩主要表现为剥落破坏，形成片状、薄板状和楔形板状破坏[212]。试验支洞 C 洞壁表面板裂片（即板裂化破坏表层板裂片）形态呈鱼鳞状，单块板裂片多为楔形体，少数为平板状，尺寸相对较大，厚度 3~30 cm，有的边缘已经张开，向外鼓起，敲击有空响声，内部有空隙。洞壁表面板裂片掉落后不易破碎，掉落下的楔形板状岩块中间厚，边缘薄，最大厚度 3~10 cm。表层板裂片板裂面近似平行于洞壁，板裂面多呈现张拉破坏特征，板裂片边缘破坏断面多以剪切破坏为主。

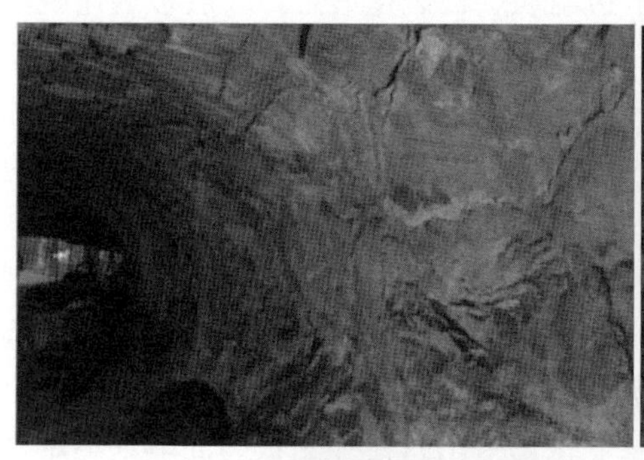

（a）洞壁表面板裂化破坏

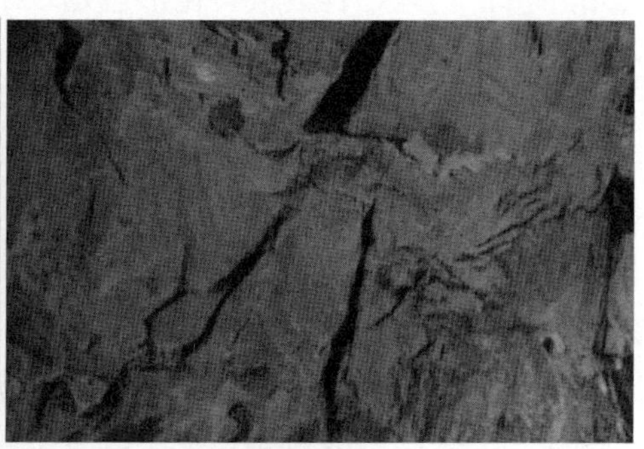

（b）局部楔形体张开

（c）楔形体张开掉落

图 2.8　试验支洞 C 洞壁表面板裂化形态

图 2.9 为 3#试验洞群试验支洞 F 洞壁表面板裂化形态。试验支洞 F 开挖后，隧洞围岩主要表现为剥落破坏，形成片状、楔形板状、平板状、局部冲击破碎和

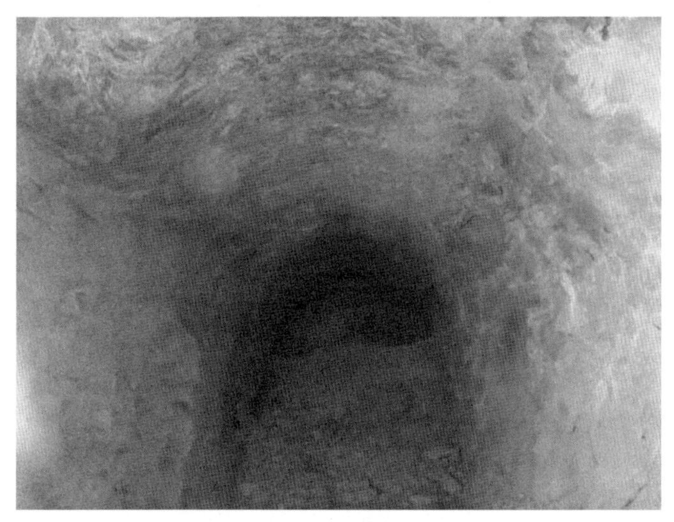

（a）整体视图

（b）出察板片规则排列

（c）台阶状平铺

图 2.9　试验支洞 F 洞壁表面板裂化形态

岩爆破坏，掉落岩块尺寸比较大，块状厚度尺寸 20~30 cm。洞壁表面板裂片多为平板状，多层板裂片断裂端呈台阶状平铺，板裂片厚度 10~30 cm。

上述两试验支洞洞壁表面板裂化形态区别还是很明显的。试验支洞 C 和试验支洞 F 所处埋深相近，地层相同，岩性也相同，均是钻爆法开挖，为何会在洞壁表层出现两种不同的板裂片形式呢？对比现场板裂片照片和 T_{2b} 大理岩室内试验条件下产生的破裂面电镜扫描图片，发现 C 试验支洞洞壁表面板裂化形态与室内单轴压缩试验高加载速率下产生的破裂面的微观形态具有相似性，如图 2.10（a）、（b）所示；F 试验支洞洞壁表面板裂化形态与室内巴西劈裂试验高加载速率下产生的破裂面的微观形态具有相似性，如图 2.10（c）、（d）所示。考虑到自相似现象[213]和相似理论[214]，推测造成洞壁表面板裂片形态不同的原因是不同的爆破参数分别引起了

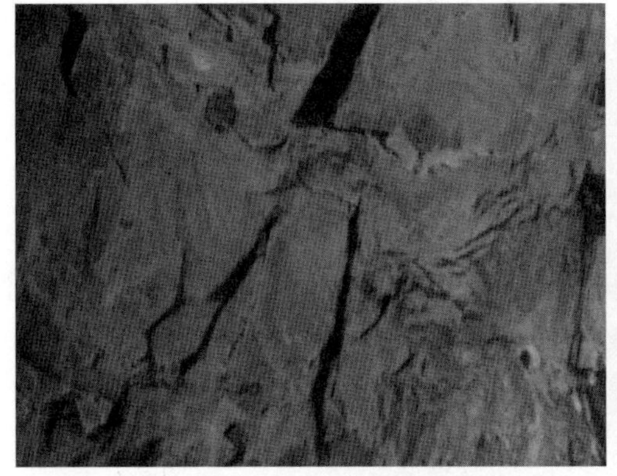

（a）试验支洞 C 洞壁表面板裂化形态

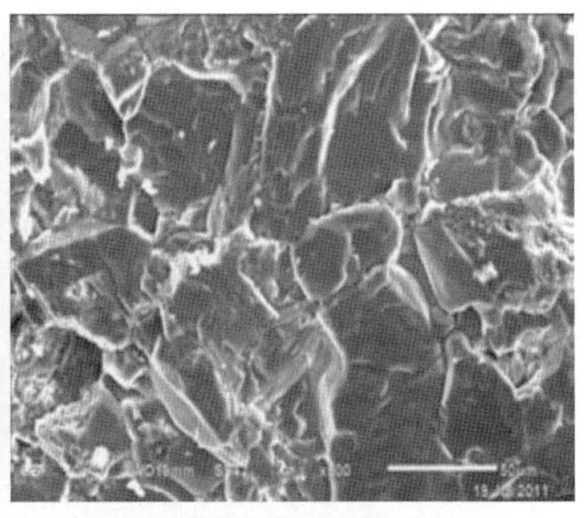

（b）单轴压缩破裂面微观形态

（加载速率：10MPa/s）

（c）试验支洞 F 洞壁表面板裂化形态

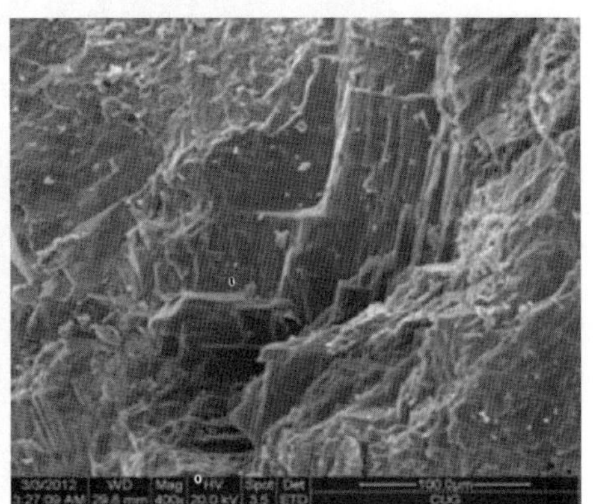

（d）巴西劈裂破裂面微观形态

（加载速率：2.55MPa/s）

图 2.10　隧洞洞壁表面板裂化形态与室内试验结果对照

单轴压缩和巴西劈裂效应，实际上试验支洞 C 和试验支洞 F 尺寸不同，所用药包分量和强度也是不同的，故卸荷强度和速率必然不同。

2. 洞壁至围岩一定深度内围岩板裂化形态特征

锦屏二级水电站试验洞钻取了 80 多个钻孔，获得了 300 多箱岩芯，并对其中十几个钻孔进行了数字钻孔摄像测试，文献[212]详细记录了现场测试钻孔布设方案，分析研究了岩芯破裂情况和破裂机制。为便于叙述，摘取了试验洞及测试钻孔布置图，如图 2.11 所示。限于篇幅，只列出钻孔 ED01、ED02、ED03、ED04 靠近辅助洞 A 侧的岩芯图。辅助洞 A 为直墙拱形隧洞，隧洞宽 7 m 高 7.6 m。如图 2.12 所示，岩芯破裂成块状或饼状，饼状岩芯也是硬脆性岩体在高应力条件下所特有现象。岩芯破裂机制十分复杂，至今仍有很多学者致力于这方面的研究。

靠近洞壁 3 m（椭圆形标注区域）以内岩芯的破裂主要是由于开挖卸荷引起的围岩开裂造成的，该区域岩芯破裂特征则对应着本书的研究对象——板裂化。分析该区域内岩芯破裂情况发现，围岩板裂化形态在该区域内可分为两个泾渭分明的部分：密集板裂区和稀疏板裂区。密集板裂区板裂面近似平行于洞壁，板片厚度为几厘米到几十厘米不等，该部分岩芯断裂面多呈现出张拉破坏特征；稀疏板裂区板裂面则出现倾斜，由岩芯断裂面也可看出往围岩深处倾斜，断裂面上也可看出剪切滑移痕迹。同时，图 2.12 所展示的岩芯破裂形态也表明，板裂化形态具有三维特征并受多种因素影响，相近区域内板裂化形态也有差异，主要表现在板片厚度、板裂层数以及板裂区深度三个方面。

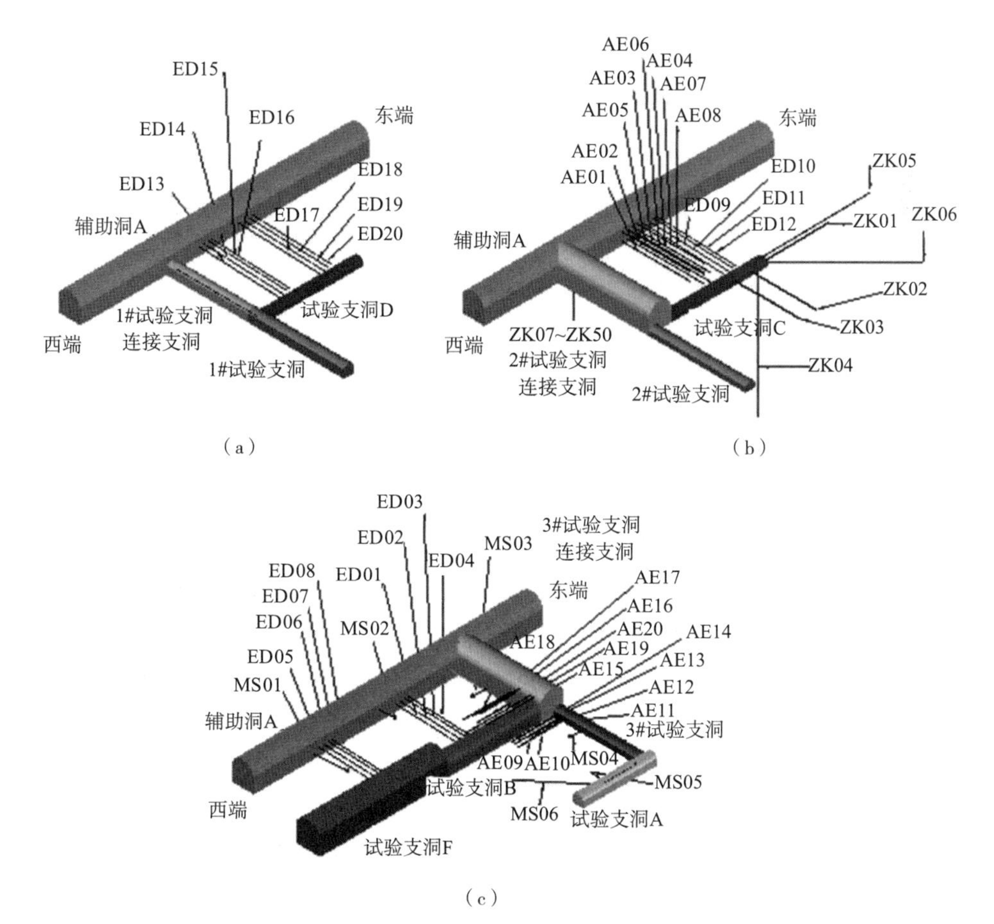

图 2.11　试验洞及测试钻孔布置图[212]

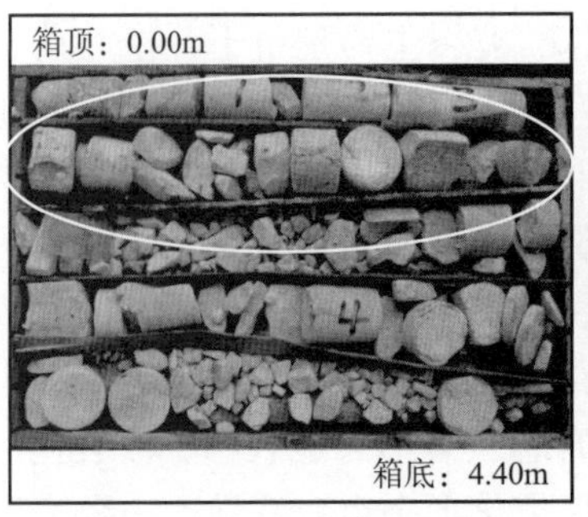

（a）辅助洞3#科研试验洞ED1钻孔第一箱

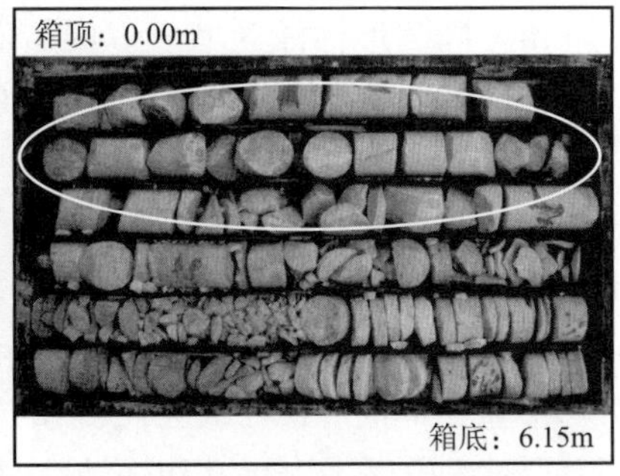

（b）辅助洞3#科研试验洞ED2钻孔第一箱

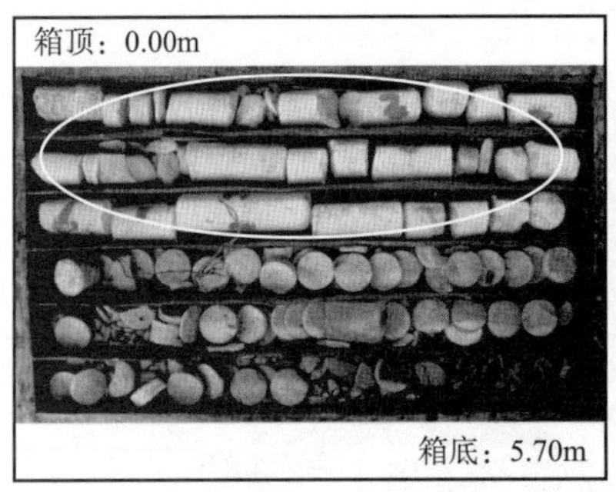

（c）辅助洞3#科研试验洞ED3钻孔第一箱

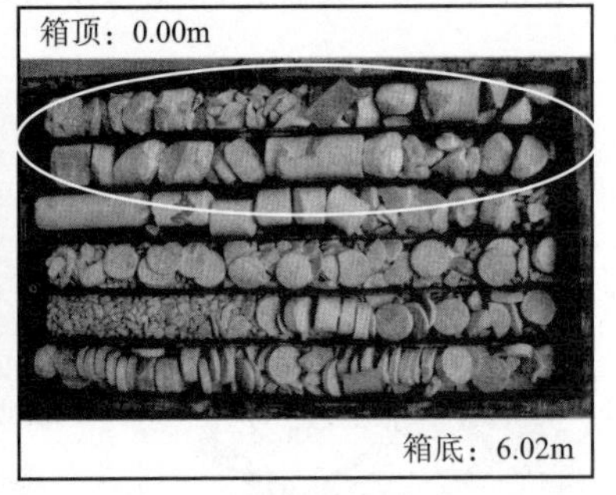

（d）辅助洞3#科研试验洞ED4v钻孔第一箱

图 2.12　ED01、ED02、ED03、ED04 钻孔岩芯第一箱[212]

另外两种可直观并较全面的观察板裂化沿洞壁至围岩一定深度内的形态的方法是图 2.13 所示的可见范围内的钻孔壁裂隙和数字钻孔摄像裂隙演化结果，以及图 2.14 所示的垂直于板裂面的断面。图 2.13（c）中所示的数字钻孔摄像裂隙演化结果可明显看出板裂化的密集区和稀疏区，并可对照洞壁表层揭露出的板裂化形态推测板裂面延伸方向和深度；图 2.14 则更直观地展现了垂直于板裂面方向上的板裂化的二维特征，进一步证实了前面所述的密集板裂区板裂面近似平行于洞壁、稀疏板裂区（或围岩较深处）板裂面往围岩深部方向倾斜这一推测，但是围岩板裂化深度则随隧洞尺寸大小、地应力值大小和岩体参数而变化。

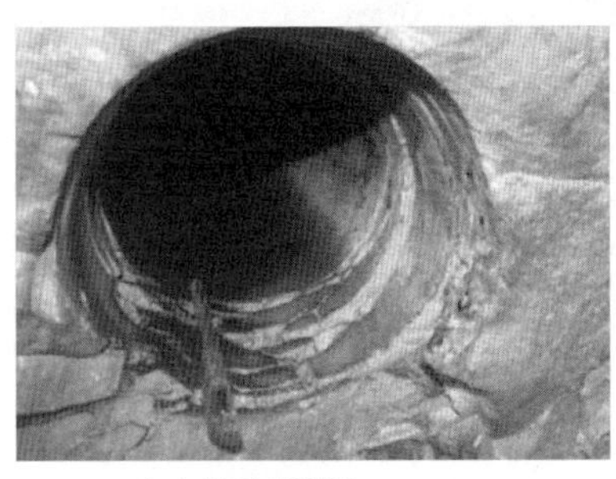

（a）钻孔壁裂隙 1

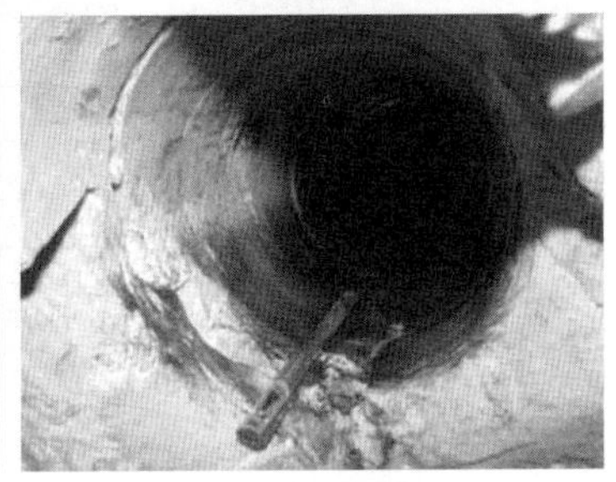

（b）钻孔壁裂隙 2

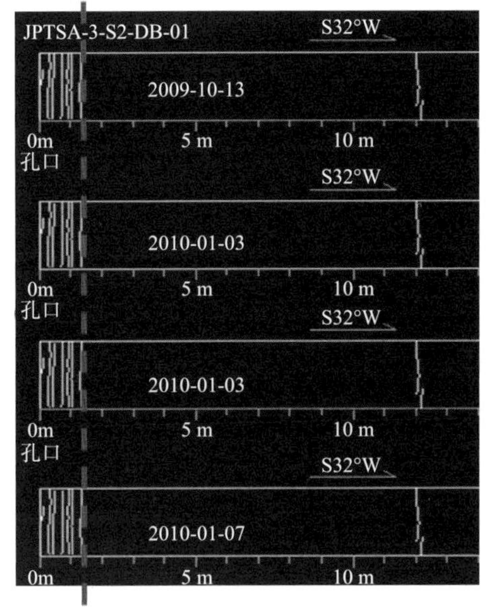

（c）数字钻孔摄像裂隙演化结果[215]

（d）稀疏板裂区形态

图 2.13 围岩钻孔壁板裂化形态

（a）交叉洞口壁板裂化形态

（b）垂直于隧洞断面洞壁板裂化形态

（c）洞径变化处板裂化形态

图 2.14 垂直于板裂面的破坏断面

综上所述，围岩板裂化形态沿洞壁至围岩一定深度内分为两个泾渭分明的区域：密集板裂区和稀疏板裂区。密集板裂区的深度一般小于 2 m，多为 1 m 或 0.5 m 以内，板裂面近似平行于洞壁，板片厚度为数厘米至十几厘米不等，形态各异，板裂裂缝多为张开，受施工和时间等因素影响，此区域有时会由于表层脱落或垮塌而局部或全部缺失；稀疏板裂区位于密集板裂区以外，具体深度范围视隧洞尺寸、地应力值、岩体参数等确定，板裂面不再平行于洞壁，而是发生往围岩深部方向的倾斜，此区域内板裂片厚度达数十厘米至数米不等，稀疏板裂区有时不明显或不存在。

2.2.4 沿隧洞开挖方向板裂化形态特征

隧洞开挖方向即洞轴线方向，围岩板裂化形态受掌子面循环掘进影响（掌子面约束效应），呈现周期性变化规律。如图 2.15 所示，试验支洞 F 分上下台阶开挖，下台阶开挖进尺为 5 m，图 2.15（a）展示了 40~45 m 洞壁表面围岩板裂化形态。在掌子面约束位置，图 2.15 中标号 40 处，沿标号 40~标号 45 方向，板裂化板裂面先是倾斜于洞轴线再是近似平行于洞轴线最后又反倾斜于洞轴线，如图 2.16 所示。图 2.15（b）则可看到沿标号 40~标号 35 方向的板裂面倾斜方向，板裂裂缝有一定张开度，板片在掌子面约束处发生断裂，板裂面方向在掌子面处发生转折。可见，板裂片沿开挖方向并不是连贯的，受掌子面掘进循环影响，板裂面方向发生改变，造成一开挖进尺内两端板裂片向开挖空间内张开，中间部位板裂片则近似平行于洞壁。图 2.17 所示 2#试验支洞为全断面开挖，开挖进尺为 1.5~2.0 m，现场虽没明确标注掌子面位置，但由板裂化沿开挖方向上的形态特征可推测出。

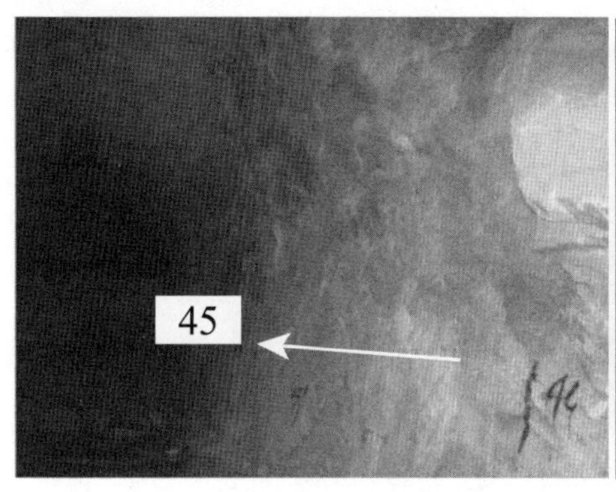

（a）标号 40~标号 45 板裂化形态　　（b）标号 40~标号 35 板裂化形态

图 2.15　试验支洞 F 掌子面一循环进尺内板裂化形态

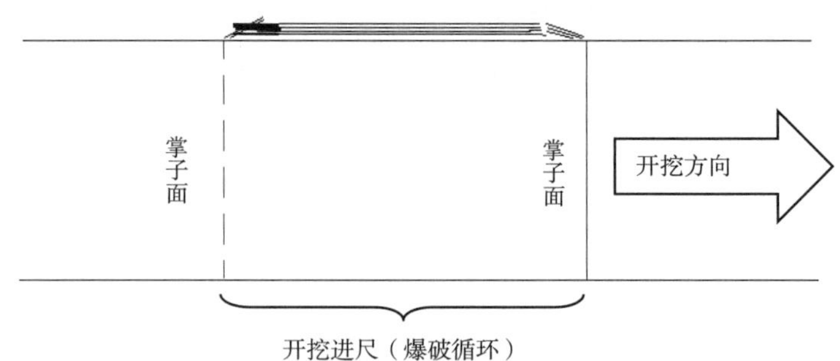

图 2.16　一个开挖进尺内围岩板裂化形态示意图

图 2.17　2#试验支洞沿开挖方向围岩板裂化形态

综上所述，围岩板裂化沿隧洞开挖方向随开挖进尺呈现规律性分布。在一开挖进尺内，板裂化板裂面先是倾斜于洞轴线，再是近似平行于洞轴线，后又反倾斜于洞轴线；在掌子面停顿处，板裂片一般会发生折断剥落，出露于洞壁即为通常所看到的围岩板裂化现象。

2.3　小　　结

板裂化是深埋高地应力条件下硬脆性完整岩体或较完整岩体开挖卸荷后围岩的一种脆性破坏方式。由此可见，发生板裂化破坏的必要条件为相对高地应力和硬脆性完整或较完整岩体。此外，通过国内外研究结果，岩石或岩体非均质也是发生板裂化破坏的关键条件，而原岩应力最大主应力与最小主应力比值在大于 1 的某一范围内是圆形洞室围岩发生板裂化破坏的另一个关键条件。通过对工程现场围岩板裂化形态较全面的统计和整理发现，板裂化形态虽有一定的统计规律特征，但具体到板裂化形态的描述指标，差异性还是显著的，主要表现在板片厚度、板裂面产状、板裂裂缝张开度以及板裂化区域深度上，而这些描述指标是定量描述板裂化形态的关键，也是建立板裂化与板裂化岩爆关系的桥梁，因此有必要对影响围岩板裂化形态的因素进行深入分析和研究。

在影响板裂化形态的因素中，对于锦屏二级水电站这一特定工程来说，地应力场、岩石或岩体参数及其非均质性的影响虽有体现，但很难统计，需要借助于室内试验和数值模拟手段来实现。隧洞断面形状在图 2.4 中已有体现，但又带有开挖方式的影响，不能准确确定不同断面形状的影响规律；隧洞断面洞周线不同曲率半径的影响在 2.2.2 小节中沿隧洞洞周切线方向的板裂化形态中已有统计，但具体影响机制和机理还需进行系统研究。钻爆法爆破参数对洞壁表层板裂片形态有影响，同时爆破参数的选取又取决于隧洞断面尺寸的大小，隧洞断面尺寸的大小在一定程度上决定着板裂化的深度。掌子面的约束作用影响了板裂化沿隧洞开挖方向的形态特征，这点已在 2.2.4 小节中叙述。钻爆法开挖产生的爆破应力波和瞬时卸荷产生的卸荷应力波属于动荷载,因此板裂化形态也受到动荷载影响。此外，围岩板裂化形态还受到开挖路径的影响，如图 2.18 所示，为试验支洞 F 分部开挖后的围岩板裂化形态。试验支洞 F 分上下两台阶开挖，在上下台阶交界处，下台阶围岩板裂面出露于洞壁（图 2.18 中椭圆形区域，特征也比较明显），类似于掌子面约束造成的板裂化形态,同时又与直墙拱形隧洞底脚处板裂化形态相似。其他部位板裂化形态则符合本章中描述的分布特征。

（a）

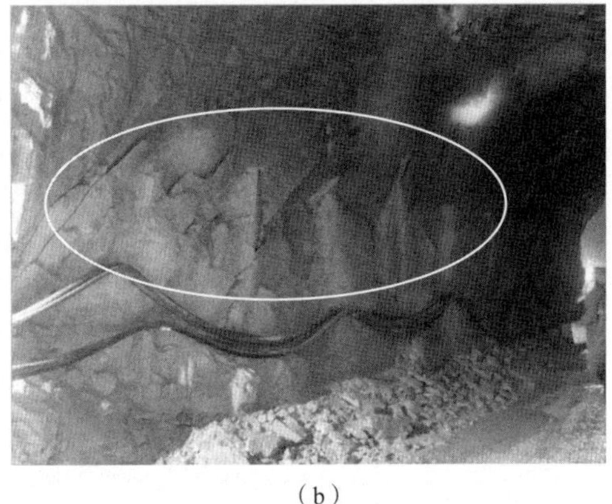

（b）

图 2.18　试验支洞 F 分部开挖围岩板裂化形态

由上可知，围岩板裂化形态的影响因素众多，包括静力（主应力方向和侧压系数）、动力（爆破应力波和卸荷应力波）、岩体强度参数及其时间效应、岩体非均质性（强度参数非均质和结构面）、开挖方式（钻爆法开挖和 TBM 开挖）和开挖路径（分部开挖和全断面开挖）、隧洞断面形状（洞周线曲率半径）等，且有的影响因素是相互交叉、不可分割共同作用的，因此需要研究板裂化的破坏机制及其力学模型，抓住关键影响因素，以便实现板裂化的数值模拟计算，获得全面的、完整的、众多影响因素下的板裂化形态特征及形成机制。

第3章　板裂化类型、机理及其应力条件

围岩板裂化可以看成是完整或较完整硬脆性岩体被各种破坏面（板裂面）分割而成的一种破坏形态，因此破坏面（板裂面）如何形成是解决板裂化形成机制的关键。现有文献对围岩板裂化的研究多表现为只抓住某一局部特征，如单个裂纹的扩展、发生板裂化的围岩强度等，其结果也主要集中在宏观力学行为的分析上。尽管很多学者从理论、试验和数值模拟等方面对硬脆性岩体的板裂化进行了广泛的研究,但是由于板裂化具有工程特征,已有工程所展现的板裂化形态特征具有局限性,限制了对板裂化的认识，使得已有的对板裂化认识的结果和研究角度不完整。

传统的对固体变形及破坏的描述是基于连续介质力学及位错理论等。连续介质力学借助于介质的综合特征来描述材料受载时的行为，而不考虑材料的内部结构。材料的变形及破坏是一个受载体非平衡的自组织多水平系统过程。这一过程既是一个物质粒子在统计物理的意义上翻越能量障碍进行状态转换的过程，也是一个在不同的具体的物质构造水平上发生构造变化的过程。构造水平包括微观水平、细观水平及宏观水平。在处理材料变形及破坏时，在从微观向宏观的过渡中，细观水平起桥梁作用。每一个层次上的变化都有自己的特点，通过对每一个层次上的变形及破坏过程的理解，才能在宏观上更好地理解材料的物理力学行为，也才能正确地对其进行描述，找出其规律及本质。

3.1　硬脆性岩石室内试验综述

岩石的脆性是指岩石在外力作用下仅产生很小的变形就发生破坏的能力，脆性是岩石一种非常重要的性质。岩石脆性程度的大小决定了岩石的破坏机制和岩体工程的破坏形式，尤其随着我国岩石工程建设的日益深部化，开挖岩体所处的地应力越来越高，这种岩石脆性程度和破坏模式的相关性日益突出，如脆性程度大的岩石在高应力下更容易发生板裂、岩爆等脆性形式的破坏，脆性程度小的岩石在高应力下更容易发生延性大变形、挤压大变形和流变等形式的破坏。岩体工程中不同的破坏模式和机制进一步决定了采用何种形式、何种强度的支护，因此也决定了工程的成本和造价[216]。常见的硬脆性岩石有花岗岩、大理岩等，其在室

内试验中典型的破坏特征为在低围压下，达到其轴向抗压强度时试样突发的、剧烈的伴有巨大响声和碎块弹射，试样破坏后具有动力学特征。实际工程开挖过程中，围岩经历了复杂的应力状态和应力路径，岩体在各种应力条件下发生不同机制的破坏，为研究岩体各种应力条件下的破坏机制，学者们开展了大量的室内试验研究。此处仅就硬脆性岩体的静态室内试验的主要结果进行综述。

在单轴压缩试验和单轴拉伸试验方面，单轴压缩试验主要确定岩样的单轴抗压强度，单轴拉伸试验主要确定单轴拉伸强度。由于岩石材料不易制样，岩石的拉伸强度多采用巴西劈裂试验确定。巴西劈裂试验岩样的破坏形式一般是沿荷载方向劈裂，劈裂面宏观形态单一，微观形态随荷载加载速率的不同而有差异[217]。而对于单轴压缩试验，其所表现的力学现象异常复杂，至今仍研究不断，研究重点多集中在应力-应变全程曲线特性、破坏面破裂机制及力学模型等方面[218, 219]。

1966 年，Cook 在液压—热力混合加载的刚性试验机上得到了岩石试样单轴压缩的全程曲线[220]。全程曲线的获得表明：岩石突发性的猛烈地弹射破坏是由试验机刚度不足引起的。Wawersik 等[221]对该试验机进行了改进，采用人工伺服控制的方法得到了一系列岩石试样的单轴压缩的全程曲线，并根据岩样单轴压缩破坏的稳定与否，将岩石分为 I 型和 II 型，见图 3.1（a）。而葛修润等[222]人于 1992 年采用自行研制的 RMT150 型电液伺服自适应岩石力学试验机对花岗岩等 6 种岩石进行试验后，根据岩石峰值后特性定性的区分了岩石的脆性程度，见图 3.1（b）。Hudson 等[223]于 1971 年发表了大理岩试样单轴压缩的应力-应变全程曲线，讨论了岩样的尺度效应和形状效应。尤明庆[224]对比了多个单轴压缩全程曲线结果，指出即使不考虑某些因素，全程曲线也是极为复杂的；杨氏模量表示的弹性变形特征与岩样的形状尺度无关，是材料特性参数，而峰值之后的软化曲线只是材料的特性在具体岩样的宏观表现，并非真正意义上的材料本构关系。

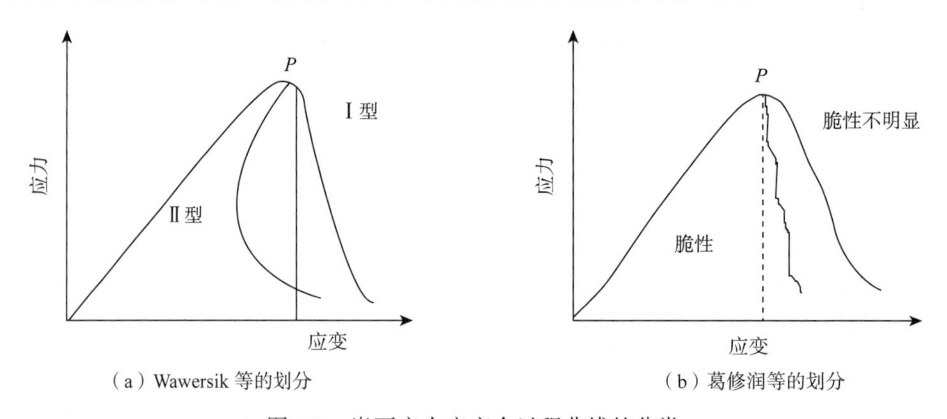

（a）Wawersik 等的划分　　（b）葛修润等的划分

图 3.1　岩石应力应变全过程曲线的分类

岩样单轴压缩的破坏形式复杂多变，一般认为，最终的破坏多数是与轴向近乎平行的劈裂破坏。尤明庆等[225]通过对多种岩石单轴压缩试验后破坏形态的观察，总结了脆性岩石的 4 种破坏形式，如图 3.2 所示。可见，岩样出现了多条平行于轴向荷载的张拉裂纹，在一些硬脆的岩石试样中，甚至出现了类似于“压杆失稳”的岩片折断破坏，与板裂化破坏类似。其中对于单轴压缩试样里出现的张拉破坏的解释为：岩样内部产生最初的剪切滑移之后，会引起滑移面端部产生垂直于轴向的拉力，其大小随剪切滑移面积增大而增大，达到抗拉强度则破坏。文献[226]通过比较岩石应力状态中的球应力张量和偏应力张量，定性地分析了岩石从单轴压缩到常规三轴压缩的破坏模式，即张拉破裂转换到剪切破坏的模式。此外，杨圣奇[227]、Hu[228]、Wong[63]、Horii[55]等大量学者则从缺陷裂纹或预制裂纹尖端产生的翼型张拉裂纹扩展角度研究了单轴压缩条件下张拉裂纹的产生机制，并建立了相应力学模型，如图 3.3 所示。

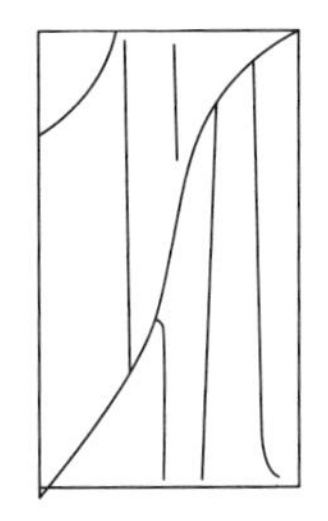

（a）主剪切面+多劈裂面破坏

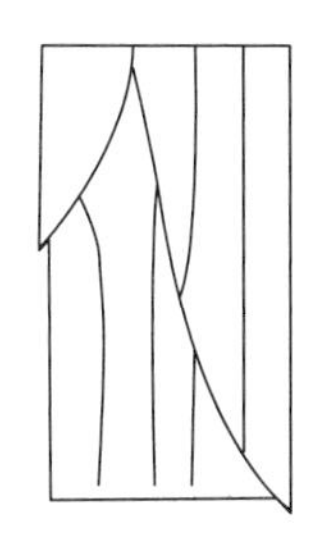

（b）两主剪切面对穿+多劈裂面破坏

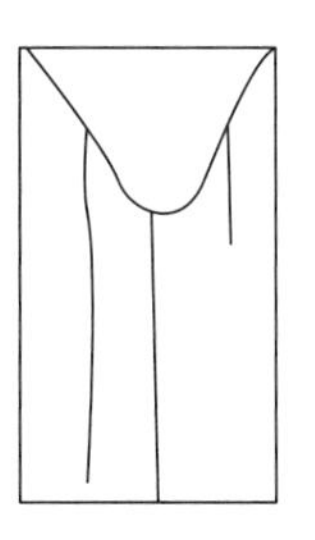

（c）圆锥面+张裂面破坏

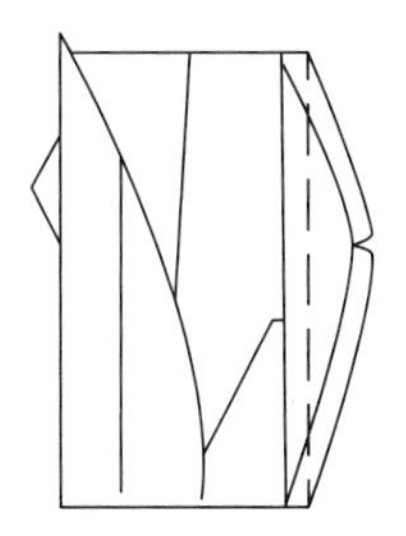

（d）压杆失稳破坏

图 3.2　脆性岩样单轴压缩破坏的形式[225]

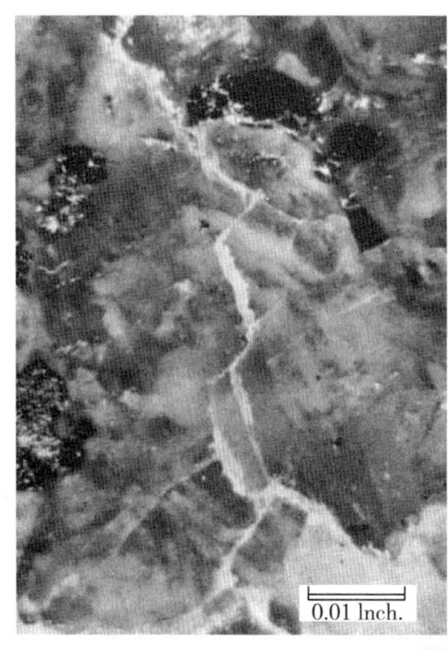

（a）单轴压缩条件下花岗岩内裂纹扩展路径[88]

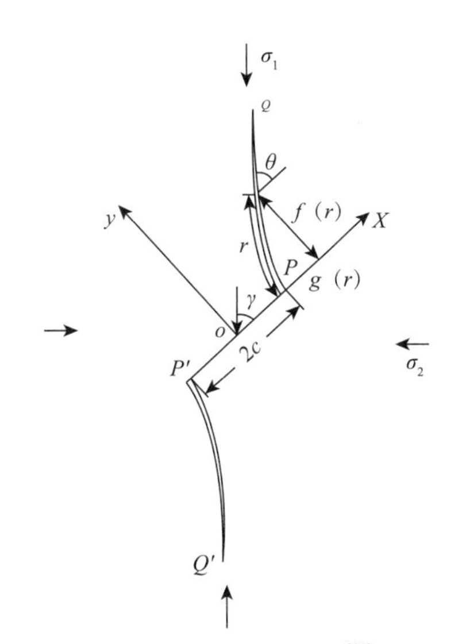

（b）裂纹扩展模型示意图[56]

图 3.3　缺陷裂纹扩展研究

常规三轴压缩试验是试验成果最多的，涉及了大量不同岩性的岩石。常规三轴试验中，一般是将圆柱形岩样放置在液压腔中，利用自平衡装置通过油压对试件施加静水压力，然后增加轴向荷载直至试样破裂或达到预设轴向位移。Karman于1911年发表的大理岩常规三轴试验曲线是这一领域标志性的工作[229]，试验结果表明岩石材料是对围压高度敏感的，不同围压下应力–应变曲线的形态是有显著差异的。

常规三轴压缩试验条件下，岩样的最终破坏形式是明显的剪切滑移。中低围岩下，岩样多以单一剪切面破坏，较低围压下在剪切面附近出现少量张拉裂纹；高围压条件下，岩样出现鼓胀变形。随着围压的增高，脆性岩石则由脆性破坏转为延性破坏[230]。常规三轴压缩试验结果关系着岩石力学模型的建立，不同围压下的应力—应变曲线蕴含着岩石的许多特性，其研究角度有很多。杨圣奇等[231]研究了不同围压下断续预制裂纹粗晶大理岩的变形和强度特性，发现完整岩样和断续预制裂纹岩样峰后表现从应变软化逐渐转化为理想塑性的变形特性，强度与围压之间的关系可采用Coulomb准则来表征，且残余强度对围压的敏感性显著高于峰值强度。苏承东等[232]通过对大理岩岩样在不同围压下轴向压缩屈服之后完全卸载，再对损伤岩样进行的单轴压缩试验，发现屈服前能量消耗较少，塑性变形过程需要消耗更多的能量，塑性变形与耗能具有良好的线性特征。宋卫东等[233]通过对岩样进行三轴压缩破坏全过程及峰后循环加卸载试验研究，表明岩石在单轴或低围压条件下压缩表现为脆性软化特征，随着围压增大，其破坏形态逐步向压剪和塑性屈服破坏形态转变。

地下工程开挖过程中，围岩是处于卸荷状态的。因此，很多学者为了研究这种应力路径下岩石的变形和破坏特征，进行了卸围压试验。尽管这样的应力路径和现场的三维应力路径是有差别的，但对理解加荷和卸荷应力路径下岩样的变形和破坏形式的差异还是很有帮助的。陈颙等[234]、许东俊等[235]、哈秋舲[236]、李天斌等[237]、吴刚等[124]，周小平等[238]、陈卫忠等[239]和李宏哲等[240]等学者在这方面做了广泛的试验研究，试验结果表明：卸围压条件下，岩样破裂更剧烈，侧向膨胀变形更大。但是对于卸围压试验是否对强度有影响，以及影响程度有多大，还没有形成统一的认识。

在真三轴试验方面，主要是为了研究中间主应力效应而进行的。Mogi[241]首先设计了对长方体试样进行三向不等压加载的真三轴试验机，试验结果表明，中间主应力对岩石的变形和破坏都具有很大影响。李贺等[242]、刘汉东等[243]、杨继华等[244]学者的研究结果均表明峰值强度（σ_1）随着中间主应力（σ_2）的增加有所提高，在中间主应力较低时，岩石呈现出塑性的特征，随着中间主应力的增加，岩石逐渐由塑性向脆性转变。李小春等[245]则较详细系统的总结了中间主应力对岩石强度的影响规律。此外，陈景涛等[246]利用拉西瓦新鲜花岗岩进行了真三轴试验，模拟了高地应力条件下地下工程开挖引起的复杂的应力路径的演化，同时试验中记录了岩石破裂过程中的声发射数据；向天兵等[247]研究了单结构面岩石试样在真三轴应力条件下的力学行为、结构控制规律及声发射（AE）特征等；李小春等[248]利用拉西瓦花岗岩进行了真三轴试验，验证了双剪应力强度理论；何满潮等[116]自行设计了深部岩爆过程试验系统，该试验系统可将岩样加载到三向不同应力状态，利用该系统对深部高地应力条件下的花岗岩岩爆过程进行了试验研究。

对于本书的工程背景，即锦屏二级水电站引水隧洞，黄书岭[249]利用埋深 2000m 处的 T_{2b} 大理岩进行了单轴条件下的循环加卸载试验，初步获得了变形参数和强度参数，以及剪胀参数随损伤的变化趋势，并进行了真三轴应力条件下的卸荷试验，模拟现场围岩应力状态，研究了试样破坏形态和强度特征。张凯[250]则进行了常规三轴试验和循环加卸载试验，研究了弹性参数和强度参数的变化规律，建立了弹塑性耦合模型。邱士利等[251-252]进行了不同初始损伤程度、不同卸围压速率以及不同卸荷路径下的大理岩卸荷特性试验研究，提出了均质各向同性硬岩统一应变能强度准则[253]。杨艳霜等[254]进行了大理岩单轴压缩时滞性试验研究，发现大理岩岩样在时滞性压缩破坏过程中会产生大量的竖向裂纹，破坏时会产生大量的片状破裂碎屑。吴世勇等[106]采用真三轴岩爆试验设备，对大理岩试样在不同高应力作用下的板裂化破坏现象进行了室内试验，认为未来围岩的主要破坏方式将以板裂化片帮与岩爆为主，大理岩岩样板裂化破坏形式如图 3.4 所示。

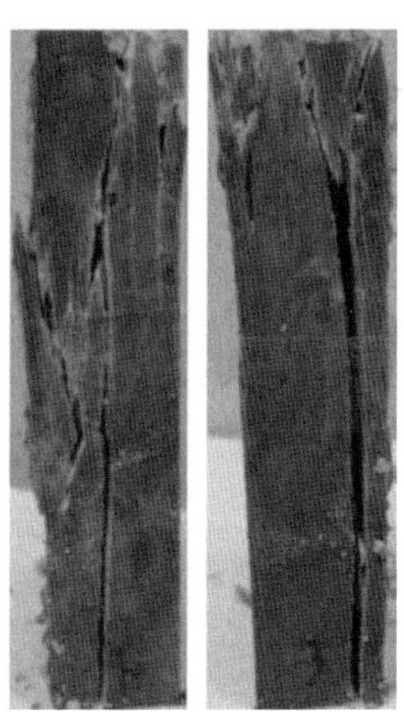

图 3.4　大理岩岩样板裂化破坏形式[106]

3.2 室内大理岩试样破坏形态和破坏机制

3.2.1 试验试样和试验设备

试验所用试样为锦屏二级水电站的大理岩试样，试样形状为圆柱形和长方体形。每个试件的加工精度（包括平行度、平直度和垂直度）均控制在《水利水电工程岩石试验规程》（SL264—2001）规定范围之内。

本部分试验主要在三台设备上进行：中国科学院武汉岩土力学研究所的MTS 815.03型压力试验机、中国科学院武汉岩土力学研究所自主研制的RT_3岩石高压真三轴压缩仪和RMT-150C电液伺服刚性试验机。

1. MTS815.03型压力试验机

MTS815.03型压力试验机（图3.5）是美国MTS公司生产的专门用于岩石、混凝土力学试验的多功能电液伺服控制的刚性压力装置，该试验机配有伺服控制的全自动三轴加压和测量系统，并拥有全数字化控制系统。该试验系统的主要技术参数为：试验框架整体刚度为11.0×10^{9} N/m，最大轴向出力为4600.0 kN，垂直活塞行程为100.0 mm，最大侧压力为140.0 MPa，应变率适应范围为10^{-2}~10^{-7}/s。

（a）加载腔

（b）油路系统

图3.5 MTS 815.03型压力试验机加载腔和油路系统

2. RT_3岩石高压真三轴压缩仪

RT_3岩石高压真三轴压缩仪（图3.6）是中国科学院武汉岩土力学研究所研制的先进的岩石力学试验装置，它克服了广泛使用卡阿曼型常规三轴压缩仪不能独立控制σ_2和σ_3的不足，通过独立地改变三个主应力σ_1、σ_2和σ_3，真实地模拟工程岩体和地壳内部复杂的应力状态和应力路径，更准确地了解岩石的力学特性，求出岩石力学参数，研究工程岩体的变形和破坏机制，从而更好的进行工程岩体的稳定和地震前兆研究。RT3 岩石高压真三轴压缩仪由主机、增压器、控制台、应力应变测量系统和声波参数测试系统组成，其中主机由施加 σ_1 的轴向加载系统，施加 σ_2 的轴向加载系统，施加 σ_3 的真三轴压力室组成。试样尺寸为 50×50×100 mm，最大主应力可加至 800 MPa，中间主应力和最小主应力可加至 200 MPa。

3. RMT-150C 电液伺服刚性试验机

RMT-150C 岩石力学试验系统（图 3.7）是中国科学院武汉岩土力学研究所自行研制的数字控制式电液伺服试验机，主要用于岩石和混凝土类材料的力学性能试验。可完成单轴压缩、单轴间接拉伸、三轴压缩和剪切等多种岩石力学试验。

图 3.6　RT_3 岩石高压真三轴压缩仪

图 3.7　RMT-150C 电液伺服刚性试验机

3.2.2　试样宏观破坏形态及其应力条件

结合已有的锦屏二级水电站大理岩大量的室内试验结果，包括单轴、常规三轴、真三轴、巴西劈裂试验等，又补充了大量的单轴压缩试验和不同侧压系数下的真三轴试验，得到了数量可观的大理岩室内试验破坏形态，现总结如下。

1. 单轴压缩试验

根据试样外观形态、颗粒大小等设置大理岩试样编号为 B、D、E 三个系列，如图 3.8 所示。B 系列岩样颗粒较小且细，类似白色粉末状；E 系列岩样颗粒较大，肉眼可分辨颗粒状；D 系列岩样则为两种不同颗粒大小胶结在一起，颗粒较小部分与 E 系列一致且表观特征一样，大小颗粒单独分布形成明显的分界面，图 3.8 中椭圆形标注区域，且该系列分界面位置大致相同。三个系列岩样均可见肉眼可分辨的不同胶结材料的点状区域。此外，还配置了具有一定脆性但脆性程度小于大理岩岩样的水泥、石英砂浇筑试样，编号为 A 系列，以便观察裂纹扩展过程。单轴压缩试验采用轴向位移控制，加载速率为 0.002 mm/s。

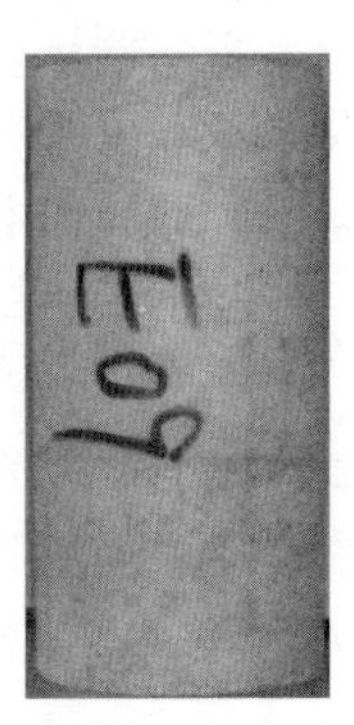

图 3.8　单轴压缩所用大理岩试样

单轴压缩条件下，试样均出现了沿轴向的劈裂裂纹，如图 3.9 中列出的部分试样破坏形态。图 3.9（b）中所示的 D 系列大理岩试样破坏形态并未体现出分界面的影响，实际上，三个系列的大理岩试样和浇注试样的单轴压缩下的宏观破裂形态具有一致性，不同的是宏观形态形成过程中裂纹的起始扩展点和扩展速率。总体来讲，单轴压缩试样的宏观破坏形态主要有三种：一种是有一条贯穿整个试样的主剪切破裂面，少量或多条竖向劈裂面，如试样 E01 和浇注试样；一种是两个相互连接或平行的剪切破裂面共同实现对岩样的贯穿，也存在少量的沿轴向的劈裂面，如试样 B06；一种是岩样一端为破裂圆锥面，在锥底产生沿轴向的劈裂面，如试样 B01。岩样外围的岩片折断破坏在上述三种破坏形态试样中也可见到。结果与尤明庆等[225]所总结的破坏形态一致。

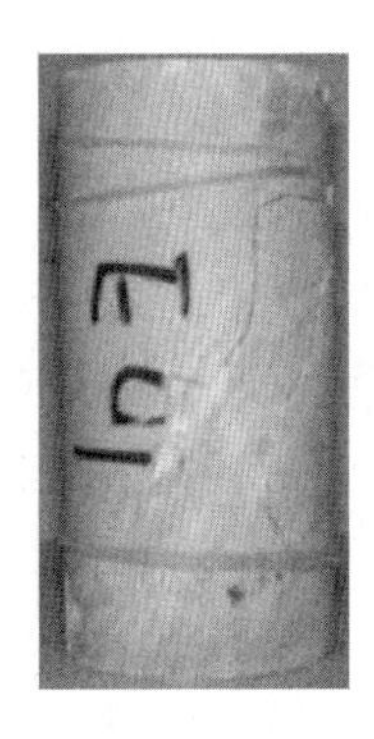

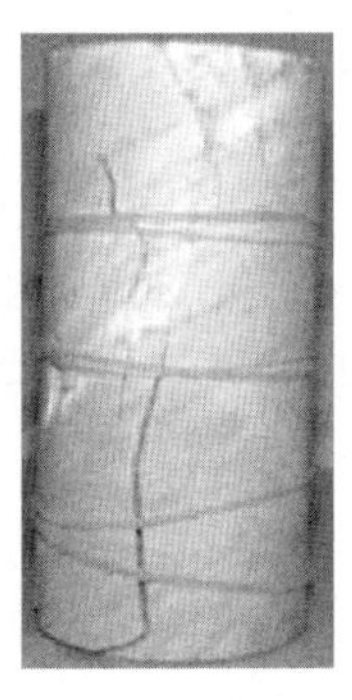
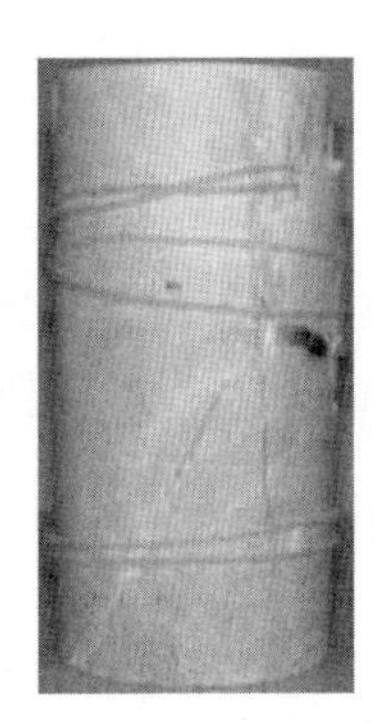
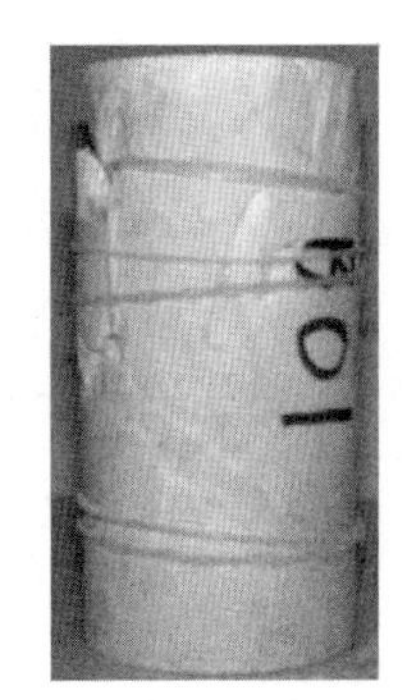

（a）B、E 系列大理岩试样破坏形态

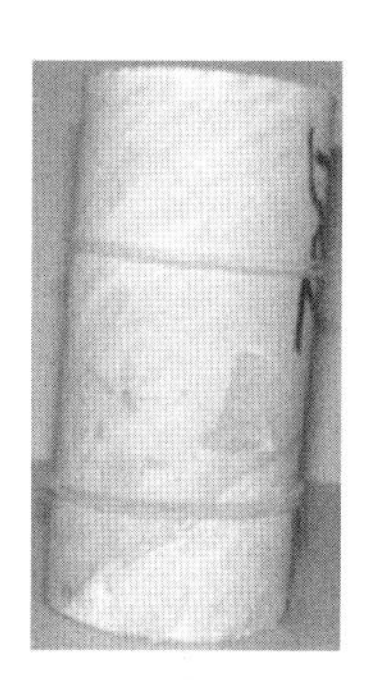

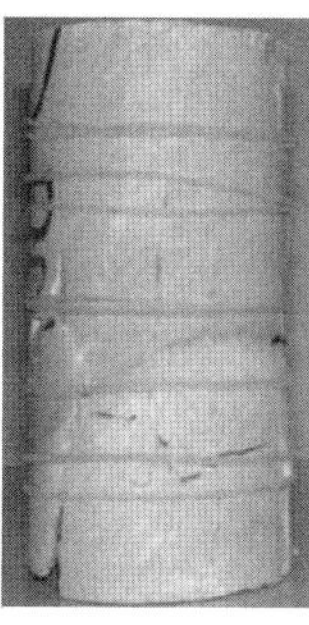

（b）D 系列大理岩试样破坏形态

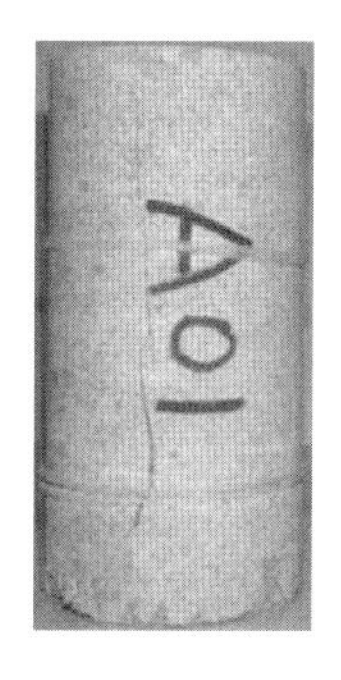

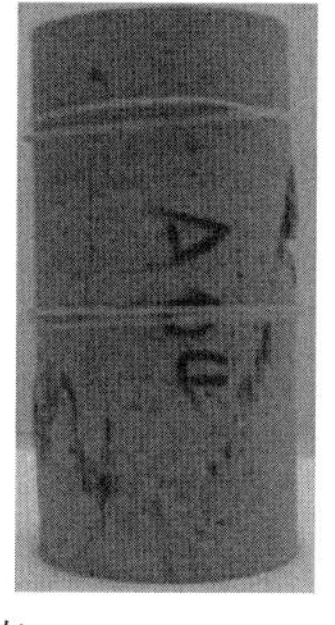
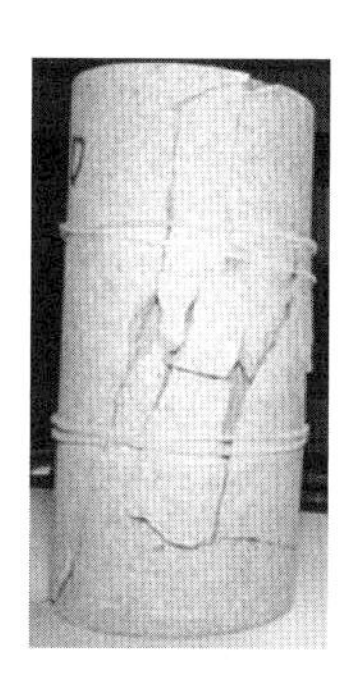

（c）浇筑试样破坏形态

图 3.9　单轴压缩试验试样破坏形态

各试样单轴压缩应力–应变曲线如图 3.10 所示。试样在加载过程中经历了初始压密阶段、弹性变形阶段、峰值前塑性变形阶段和峰值后破坏阶段。荷载加载至峰值，大理岩试样发生突发性的剧烈破坏，在应力–应变曲线中可见峰后曲线较直且陡，说明峰值后岩样在较低的轴向变形后即完全破坏，峰后测点较少。三个系列大理岩岩样，B 系列岩样强度最高，为 160~210 MPa；D 系列和 E 系列岩样强度相差不大，为 110~170 MPa。对比大理岩试样和浇筑试样的曲线，浇筑试样的峰后曲线较缓，其试样峰后的实际破坏过程也是缓慢的，可以看到裂纹的扩展过程。

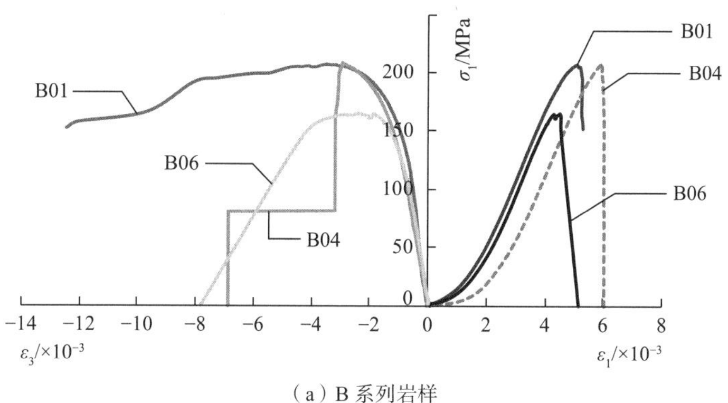

（a）B 系列岩样

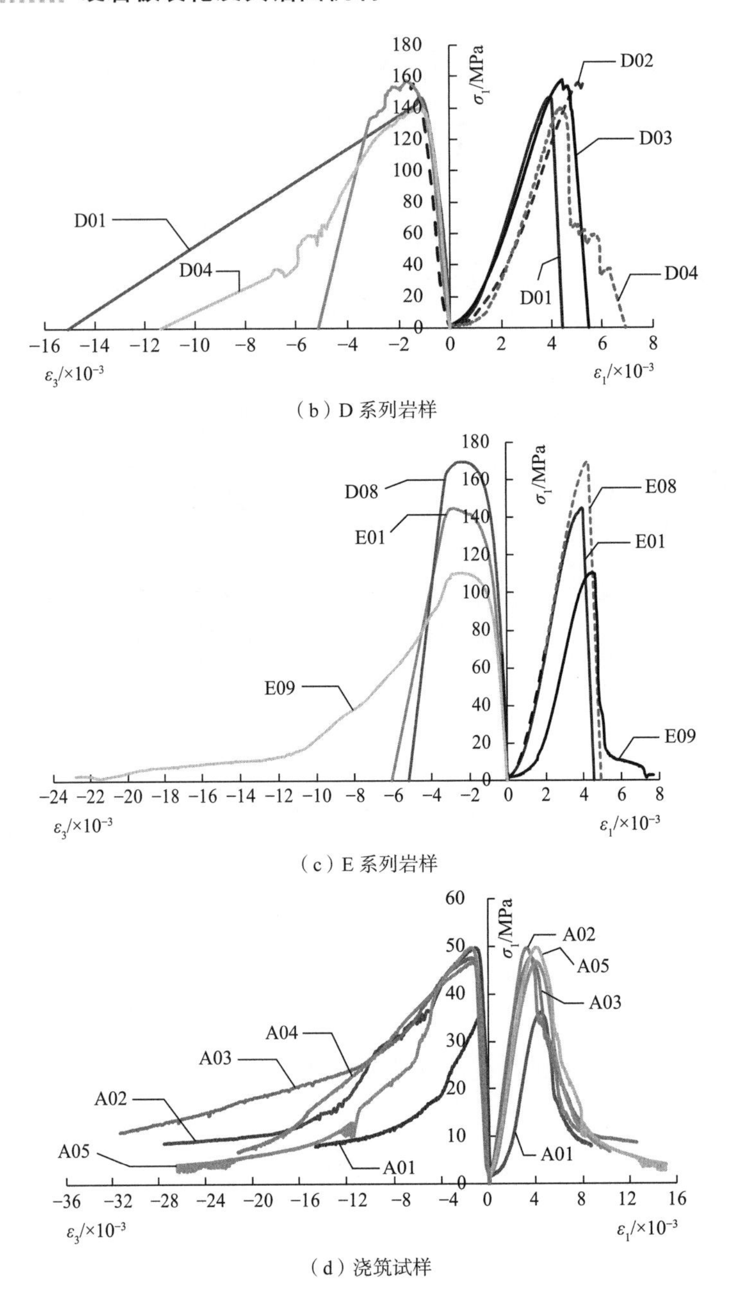

（b）D 系列岩样

（c）E 系列岩样

（d）浇筑试样

图 3.10　单轴压缩应力-应变曲线

由图 3.10 可知，三个系列大理岩峰值时的应变值，B 系列岩样的轴向应变为 4.4‰~6‰，横向应变约为 2.8‰；D 系列岩样的轴向应变为 4.4‰~5.2‰，横向应变约为 1.2‰；E 系列岩样的轴向应变为 4‰~4.8‰，横向应变约为 2.8‰。而浇筑试样的轴向应变为 3.2‰~4.4‰，横向应变约为 1.2‰。可见，大理岩岩样的峰值轴向应变较稳定，横向应变稍有差异。图 3.11 为各岩样横向应变和轴向应变的曲线图，曲线拐点在峰值附近，说明岩样发生破坏时横向应变突然增大。峰值前两者线性关系良好，峰值后横向应变增加速率大于轴向应变增加速率。

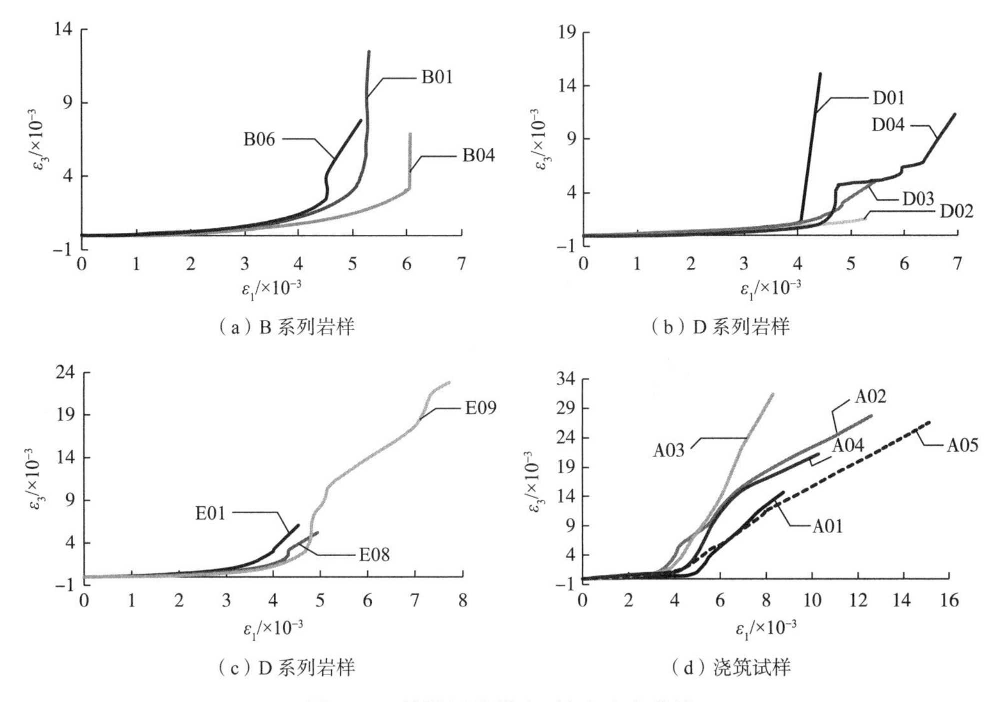

图 3.11　单轴压缩横向-轴向应变曲线

图 3.12~图 3.14 为试样在单轴加载条件下的破坏过程。如图 3.12 所示，图 3.12（a）为岩样初始状态；图 3.12（b）中椭圆形标注位置出现了剪切屈服痕迹，该区域呈现条带状泛白；图 3.12（c）沿某一泛白条带剪切滑移形成主剪切破裂面，此时试样横向变形增大，照片中也可看出试样沿破裂面分离成两块，滑移过程中上下部分已脱离；图 3.12（d）中椭圆形标注部分为试样上下分离块在沿剪切面滑移过程中出现的沿轴向应力方向的张拉裂纹，由最终破坏样图 3.12（e）可知该张拉裂纹是局部的。而图 3.12（e）、图 3.12（f）图中黑色箭头所指的破坏面则为滑移过程中产生的贯通张拉型破坏面。图 3.12（f）图中白色箭头所指的均为剪切滑移破坏面，破坏面上附着很多粉末。图 3.13 中的带有分界面岩样的破坏过程与图 3.12 中所示稍有区别，加载至 219s 时在较大颗粒端部出现损伤泛白区域，很快地在分界面上部小颗粒区域岩样表面出现片状弹射，岩片弹出时具有较大的动能，随后又出现片状弹射同时在小颗粒区域出现沿轴向的泛白条带，如图 3.13（e）

241s 时椭圆形标注区域，试样最后的破裂面中张拉破坏相对于 E01 岩样较多。由图 3.12 和图 3.13 可知，大理岩岩样在接近峰值处出现泛白条带，随后在几秒之内迅速破坏，而之前岩样变形均匀，肉眼可见范围内无明显变化。图 3.14 为浇筑试样，在峰值之前试样变形均匀，试样无鼓胀变形，端部摩擦小，如图 3.14（a）所示。试样出现裂缝时应力应变曲线已到软化段，随后裂纹缓慢扩展，试样表层的片状剥落则是由于自身重力下坠，无初始速度。其他未列出试样的破坏过程与图 3.12~图 3.14 中所示的三类一致，破坏均是发生在峰值后。

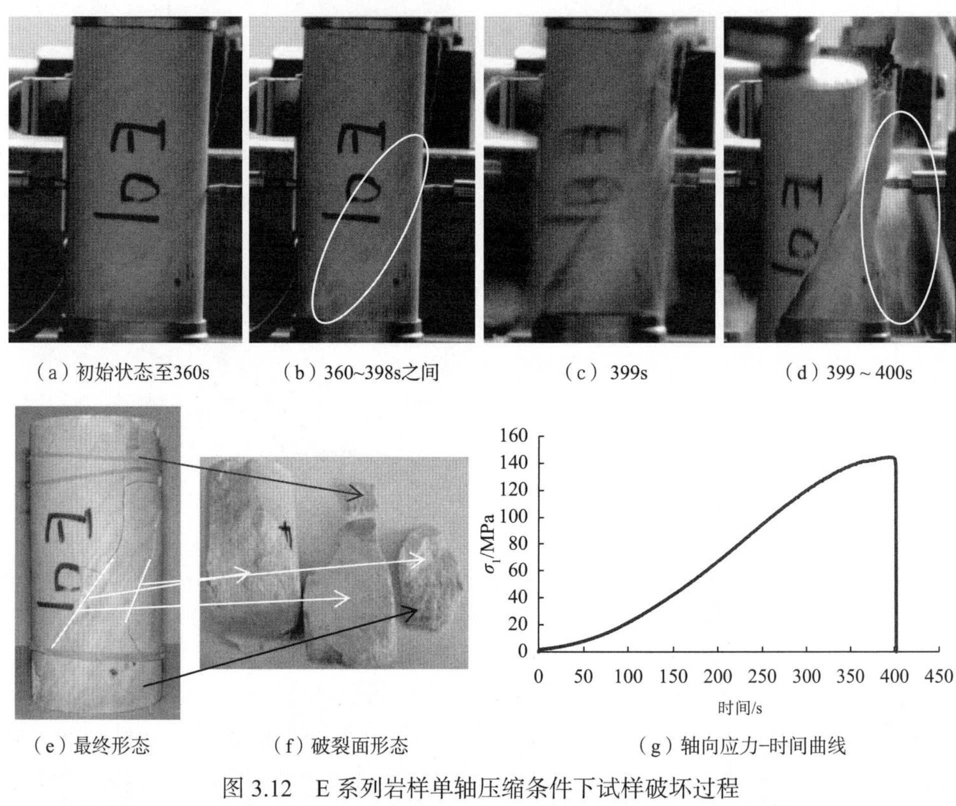

（a）初始状态至360s （b）360~398s之间 （c）399s （d）399～400s

（e）最终形态 （f）破裂面形态 （g）轴向应力-时间曲线

图 3.12 E 系列岩样单轴压缩条件下试样破坏过程

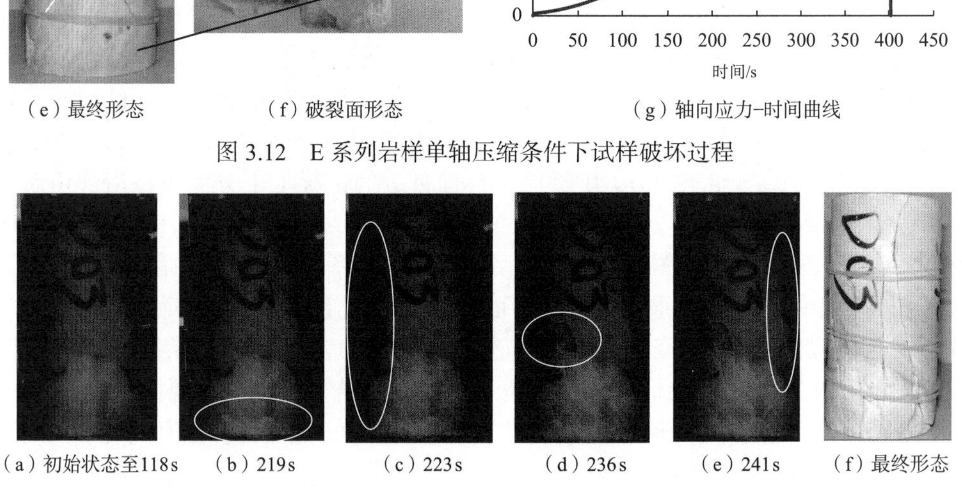

（a）初始状态至118s （b）219s （c）223s （d）236s （e）241s （f）最终形态

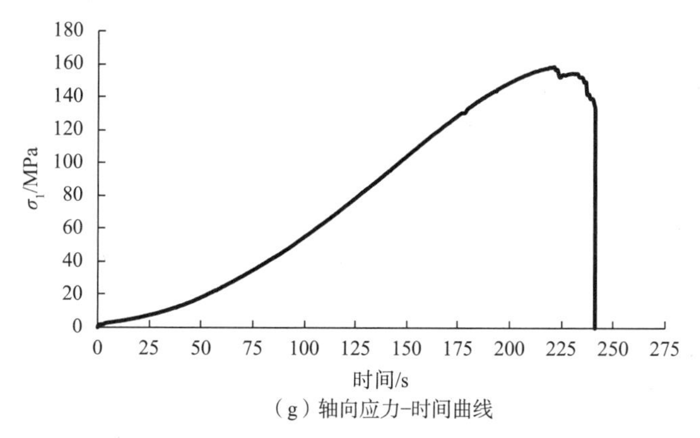

（g）轴向应力-时间曲线

图 3.13　D 系列岩样单轴压缩条件下试样破坏过程

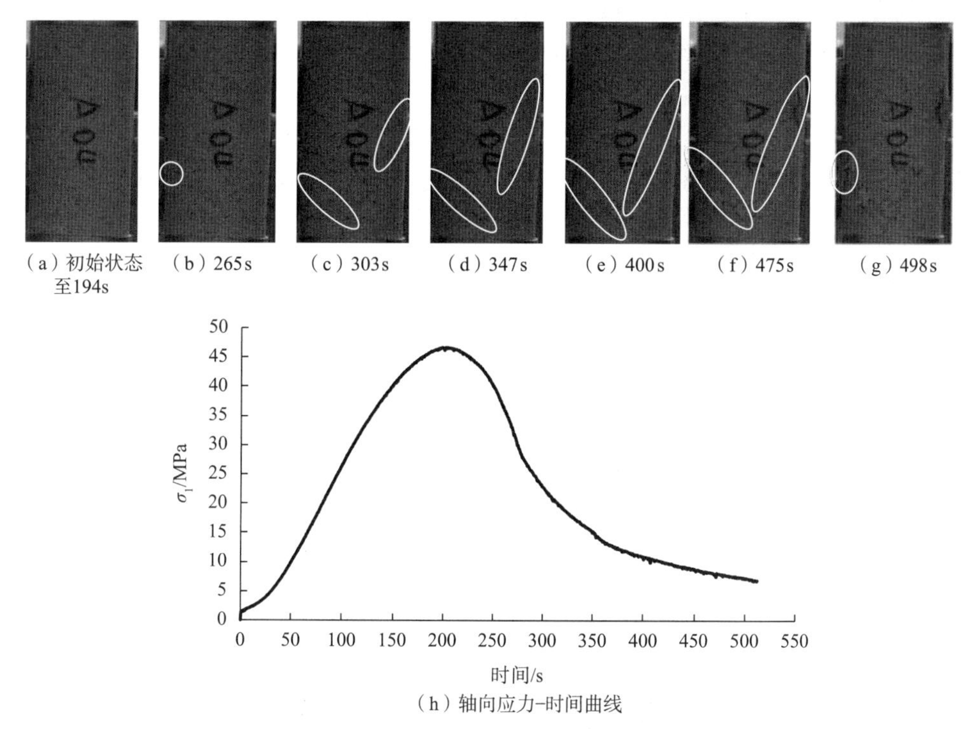

（a）初始状态至194s　（b）265s　（c）303s　（d）347s　（e）400s　（f）475s　（g）498s

（h）轴向应力-时间曲线

图 3.14　浇筑试样单轴压缩条件下试样

由此可总结得出，单轴压缩条件下，荷载加载至峰值前岩样处于储能状态，岩样内部颗粒间发生微错动，由于不同试样颗粒间黏聚性质不同，发生错动后的岩样性质就有了差别，如大理岩岩样颗粒间的错动只是增加了颗粒间的变形，就如橡皮筋达到了绷紧状态，而颗粒间的约束和黏聚性质使得该变形不致于引起颗粒间的松动，当继续加载时，由于试样内颗粒间黏聚力的不均匀性和试样内部应力场的分布致使部分颗粒黏聚力开始丧失，进而导致周围颗粒的黏聚力的丧失，就出现了岩样的泛白区域，当颗粒黏聚力丧失的区域连成一贯通面时就会发生突然滑动，试验机跟不上试样的变形，致使压头与试样脱离，此时岩样内积聚的能量突然释放，破坏更加剧烈。对于浇筑试样，其颗粒间黏聚力不同于大理岩，在加荷过程中，其变形较大，颗粒间黏聚力相对比较均匀，颗粒间可容错流动而不致破裂，因而峰值前试样轴向变形均匀，峰值后一定范围内颗粒仍不会脱离，直至试样宏观剪切力达到了试样的承受力，开始出现滑动面，此时试样储存的能量已大部分消耗在颗粒间的松动和容错流动上，没有多余能量释放，因此裂纹扩展缓慢。

综上所述，大理岩单轴条件下试样的破裂形态较多，通过对破坏面的宏观特征观察和岩样破裂过程可知，破裂面破坏机制包含了张拉、剪切和张拉-剪切混合三种。对于剪切破裂面的形成比较好理解，对于另外两种破裂面的形成，其归根结底是在破裂面处产生了张拉应力或张拉变形，可总结为三种类型：一是尤明庆教授[224]所解释的剪切面端部由于滑移引起的垂直于轴向的张拉应力，这点可在图 3.12（c）中看到，另外在文献[254]中也可看到，如图 3.15 所示，形成的破裂面多为张拉-剪切混合；二是圆柱体试样表面剥落的板片，其破坏面以张拉破坏为主，其主要是因为环向变形引起的局部弱抗拉强度处屈服形成微缺陷，微缺陷进一步沿轴向扩展形成的；三是相较于岩样表层剥落板片较厚，沿轴向贯通的劈裂破坏面，以张拉破坏为主，如图 3.9 中所示的岩样中沿轴向贯通的破坏面，将这种理解为压致劈裂形成的主要破裂面，其原因主要是岩样的非均质和沿垂直于轴向方向的变形引起的，当然与岩样的性质也有很大关系，如在软岩中就很难出现这种劈裂破坏。

图 3.15　时滞性单轴压缩试样破裂形态[254]

2. 常规三轴试验

大理岩常规三轴试验的应力应变曲线如图 3.16 所示，岩样的破坏形态如图 3.17 所示。从图 3.16 和图 3.17 可以看出：该大理岩破坏形态受围压的影响较为显著，低围压条件下表现为脆性破坏，试样以宏观剪切面破坏，岩样中分布有竖向的拉裂纹；随着围压的升高，试样内屈服区域增大，逐渐表现出延性变形的性质。

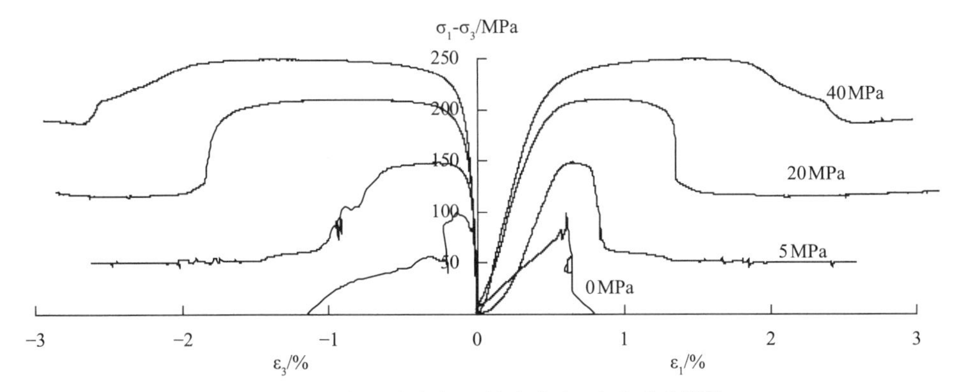

图 3.16　大理岩常规三轴全应力-应变曲线[139]

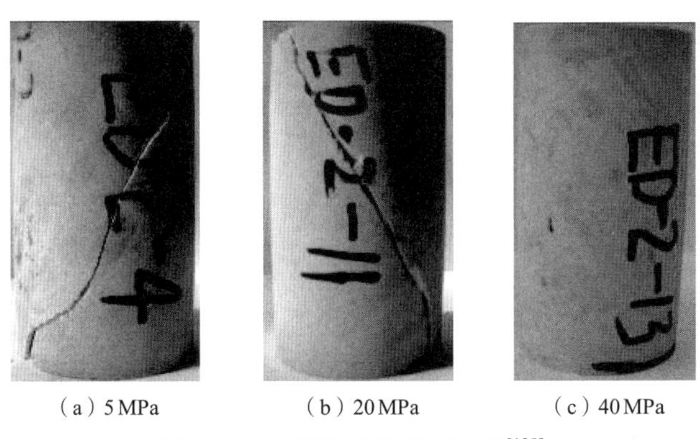

（a）5 MPa　　（b）20 MPa　　（c）40 MPa

图 3.17　大理岩试样破坏形态[139]

常规三轴条件下的试验种类很多，比如不同加载速率、循环加卸载、不同卸荷速率下的卸围压试验或卸轴压试验以及不同损伤程度的卸压试验等，但是对于所有试验条件下的试样破裂形态来说，根据破裂面的形成机制可分为以下三种类型：一是脆性剪切张拉破裂面形态，一条主剪切破裂面，破裂面上伴随着张拉破坏特征，一般发生在较低围压下的三轴试验、恒定轴压卸围压中的低卸荷速率条件以及低损伤程度卸荷[139]；二是剪切破裂面形态，此时破裂面上张拉破坏痕迹随着围压的升高逐渐减少，一般发生在中围压下的三轴试验、恒定轴压卸围压中的高卸荷速率条件以及高损伤程度卸荷[139]，岩样开始有延性特征；三是鼓胀变形破坏形态，试样无明显贯通破裂面，一般发生在高围压三轴试验中，如图 3.17（c），此时围压达到 40 MPa。

3. 真三轴试验

真三轴试验加载路径最符合地下工程开挖过程中围岩的受力状态，试验在

RT_3 岩石高压真三轴压缩仪上进行，研究了不同σ_3值及不同侧压系数下大理岩岩样的破坏情况。

1）试样制备和试验方法

真三轴试验试样为 50×50×100mm 的标准立方体试件。首先需要对标准立方体试件进行处理，在上下两个端面和左右两个端面粘贴加载块，在剩余的两个端面上粘贴应变片，并均匀涂抹硅胶密封，粘贴触头，待硅胶完全干透，安装应变计，如图 3.18 所示。

图 3.18　试样制备

试验方法：试样加载条件如图 3.19 所示。试验分两组，第一组试验σ_h ：σ_v =2：1，即侧压系数$\lambda=2$（记为 A 组）；第二组试验σ_h ：σ_v =1：1，即侧压系数$\lambda=1$（记为 B 组）。按σ_3不同取值各岩样编号见表 3.1，加载过程为同时加载σ_v、σ_h、σ_3，当σ_3达到其定值时保持，继续加载σ_v、σ_h直至试样破坏。试验加载过程为人工加载，尽量控制为匀速加载，速率为 0.5 MPa/s。读数为人工读数，此过程占据约 1 min。受仪器限制，上述两个因素不可避免。

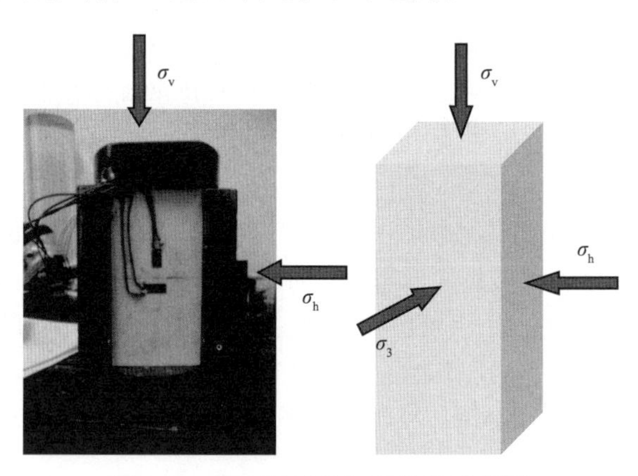

图 3.19　真三轴试件加载条件示意图

表 3.1　岩样编号表

σ_3/MPa	0	1	3	5	5	10 降至 5	10	15	20	25	25
岩样编号		A1	A3	A5							
岩样编号	B0	B1	B2	B5（1）	B5（2）	B10-5	B10	B15	B20	B25（1）	B25（2）

注：σ_3 值为 10MPa、15MPa、20MPa、25MPa 时，试样尺寸为 50 × 50 × 50mm

2）试样破坏时的应力值

固定σ_3值，同时加载σ_v和σ_h直至破坏，破坏时的应力值见表 3.2。由表 3.2 和图 3.20 可以看出，当σ_h ：σ_v=2：1 时，σ_3=3 MPa 时，σ_v、σ_h的峰值降低，从图 3.21（j）~（l）可以看出该块试样破坏形态与 A1、A5 试样破坏形态不同，且岩样均匀，猜测有其必然性，但是由于试验仪器损坏且修复难度大，未能补充试验进行验证；当σ_h ：σ_v=1：1 时，随着σ_3值增大，σ_v、σ_h的峰值提高，在σ_3为 25 MPa 时，σ_v、σ_h的峰值降低，与常规三轴试验中的同等围压下偏压增大的趋势是不一致的。λ为 1 和 2 时，岩样破坏时的最大主应力值接近相等。

表 3.2　岩样破坏时应力值

岩样编号	σ_v/MPa	σ_h/MPa	σ_3/MPa	岩样编号	σ_v/MPa	σ_h/MPa	σ_3/MPa
A1	54.6	109.9	1	B5（2）	143.9	145.0	5
A3	49.6	99.9	3	B10-5	168.7	169.9	10~5
A5	79.4	159.9	5	B10	214.6	214.9	10
B0	89.3	89.9	0	B15	244.4	245.8	15
B1	114.1	115.1	1	B20	320.1	320.3	20
B3	139.0	139.9	3	B25（1）	265.5	265.5	25
B5（1）	153.8	152.3	5	B25（2）	280.4	280.0	25

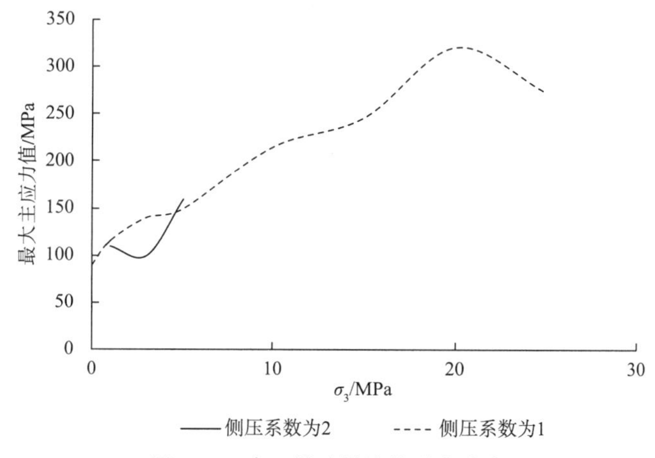

图 3.20　真三轴试样峰值强度曲线

3）试样破坏形态

图 3.21 为真三轴加载条件下大理岩试样破坏形态，照片视角为σ_h方向。由图 3.21（a）~（i）可知，当λ为 1 时，即保持σ_h ：σ_v=1 ：1 加载，随着σ_3的增大，试样由劈裂（张拉）破坏面和剪切破坏面的混合破坏逐渐转为单一的剪切破坏面破坏，σ_3为 5 MPa 破坏时的岩样破裂形态（B5）可明显看出靠近于σ_3加载面的劈裂破坏面和试样内部的剪切破坏面。由于试验机加载能力的限制，σ_3为 10~25 MPa 时采用的试样尺寸为 50 × 50 × 100 mm，如图 3.21（f）~（i）所示，试样为剪切破坏，并可见多条平行的剪切滑移面。由图 3.21（j）~（i）可知，当λ为 2 时，即保持σ_h ：σ_v=2 ：1 加载，岩样在σ_3=1 MPa 时的破坏形态（A1）与 B1 相似，以劈裂张拉破坏面为主，但是在σ_3为 3 MPa（A3）和 5 MPa（A5）时岩样的破裂形态出现了不同,由于试验仪器的问题未能进行更多的试验进行验证。

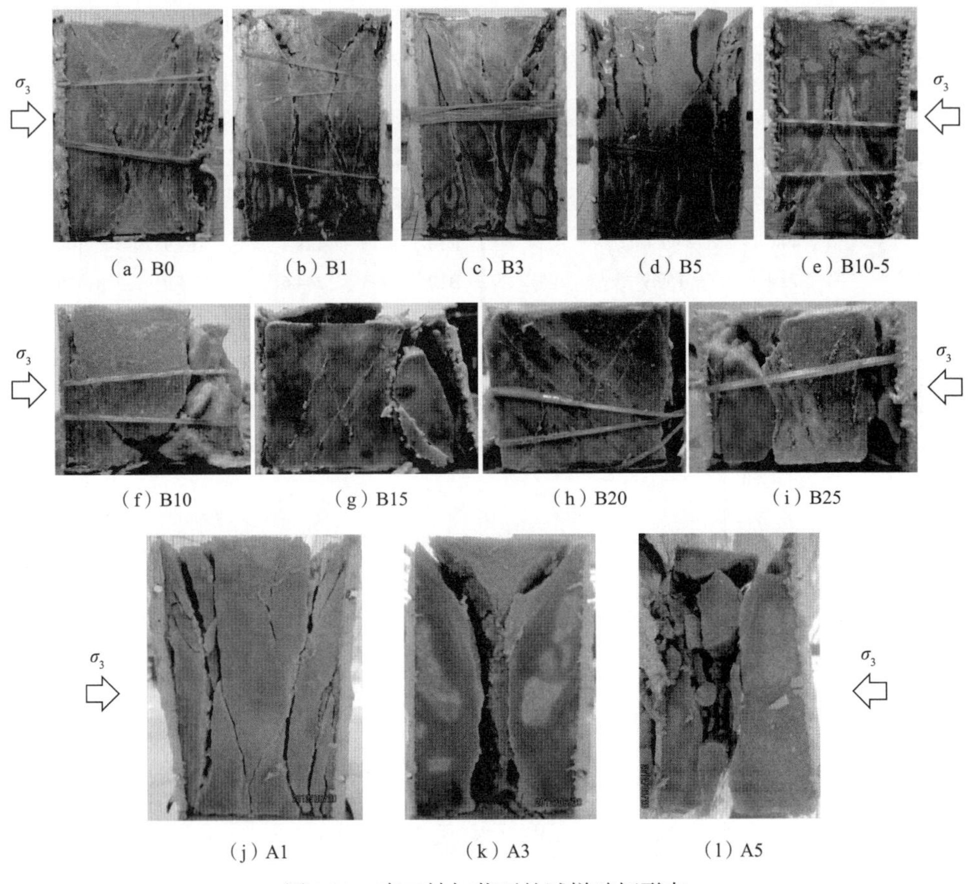

（a）B0　（b）B1　（c）B3　（d）B5　（e）B10-5

（f）B10　（g）B15　（h）B20　（i）B25

（j）A1　（k）A3　（l）A5

图 3.21　真三轴加载下的试样破坏形态

真三轴加载条件下，当$\sigma_3 \leqslant 5$ MPa时，试样破裂过程和机制与单轴条件下有相似之处。由于真三轴条件下试样形状、第二主应力以及σ_3的作用，试样破裂形态和主要破裂机制与单轴条件下不同，但破裂机制也包含了张拉、剪切和张拉-剪切混合三种。

综合上述各室内试验条件下的试验结果，由无侧向约束的单轴和相对较低侧向约束的真三轴试验到常规三轴和相对较高侧向约束的真三轴试验，试样破坏的主要机制在改变。单轴和较低σ_3值真三轴试样加载过程中，试样内部有三种破坏机制，一是剪切破坏机制、二是沿剪切破坏面滑移过程中引起的张拉型翼型裂纹的扩展机制，三是由于岩样侧向扩容引起的张拉破坏机制，后面两种破坏面的扩展符合断裂力学的Ⅰ-Ⅱ混合型断裂类型。随着侧向约束从无到有并逐渐增大，试样的后两种破坏机制也不再发生。

3.2.3 试样破裂面微观形态及破裂机制

岩石最终宏观断裂与其内部微缺陷紧密相关，通过岩石断口的微观分析，研究其与形貌、显微组织的关系，揭示岩石微结构的构成和缺陷形成，为岩石损伤演化过程、细观力学研究提供实测依据，最终建立岩石微观破坏机制和宏观断裂机理分析的桥梁，其理论意义和和实用价值都很深远[255]。谭以安[24]通过将岩爆后岩体断面微观形貌特性与标准应力下的典型断口图谱对照发现了岩爆发生的渐进性过程；冯涛等[256]通过岩石断裂的微观形态研究岩爆的岩石断裂，发现岩爆断裂的微观机制主要是在拉伸、剪切作用下岩石发生的低应力脆性断裂；刘小明等[257]则通过岩石的微观断裂形貌特征分析了拉西瓦花岗岩的破裂机制。可见，岩石断口的微观形貌可从微观角度说明岩石断面的破坏机制，因此将上述试验过程中的岩样破裂面进行了电镜扫描，进一步说明在实验室应力条件下大理岩破裂面的破裂机制。

不同室内试验条件大理岩试样破裂面的微观形态如图3.22所示。对照文献[24]中的结果，单轴压缩条件下的破裂面为穿晶拉花、沿晶拉花的张裂断口，巴西劈裂断面则为台阶状花样的张裂断口；图3.22（c）真三轴条件下的破裂面则为切晶擦花、擦阶花样的剪切断口；图3.22（d）真三轴条件下的破裂面为沿晶拉花、沿晶面擦花的张剪复合型断口。

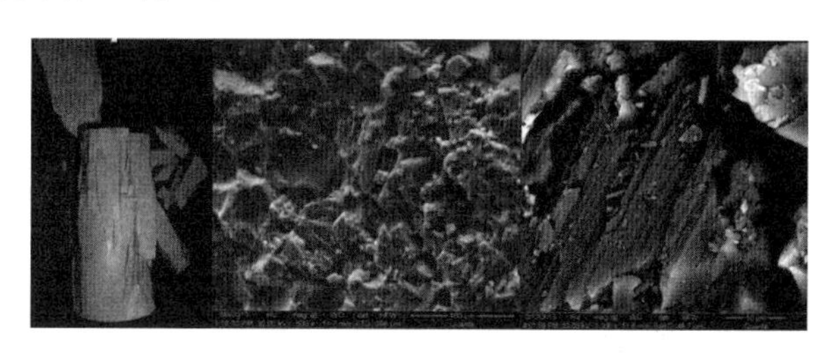

（a）单轴压缩试验

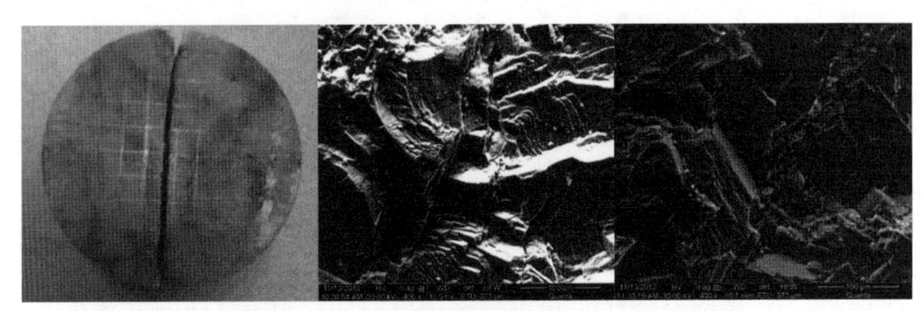

（b）巴西劈裂试验

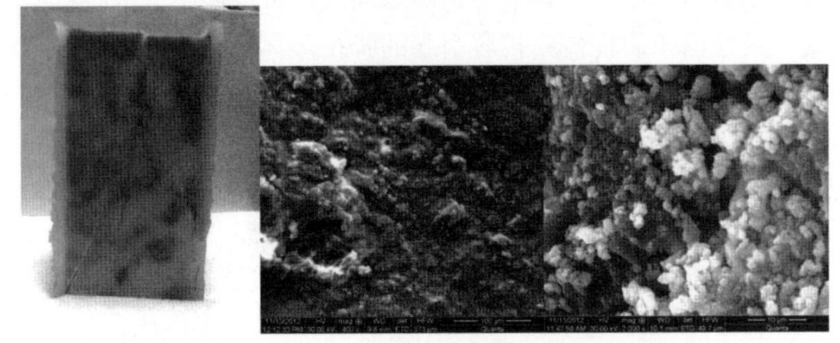

（c）真三轴试验（σ_3=10MPa；σ_2=40MPa；σ_1 加载至 148MPa 破坏）

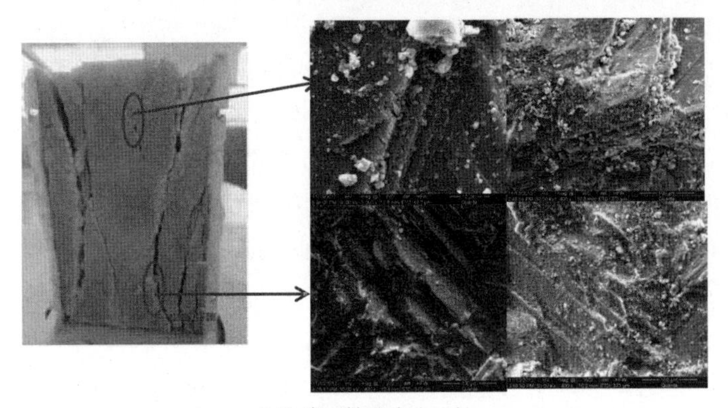

（d）真三轴试验（A1）

图 3.22　不同室内试验条件下破裂面微观形态

对于试样破坏面的微观破裂形态，由已有的研究成果可以发现，不同的加载方式、加载速率均会影响到破坏面的微观破裂形态，但就破坏机制来看则只有张裂断口、剪切断口和张剪型复合断口三种，结合室内试验条件下试样破坏形态和破裂面微观形态，则可将大理岩破坏机制归纳为以下 4 种：一是类单轴压缩、巴西劈裂以及直接拉伸等应力条件下的张拉破坏；二是类中围压常规三轴、相对高 σ_3 值真三轴等应力条件下的剪切破坏；三是类低围压常规三轴、低 σ_3 值真三轴等应力条件下的拉剪混合型破坏；四是类高围压常规三轴应力条件下的鼓胀变形破坏。对于“板裂化”来说，则主要关注前三种破坏类型。需要说明的是，上述分类的应力条件只是一部分，实际上的应力路径是极其复杂的，要想区分所有应力路径下的破坏机制，需要进行大量试验获得各种阈值来确定，是一项需要长期进行的工作，不是个人所能解决的。

3.3　基于弹性理论的隧洞围岩应力状态

地下工程的开挖改变了开挖洞室附近的应力场分布，围岩由开挖前的三维应力状态转变为沿洞径方向的单向应力向二向应力和三向应力逐渐过渡的状态。而在非圆形洞室内，沿洞室断面周向方向，不同弧度段（曲率半径段）应力状态也不同。随着地下工程埋深的增加，围岩内的单向应力状态和二向应力状态甚至一定范围内的三向应力状态均超出了岩体的弹性极限强度和破坏强度，出现了一定的破坏区和损伤区。地下工程开挖过程中围岩内的应力状态转变是复杂的，不仅包含着应力值大小的转变还包含着主应力方向的旋转，至今都未清楚应力场的具体转变过程。实际研究中，一般只取最后稳定的围岩应力场进行研究。本节采用数值模拟手段分析隧洞开挖后围岩主应力值的转变过程,以此来分析围岩一定深度内所处的应力条件。

为获得隧洞开挖过程中隧洞断面围岩内不同部位应力值变化和开挖后围岩应力场分布图，采用 FLAC3D 软件进行数值模拟，计算采用三维模型，分步开挖，每步开挖 2 m。在模型中间位置（即 $Z=40$ m 处）的隧洞断面围岩的边墙、拱肩、拱顶、底脚和底板处沿径向方向 20 m 内每隔 0.2 m 布置一个测点，监测该点处的主应力值。三维模型和测线布置如图 3.23 所示。为消除边界条件影响和降低单元数量，采用不同单元尺寸大小，图 3.23（b）所示为开挖隧洞及附近小尺寸单元格区域。岩体为均质弹性体，初始应力场为 $\sigma_y=\sigma_1=-66.48\ \text{MPa}$ 、$\sigma_x=\sigma_3=-51.20\ \text{MPa}$ 、$\sigma_z=\sigma_2=-55.67\ \text{MPa}$ ，在 FLAC3D 中压应力为负。

计算结果显示，距离洞壁超过 2 倍洞室跨度时，该测点应力值已接近原岩应力。图 3.24 所示为隧洞全部开挖完之后围岩内沿各测线的主应力值分布，为便于观察，在此设定压应力为正。由图 3.24 可以看出，在边墙、底板和拱顶处最小主应力值接近于 0，其中边墙和底板处最小主应力值接近于 0 的深度将近 1 m，在此范围内围岩处于双向应力状态；底脚和拱肩处的最小主应力在洞壁附近就达到较高值。除底板外，最大主应力值在洞壁处均出现了应力集中，随着围岩深度的增加，沿边墙和底板测线最大主应力值先增大再减小，沿拱肩、拱顶和底脚测线最大主应力值则逐渐减小。由于限制了模型 Z 方向两个端面的位移，在所有部位的第二主应力均变化较小。

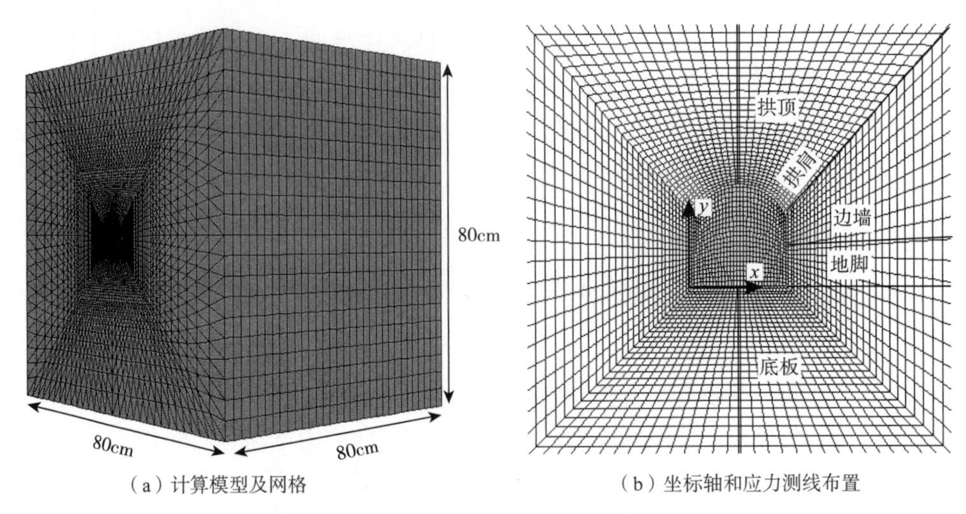

（a）计算模型及网格　　（b）坐标轴和应力测线布置

图 3.23　数值计算三维模型和应力测线布置

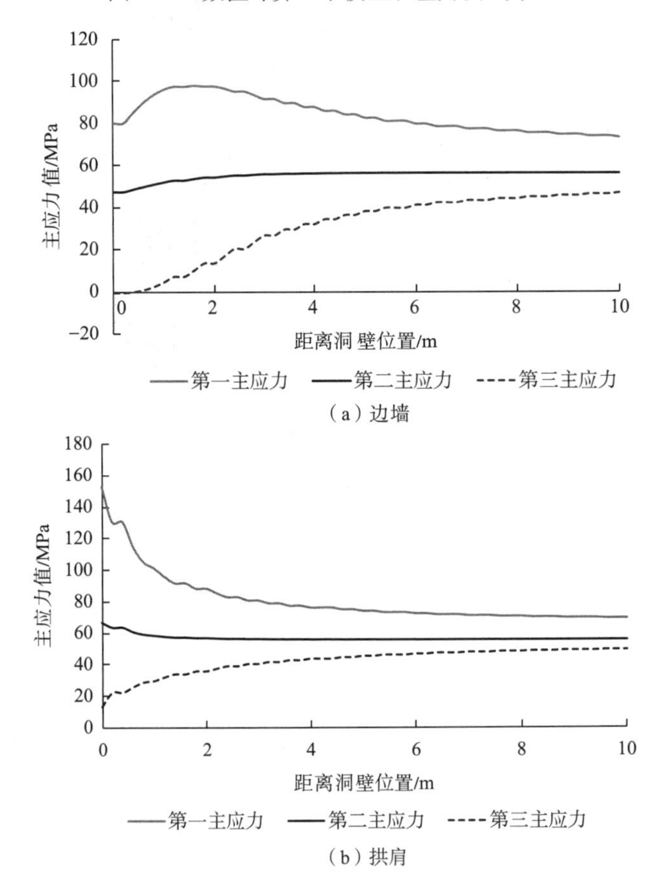

（a）边墙

（b）拱肩

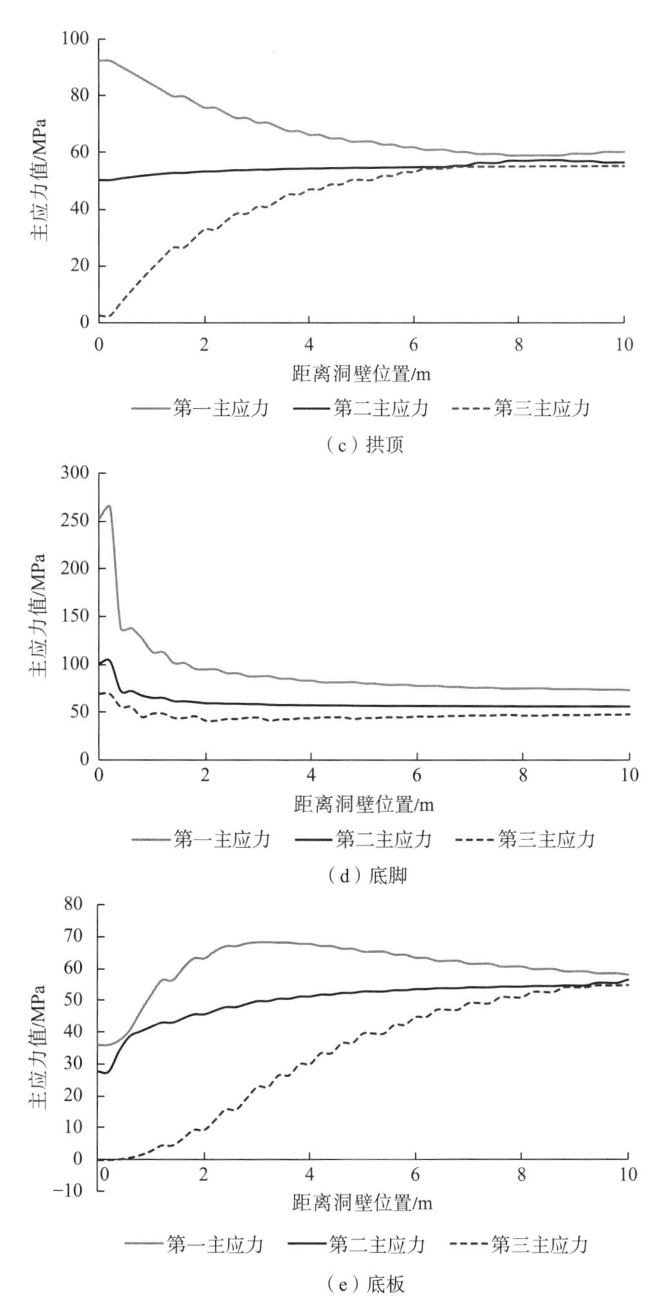

图 3.24　开挖完成后沿不同测线的主应力值分布

开挖过程对围岩应力场的影响，当掌子面距离测点一倍洞径范围内影响最大。限于篇幅，在此只列出了边墙和拱肩测线点随开挖过程主应力值的变化过程，如图 3.25、图 3.26 所示。随着掌子面距离测线所在平面越来越近，至洞壁 1 m 以内测点处的第一、第二主应力逐渐增大，第三主应力逐渐减小；当掌子面位于监测平面时，边墙处第一、第二主应力值和拱肩处第二主应力值达到最大，随后则降低，拱肩处第一主应力值则稍有升高并保持，边墙处 1 m 以内第三主应力值接近于 0，拱肩处第三主应力值则具有较高值。

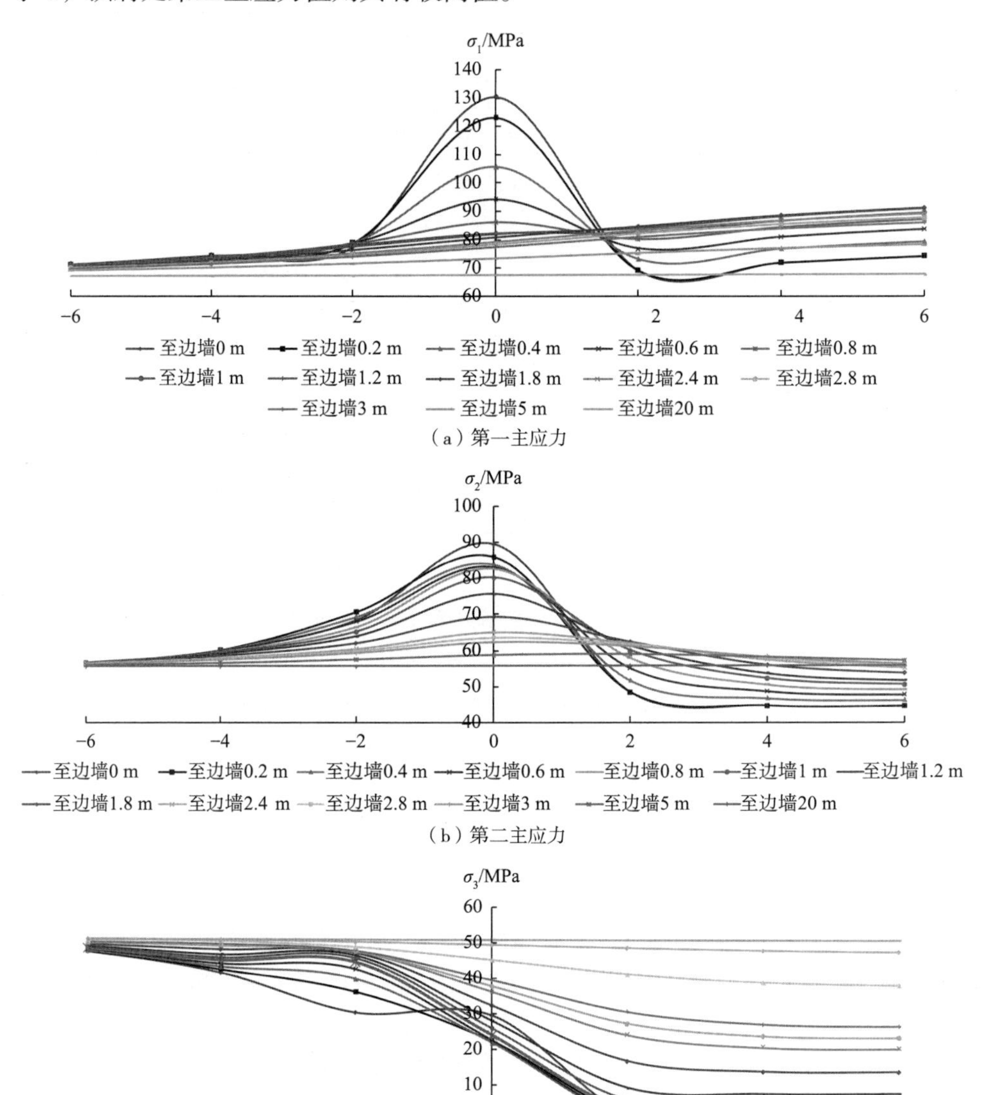

（a）第一主应力

（b）第二主应力

（c）第三主应力

图 3.25　边墙测线点处随开挖进程的主应力值变化曲线

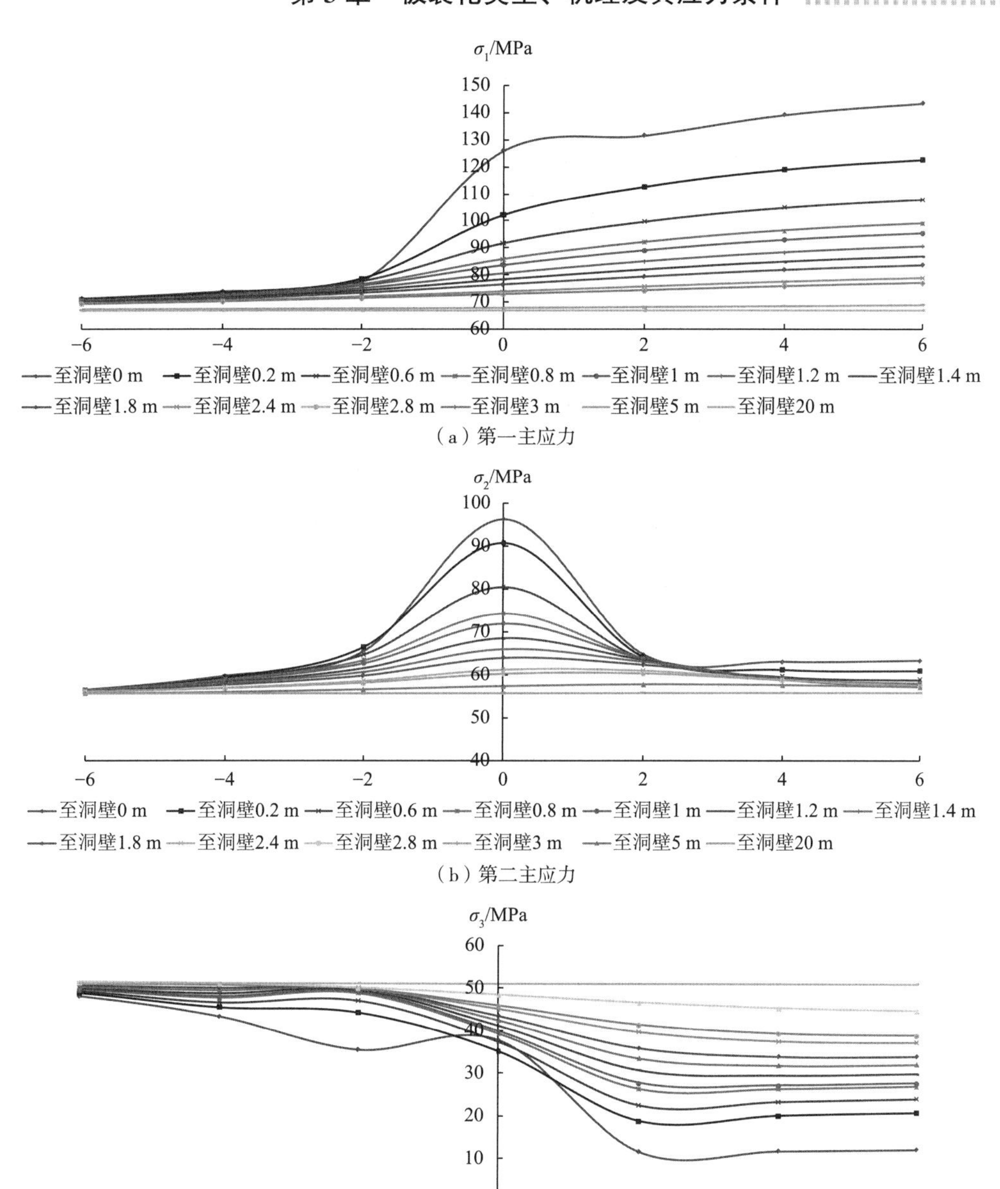

（a）第一主应力

（b）第二主应力

（c）第三主应力

图 3.26　拱肩测线点处随开挖进程的主应力值变化曲线

结合室内试验各种应力条件下大理岩试样的破裂形态和上述洞室开挖后围岩应力场的变化过程以及图 3.27 中的最大最小主应力值分布情况，不难发现，在距离边墙、底板 1~1.5 m 内围岩处于较小σ_3值的真三轴应力状态，围岩易发生图 3.9（a）、（b）和图 3.21（a）~（d）中$\sigma_3 \leqslant 5$ MPa 时的张拉或张拉剪切混合破裂形态，随着径向深度的增加，σ_3值增大，围岩则易发生图 3.21（f）~（i）中$\sigma_3 \geqslant 5$ MPa 以及图 3.17 中的剪切破裂形态；而在拱肩、拱脚和拱顶处，应力集中明显，近围岩壁处σ_3值就较大，围岩则易发生图 3.19（f）~（i）中$\sigma_3 \geqslant 10$ MPa 以及图 3.17 中的剪切破裂。

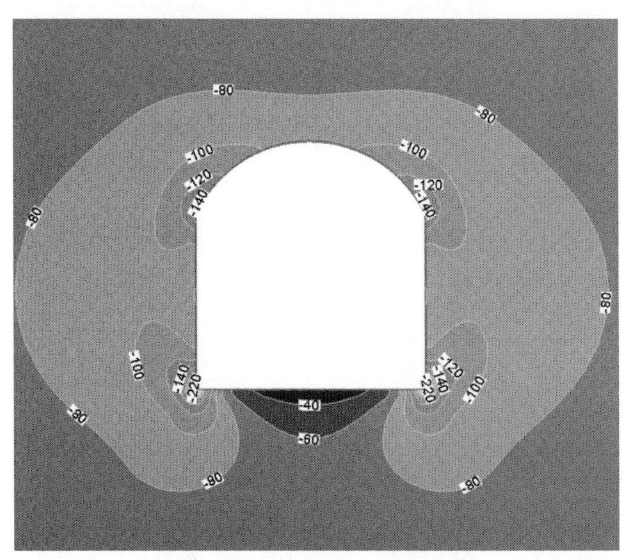

（a）最大主应力分布图（单位：MPa）

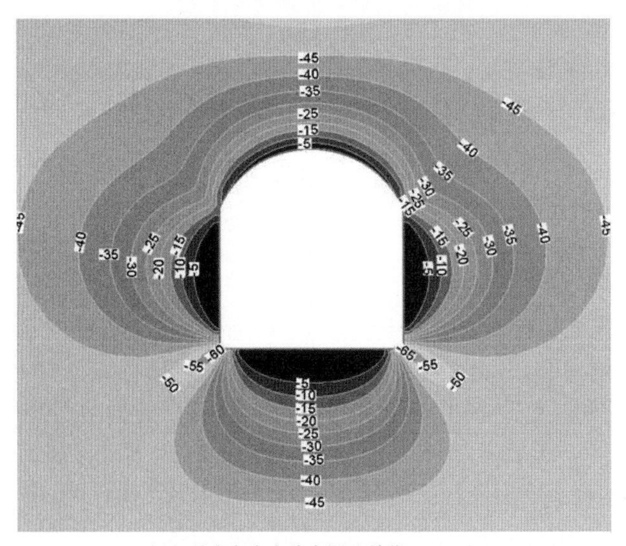

（b）最小主应力分布图（单位：MPa）

图 3.27 开挖完成后围岩最大最小主应力分布图

上述分析是假设围岩为弹性岩体，由图 3.27 中的应力场值大小可知近洞壁围岩已发生破坏，应力集中区域向深部转移，并达到平衡。脆性岩体的屈服破坏是一个渐进的过程，涉及初始裂纹的产生，裂纹累计、扩展、贯通。地下工程开挖时，岩体破裂首先发生在开挖边界上，此处的切向应力最高并逐渐向围岩深部转移，近洞壁围岩破坏后应力场重新调整，此时应力集中区域继续向围岩深处转移，造成新的损伤区，直至应力场达到平衡。地下洞室开挖后围岩应力场转移过程至今没有明确，只能通过开挖后测得的围岩变形、声波速度等量进行推测。

3.4　硬脆性岩石板裂化类型和应力条件

综上可知，硬脆性大理岩在不同加载条件下的脆性破坏机制为张拉、剪切和张拉–剪切混合型。地下洞室围岩开挖后，围岩内应力状态可与室内试验试样破坏时的应力条件对应（未考虑应力路径影响），结合锦屏二级水电站现场板裂化情况（见第 2 章），根据大理岩不同的破裂机制将板裂化归纳成以下三种类型：张拉型板裂化、剪切滑移型板裂化和张拉–剪切滑移型板裂化。各类型板裂化形态特征、相关应力条件以及在地下洞室发生的位置见表 3.3。

表 3.3　板裂化分类描述

板裂化类型	板裂化形态特征	应力条件	在地下洞室发生的位置
张拉型板裂化	板裂面与最大主应力方向近似平行，板与板之间有缝隙；板片厚度较薄且规则；板裂面平滑	开挖卸荷引起弹性变形恢复而产生的拉应力、近临空面附近的单向或双向应力条件下	多发生近洞壁围岩，边墙和洞室底板等较平直洞壁面上
剪切滑移型板裂化	板裂面与最大主应力方向成一定角度，板与板之间贴合；板片较厚；板裂面岩石碎屑较多	常规三轴应力状态和真三轴应力状态时第三主应力超过一定值时	多发生在拱肩、拱脚处围岩内部，及边墙围岩一定深度内
张拉–剪切滑移型板裂	化板裂面出现混合特征，但以张拉型破坏特征为主	单向或双向应力条件下近试样或围岩内部，直接拉剪应力条件下	多发生在近洞壁围岩，与张拉型板裂化破坏较接近，发生位置也相邻或交叉

张拉型板裂化和张拉–剪切滑移型板裂化工程中最常见，也是文献中提到最多的板裂化类型。而剪切滑移型板裂化在已有文献中少有提到。侯哲生等[26]将锦屏二级水电站隧洞完整大理岩的基本破坏方式归纳成四种，拉张性板裂化岩爆、拉张性板裂化片帮、剪切型岩爆和剪切型片帮。其所述的剪切型片帮为发生在围岩壁处的具有剪切破裂形态的楔形体状岩块剥落。本书中所说的剪切滑移型板裂化则是指板裂面主要以剪切滑移为主的具有板裂化形态的破坏。图 3.28 为锦屏二级试验洞室拱肩破坏形态。图 3.28（a）所标位置为开挖卸荷引起的表层张拉型板裂

化形态，图 3.28（b）为该层剥落后露出的内层破坏形态，破坏面上可见剪切滑移痕迹，椭圆形标注位置处板裂片贴合紧密，板裂面与洞壁曲面成一定角度向围岩内部延伸，将该形式的破坏归为剪切滑移型板裂化。

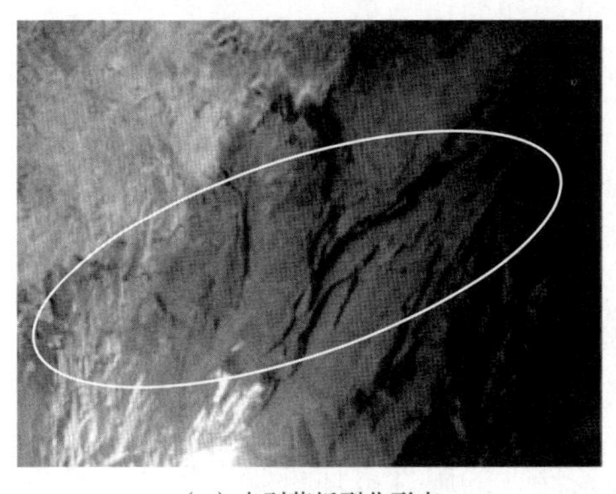
（a）未剥落板裂化形态

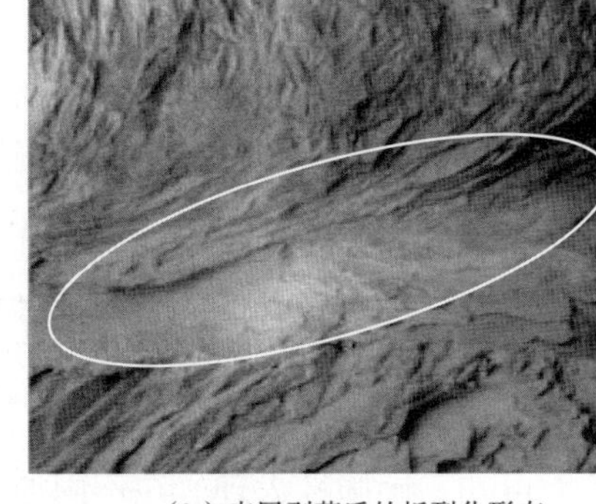
（b）表层剥落后的板裂化形态

图 3.28 拱肩板裂化破坏形态

需要说明的是，这里所述的板裂化的应力条件并不表示在该种应力条件下就会发生板裂化破坏，只是表明在此破裂机制下所应具有的应力条件。实际上，影响板裂化破坏的一个关键性因素是卸荷，由于卸荷造成的变形扩容在很大程度上促使了上述应力条件下尤其是剪切滑移型板裂化破坏的发生。此外，爆破荷载、掌子面约束、洞室断面形状等因素也均会影响板裂化破坏形态甚至改变其破坏机制。

3.5 小　　结

基于国内外脆性岩石室内试验条件下破坏形态、相应破裂机制以及破坏条件的研究总结，详细分析了硬脆性大理岩在室内试验条件下的破裂形态和应力条件，总结了张拉破坏、剪切破坏和张剪混合破坏三种破裂面类型，结合地下洞室开挖围岩内主应力值的变化过程以及前述的锦屏二级水电站现场板裂化的特征，将板裂化分为张拉型板裂化、剪切滑移型板裂化和张拉-剪切滑移型板裂化三种。张拉型板裂化其板裂面与最大主应力方向平行，板片厚度较薄且规则，板裂面粗糙无岩石碎屑，多发生在开挖卸荷引起变形恢复而产生的拉应力、单向应力、双向应力、低围压三向应力和低最小主应力真三轴应力条件下；剪切滑移型板裂化其板裂面与最大主应力方程成一定角度，板片较厚，板裂面较平且岩石碎屑较多，多发生在相对高围压三向应力和相对高最小主应力真三轴应力条件下；张拉-剪切滑移型板裂化特征介于上述两者之间，多发生拉压、拉剪应力条件下。

为进一步说明上述板裂化分类的准确性和适用性，设计了室内模型试验进行验证。试验仪器采用自行设计的可加侧向荷载以及可约束另一侧一端变形的简易组装装置和上述 RMT-150C 电液伺服刚性试验机，如图 3.29 所示。试验时，同时加载侧向及轴向荷载，直至侧向荷载达到预定值，然后加载轴向荷载直至试样破坏。

图 3.29　模型试验设备图

试样所受应力状态与洞室开挖后边墙洞壁至围岩一定深度内应力状态相似。试样破坏形态如图 3.30 所示。临空面一定深度内，处于双向应力状态和低 σ_3 值真三轴应力状态，易发生张拉破坏，即椭圆形虚线区域内发生了张拉型板裂化破坏，破坏面近似平行于临空面；椭圆形实线标注区域距离临空面较远，且约束了与临空面相对一端的变形，因此处于相对高 σ_3 值真三轴应力状态，易发生剪切破坏，即剪切型板裂化破坏，图 3.30 可看出，破坏面与临空面呈一定角度，且有多条近似平行的剪切面，具备板裂化形态的直观特征。试验结果证明了剪切型板裂化的存在，与前述结论一致。

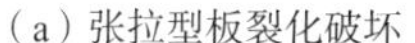

(a) 张拉型板裂化破坏

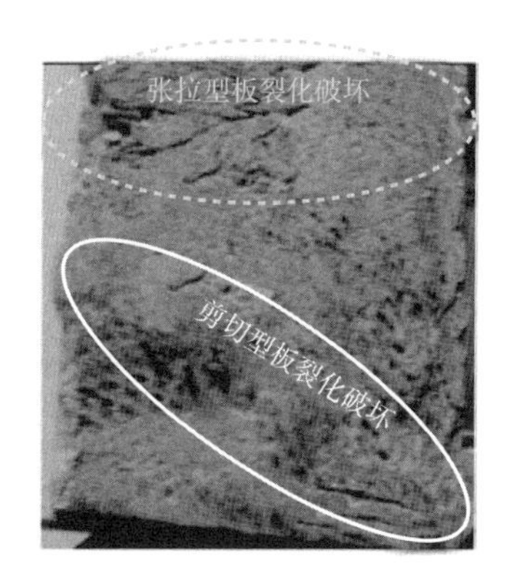

(b) 张拉型板裂化破坏与剪切型板裂化破坏

图 3.30　模型试验试样破坏状态

第4章　板裂化力学模型与数值模拟方法

板裂化破坏是硬脆性围岩脆性破坏的一种宏观表现形式。Etheridge[258]认为所有的脆性破坏可归为三类：拉伸破坏（tensile failure）、张拉剪切破坏（extensional shear failure）和压缩剪切破坏（compressional shear failure）。同样的，Ramsey[259]则将脆性破坏归为张拉破坏（extension fracture）、混合破坏（hybrid fracture）和剪切破坏（shear fracture）三类。虽然两者分类名称稍有差别，但是划分标准基本是一致的。拉伸破坏即张拉破坏，其破坏面垂直于最大拉应力方向；张拉剪切破坏即混合破坏，破坏面上分布着拉应力和剪应力；压缩剪切破坏即剪切破坏，破坏面上分布着压应力和剪应力。这与第3章中将板裂化分成三种类型的依据是一致的。

脆性破坏一个明显的特征就是形成了破裂面，仅就破裂面来说，其应力状态则有拉应力、拉剪应力、剪应力以及压剪应力四种，在这四种应力条件下发生了拉破坏、拉剪破坏、剪破坏以及压剪破坏。传统的弹塑性破坏准则是基于常规三轴试验、真三轴试验等试样破坏的应力状态建立的，且多基于压剪破坏条件。在第3章中对室内试验的分析发现，在单一应力状态下，如单轴压缩、低围压常规三轴以及真三轴试验条件，单个试样内破裂面的破裂机制通常包含了多种，通常则是以主破裂面的破裂机制作为整个试样的破裂机制，并以此建立相应的破坏准则，这在一定条件下是适用的。但在深埋硬脆性岩体工程开挖卸荷过程中，洞壁完整围岩所受应力接近于低围压条件下的破坏强度，强卸荷造成的围岩弹性变形恢复引起的拉应力也接近其抗拉强度，这种忽略了张拉破坏机制的破坏准则将不再适用于洞壁表层围岩破坏的判断。

4.1　板裂化力学模型

4.1.1　初始屈服准则研究

1. 对 Mohr-Coulomb 屈服准则的讨论

对于岩体来讲，强度准则通常采用莫尔–库伦（Mohr-Coulomb）屈服准则。Mohr-Coulomb 准则基于最大剪应力是材料破坏的决定性度量，它是 Mohr 强度准则 $\tau = f\left(\sigma_n\right)$ 的简化直线型形式，表征岩石单元剪切面上的剪切强度由黏聚力和内

摩擦强度两部分构成，其直线型表达式为

$$\tau_n = \sigma_n \tan\varphi + c \tag{4-1}$$

式中：τ_n、σ_n 为破坏面上的剪应力和正应力；c、φ 为黏聚力和内摩擦角。

Mohr-Coulomb 准则模型在预测压应力状态下的岩石屈服强度是较为适用的。但是，Mohr-Coulomb 准则模型仍存在两个问题：①是基于试样的宏观力学行为建立的，没有考虑破裂面的细观形成过程；②只包含了压应力状态下的莫尔圆，没有考虑拉伸区域。众多国内外学者对这两个问题进行了研究，李春光等[260]从材料的细观破坏模型出发，导出了脆性材料张破坏的强度准则；周火明等[261]对三峡船闸边坡新鲜闪云斜长花岗岩进行了拉剪面尺寸为 50 × 50 cm 的现场岩体拉剪试验，并分别采用莫尔强度准则的二次抛物线型、双曲线型和双直线型进行拟合，结果表明二次抛物线型拟合偏差最小；柳赋铮等[262]对闪云斜长花岗岩弱风化带岩石进行了岩石拉剪试验，同时还进行了同类岩石在压剪应力状态下的强度试验，对峰值强度点进行各种二次曲线拟合，得出双曲线型包络线能较好地符合岩石在压剪和拉剪应力状态下的力学性质；朱子龙等[263]采用 100 kN 的万能试验机对三峡永久船闸地区地质钻探中的直径为 54 mm 的闪云斜长花岗岩开展了拉剪断裂试验研究；李建林[264]采用与朱子龙同样的试验程序进行岩石拉剪流变特性的研究，得出拉剪应力作用下岩石的流变比单轴受拉流变要小，而且破坏稍早、稍快，并认为可以将霍克–布朗准则作为拉剪区的破坏准则。国外学者则主要集中在拉剪混合破裂的研究，代表性的结果为 Ramsey[259-265]采用狗骨式试样实现了张拉断裂到剪切断裂的过渡部分，即混合断裂（Hybrid fracture），如图 4.1 所示，获得了比较完整的试验数据，经过对试验数据的分析表明，Griffith 准则和修正的 Griffith 准则均不符合强度曲线特征；Erika Rodriguez[266]基于 Ramsey 的试验详细分析了破裂断面的微观特征；Ferrill[267]则用工程现象证明了混合断裂区的存在，并分析了其对断层断裂的影响；Engelder[268]总结了基于 Mohr-Coulomb 准则的在拉剪区的几种修正方式，如图 4.2 所示，并指出这几种修正方式只是压剪区的不同延伸形式，而拉剪混合断裂真正的难点在其试验的验证上。岩土工程常用计算软件 FLAC3D 中的 Mohr-Coulomb 准则在拉剪区段则采用截断型处理，如图 4.3 所示。

综上，脆性岩石拉剪破坏的试验研究较少，这主要是因为岩石的拉剪应力状态比较难以实现。传统的 Mohr-Coulomb 准则主要考虑岩石的压剪破坏特性，或采用各种曲线沿着压剪段强度曲线趋势处理拉剪段。通过前述章节可知，板裂化破坏包含了张拉破坏、拉剪混合破坏和压剪破坏三种，其屈服（破坏）准则必须要包含这三段，因此需要获得剪应力–正应力空间上的全段屈服曲线。

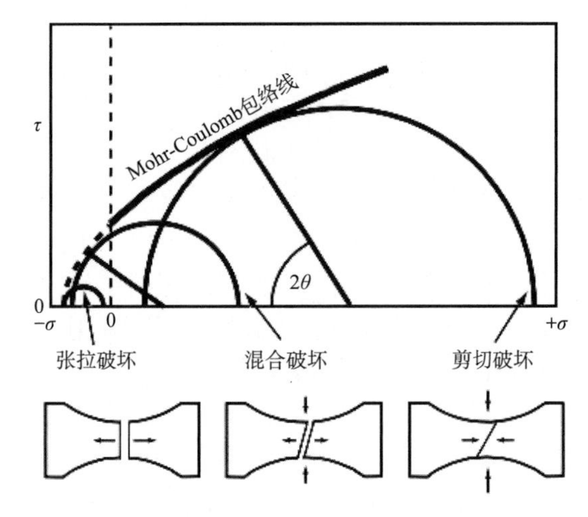

图 4.1　不同破坏类型[259]

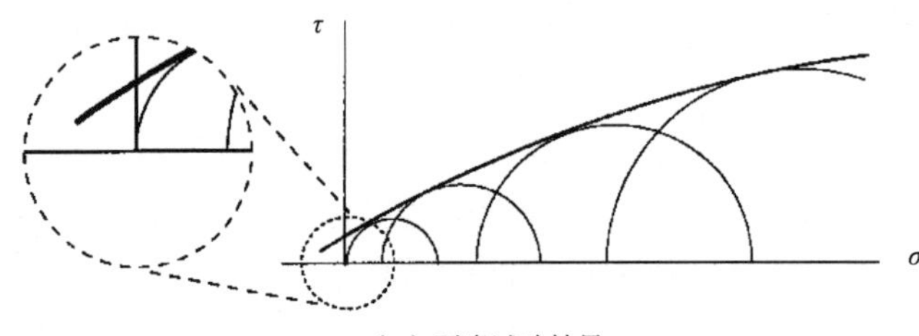

（a）页岩试验结果

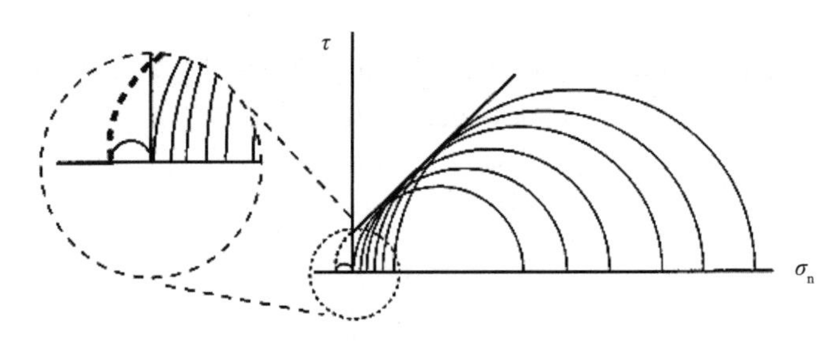

（b）Pennant 砂岩试验结果

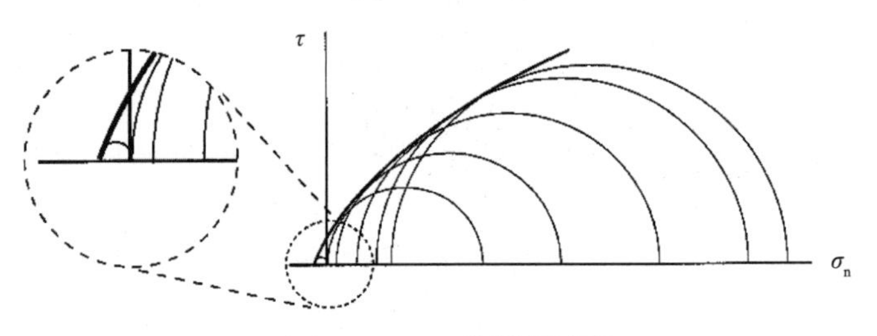

（c）Darley Dale 砂岩试验结果

图 4.2　Mohr-Coulomb 准则拉剪区域几种不同的处理方式[268]

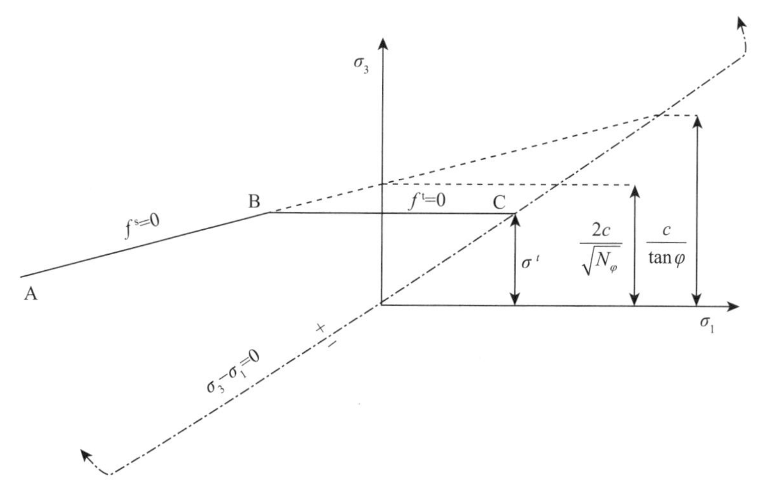

图 4.3　截断型 Mohr-Coulomb 准则（拉为正）

2. 大理岩试样的拉−压剪试验

试验所用岩样为锦屏二级水电站隧洞中的 T_{2b} 大理岩，拉剪试验所用设备为自行研制的岩石拉伸—剪切试验系统[269]，现已升级为图 4.4 所示的岩石多功能剪切试验测试系统[270]；压剪试验在中国科学院武汉岩土力学所自行研制的 RMT-150C 岩石力学试验系统上进行，试验系统和试样夹具如图 4.5 所示。大理岩试样的拉−压剪试验过程详见文献[269]，在此只叙述试验结果。

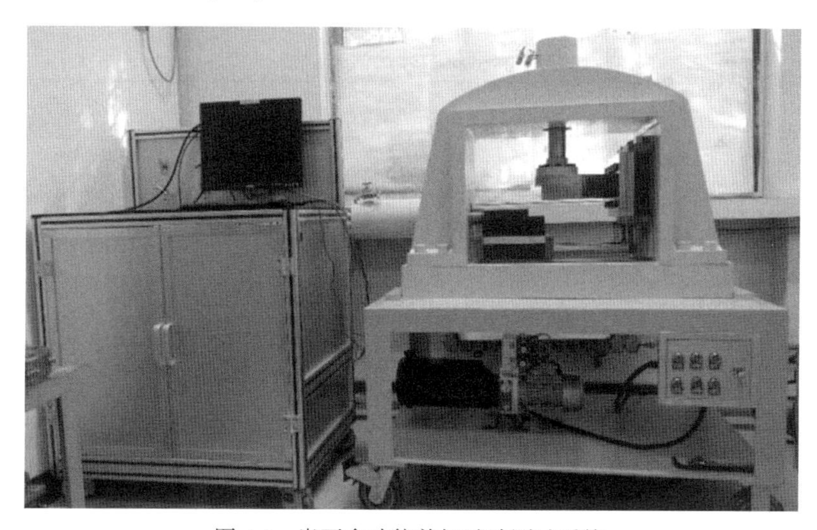

图 4.4　岩石多功能剪切试验测试系统

（a）RMT-150C 压剪试验系统

（b）试验夹具

图 4.5　压剪试验系统和试样夹具

1）拉剪试验结果分析

（1）强度和变形特征。规律性的总结是建立在大量的试验数据基础上的，但鉴于大理岩试样数量的限制，在此仅就现有数据进行分析。表 4.1 所列为大理岩试样破坏时破裂面上的破坏强度值。便于数据分析，以压为正，拉为负。图 4.6 则为表 4.1 所列数据的数据点。

表 4.1　拉剪试样峰值强度

试样编号	剪应力/MPa	拉应力/MPa
4-1	0.500	−2.32
6-2	0.530	−3.92
4-2	1.000	−2.51
4-3	1.500	−2.83
2-4	2.014	−3.61
4-4	3.000	−2.55
5-1	5.030	−2.73
5-2	7.000	−1.29
5-3	9.000	−0.93

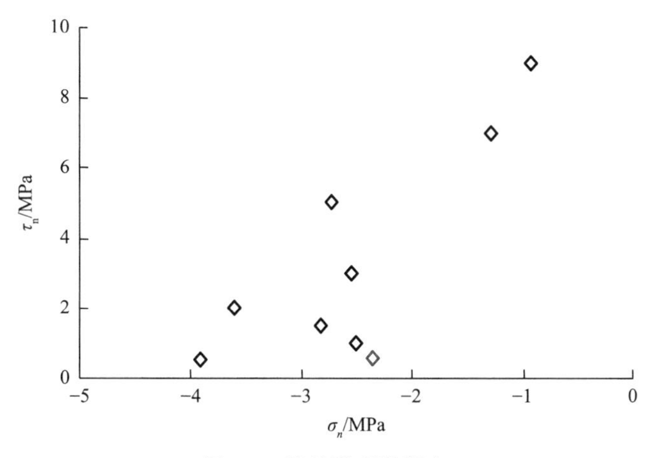

图 4.6　峰值强度数据点

由图 4.6 可看出，随着剪应力的增加，拉应力降低。试样是通过声波测试筛选的，波速比较集中，为 5 200~5 600 m/s，但岩样内仍存在着微缺陷，微缺陷所处的位置不同造成的试验结果也有差别，因此，试验数据存在一定的离散性。

图 4.7 和图 4.8 为试样法向拉应力、剪切应力与切向位移的曲线图。切向位移为上盒的水平移动位移。如图 4.7 所示，水平轴零点表示未考虑施加的剪切力引起的位移即法向拉应力引起的切向变形，图中曲线表明，拉应力的增加引起了试样水平方向（或破裂面）的损伤，如弹性模量、黏聚力等的降低，从而在剪切力不变的条件下切向位移增加。图 4.8 则说明了剪应力较低时，剪切力与切向位移出现了一段平台阶段，随着剪切力的增加，平台阶段逐渐变小直至没有，说明了不同的剪切力造成了试样水平方向（或破裂面）不同程度的损伤，也即弹性模量、黏聚力等的降低，从而降低了抗拉强度。

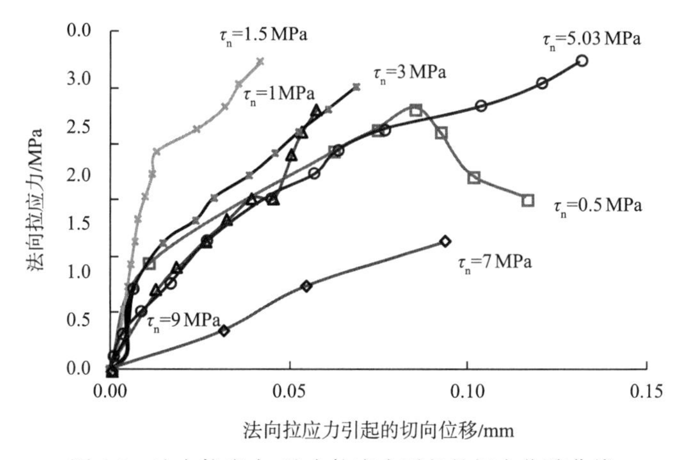

图 4.7　法向拉应力-法向拉应力引起的切向位移曲线

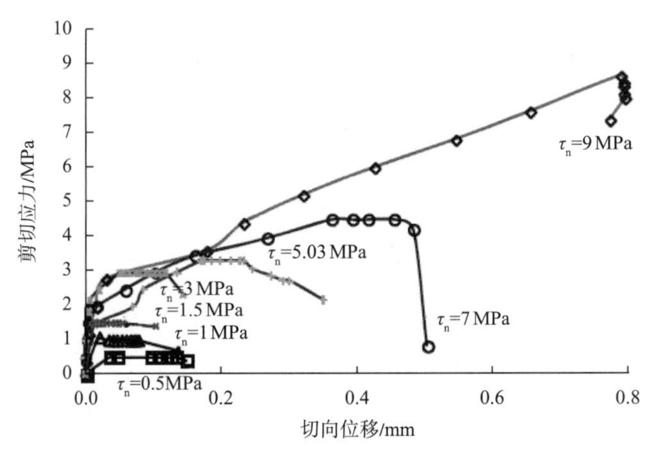

图 4.8　剪切应力-切向位移曲线

（2）破坏特征。图 4.9 为各试样的破裂面宏观形态。各个破裂面在微观形态上稍有差别，但都是以张拉破坏为主，即使是最大剪切力为 9 MPa 的试样 5-3，其试样破裂面也是明显的张拉破坏。值得一提的是，随着剪切力的增加，试样由单一的破裂面逐渐转为分层的多层近似平行的破裂面，如图 4.9（h）所示。分析原因可能是：在此剪切力条件下出现了多条泛白剪切滑移集中条带，但没形成主剪切破裂面，后在轴向拉力作用下同时破裂而成。

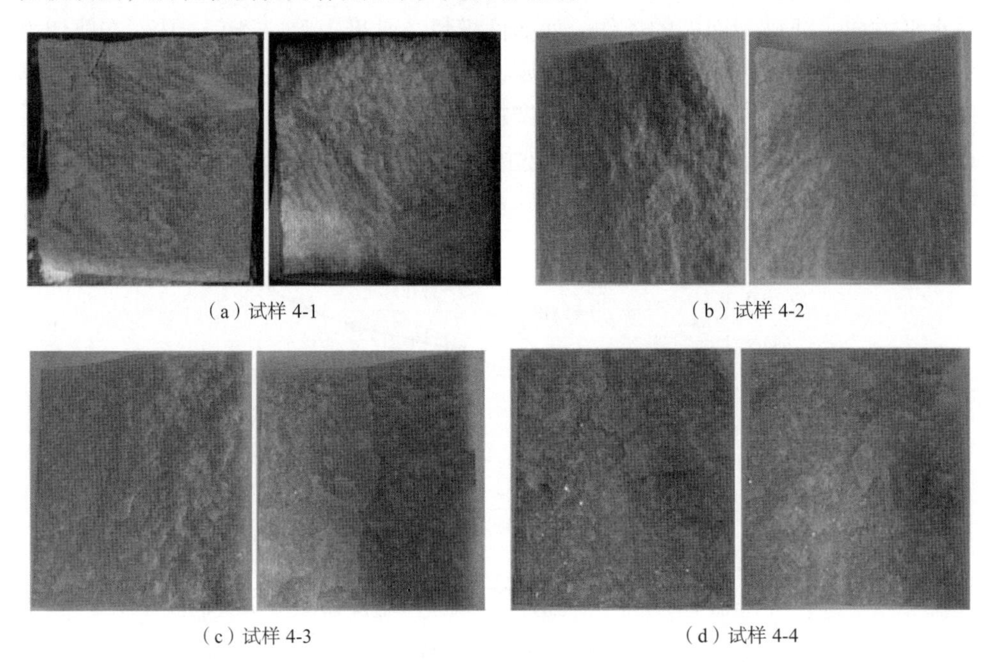

（a）试样 4-1　（b）试样 4-2

（c）试样 4-3　（d）试样 4-4

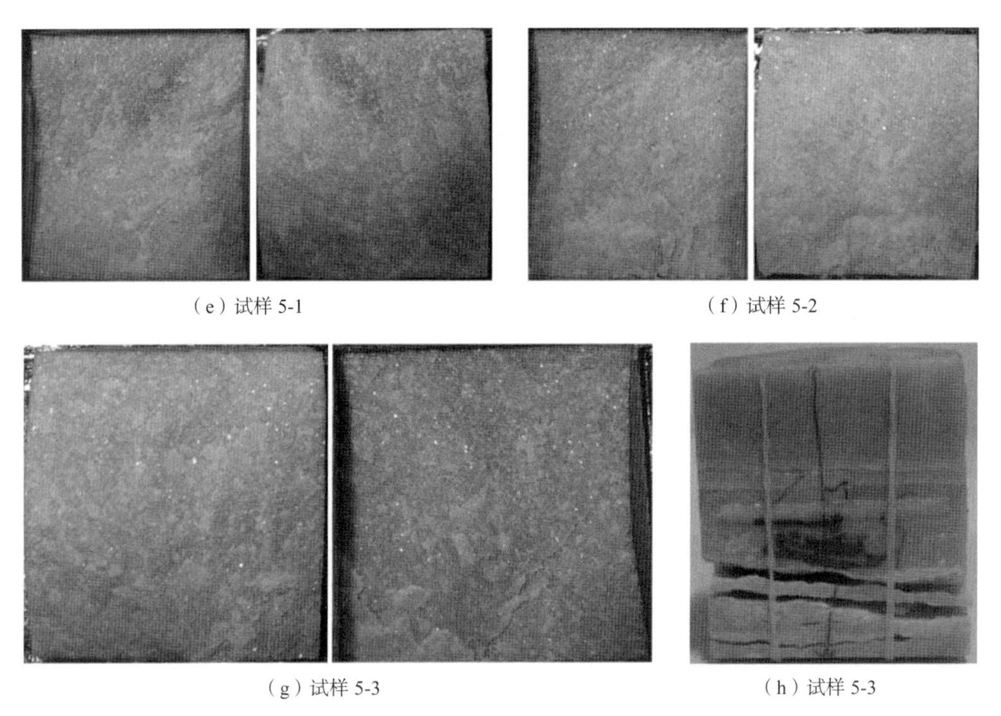

（e）试样 5-1　　（f）试样 5-2

（g）试样 5-3　　（h）试样 5-3

图 4.9　各试样破裂面（后附彩图）

2）压剪试验结果分析

（1）强度和变形特征。图 4.10 为一组不同法向压力条件下的剪切应力-剪切位移曲线（图例中的法向应力为近似值，其精确值应为轴向压力与试样破裂面面积的比值）。随着剪切力的增加，剪切变形经历了 4 个阶段，首先是初始非线性阶段，该过程包含了夹具和剪切盒的调整位移，其次是线性弹性变形阶段，第三为峰后变形阶段，最后为残余变形阶段。由于试样之间的非均匀性，弹性变形阶段的弹性模量稍有差别；残余变形阶段均近似成水平线，此时的位移已是破裂面上侧的试块在滑动。随着法向应力的增加，试样的破裂面逐渐由脆性破坏转为延性破坏；低法向应力条件下，弹性变形阶段出现了一次或两次波动，这是因为在低法向应力条件下，破裂面不是一次形成，且破裂面比较粗糙，形成破裂面后，上下两试块在相互错动中会有爬坡效应，所需的剪切力会先增大再减小，在应力-位移曲线上的表现就是一次波动。

图 4.11 为试样峰值强度应力点的分布。可见，峰值剪切应力和法向应力呈现的规律性比较好，当 $\sigma_{\mathrm{n}} \leqslant 20$ MPa 时两者近似呈线性关系，随着法向应力继续增大两者呈非线性，曲线斜率逐渐变小，曲线变平缓并有下降趋势。

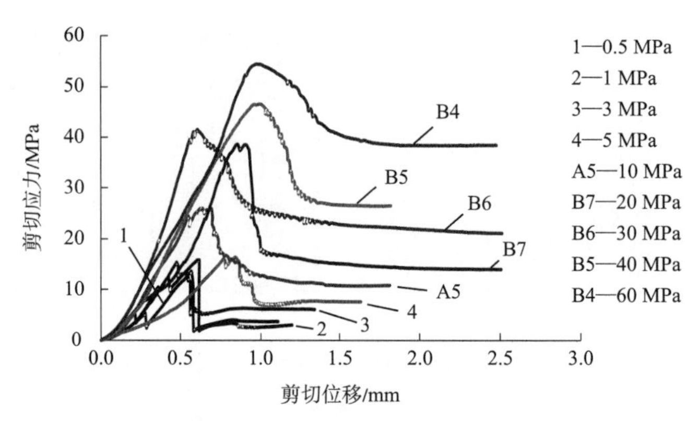

图 4.10 剪切应力-剪切位移曲线

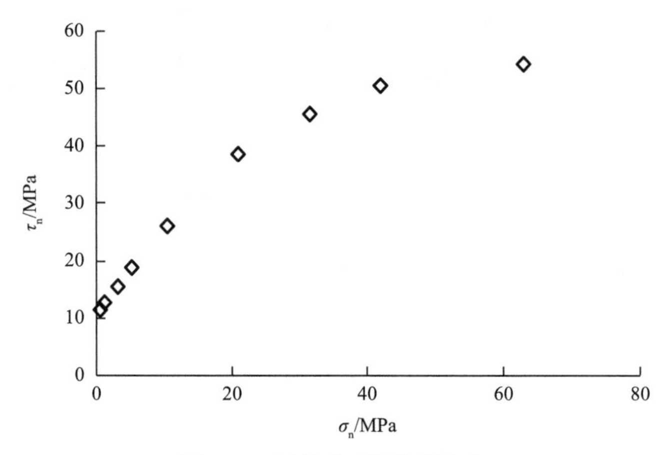

图 4.11 压剪试验峰值强度点

（2）破坏特征。如图 4.12 所示，虽是压剪应力条件下，但在轴向压力不超过 10 kN 时，试样破裂面还是表现出了张拉破坏特征。随着轴向压力的增加，张拉破坏特征逐渐消失直至没有，破裂面转为剪切滑移特征，破裂面较平且岩粉较多。

（a）从左到右，轴向压力依次为 1 kN、2 kN、6 kN、10 kN

（b）从左到右，轴向压力依次为 20 kN、40 kN、60 kN、80 kN、120 kN

图 4.12　压剪条件下试样破裂面

图 4.13 所示表明，当轴向压力足够大时，试样出现了沿竖向的损伤裂纹，即达到了其轴向破坏强度，这正好解释了剪切力在该轴向应力条件下增长缓慢并有下降趋势的现象。

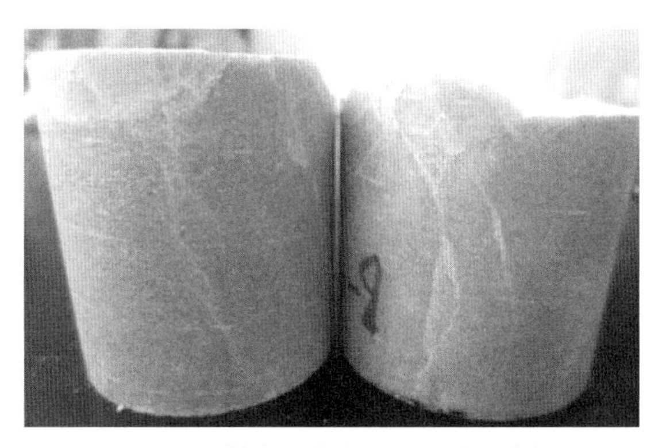

图 4.13　轴向压力为 120 kN 的试样

3）大理岩峰值强度曲线

综上，获得了大理岩试样压剪段和拉剪段的强度曲线，要获得全段曲线还缺少两个试验结果：直接剪切试验和直接拉伸试验。这两个试验在图 4.4 所示的岩石多功能剪切试验测试系统上是可以实现的，但试验结果表明，直接拉伸试验获得的试样抗拉强度与文献[271]中加载速率为 10 kN/s 的结果相近，为 6.3 MPa，考虑到加载速率和拉剪段曲线趋势，试样抗拉强度采用文献[271]加载速率为 0.1 kN/s 的结果，为 4.06 MPa；而直接剪切试验中，由于试样轴向方向无约束，试样在剪切过程中容易翘起，导致直接剪切强度偏低，综合各试验结果，确定大理岩试样的直接剪切强度为 10.78 MPa。至此，可获得基于破裂面形成的破裂面上的剪应力–法向应力强度曲线，如图 4.14 所示。

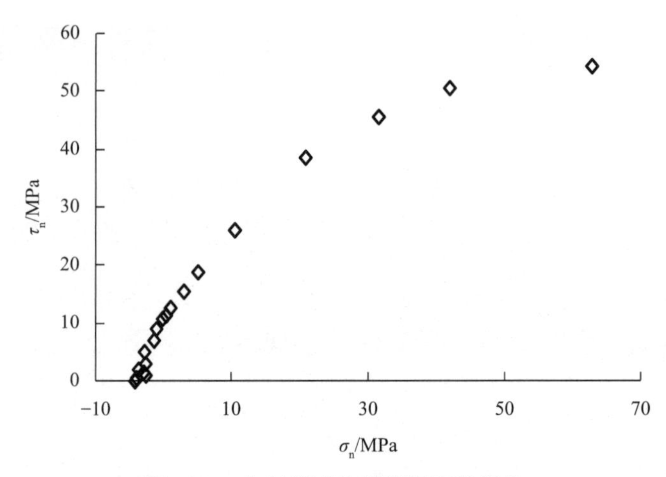

图 4.14　大理岩试验峰值强度数据点

由图 4.14 中峰值强度数据点的分布趋势来看，破裂面上的剪应力和正应力关系规律性良好，与莫尔强度包络线特征一致：在正应力较小的范围内，其曲线斜率较陡；而在较大的正应力作用下，其斜率平缓。

结合图 4.9 和图 4.12 可将峰值强度全段分为三段：直接拉伸破坏段、拉剪混合破坏段和剪切滑移破坏段。由图中所示尺度的破坏面特征不能明确区分直接拉伸段和拉剪混合段的分界点，理论上来说，其分界点应位于拉剪区段，但具体剪切力达到何值时发生转换则需进行破裂面的微观分析；拉剪混合段和剪切滑移段的分界点是比较明显的，就试样中所施加的荷载等级来说，法向应力≤5 MPa 时为拉剪混合段，法向应力≥10 MPa 时为剪切滑移段，也就是说，拉剪混合段包含了拉剪应力段和一部分低法向压应力段。

需要说明的是，对试验数据的分析未考虑试样形状和尺寸、破裂面与剪切方向夹角（角度较小，在 6°~8°）的影响，这两个影响因素对峰值强度点的影响有多大还需进行后续试验分析。

3. 考虑张拉剪切破坏机制和应力状态影响的修正 Mohr-Coulomb 屈服准则

由图 4.7、图 4.8、图 4.10 可知，峰值点之前应力−应变曲线基本为线性，因此，可假设峰值前为弹性阶段，取曲线峰值点为屈服点，故其峰值应力点组成的曲线即为初始屈服曲线。

由前文所述，众多学者采用了不同的曲线形式来处理 Mohr-Coulomb 屈服准则中的拉剪段部分，采用文献[261]中所验证的偏差最小的二次抛物线型进行拟合，二次抛物线型包络线一般形式为

$$\tau_n^2 = n\left(\sigma_n + R_t\right) \tag{4-2}$$

式中：n 为待定系数；R_t 为极限抗拉强度（MPa）。

通过对图 4.14 所示的试验结果拟合分析，确定了待定系数 $n=49.407$，建立二次抛物线型强度准则表达式为

$$\tau_n^2 = 49.407\left(\sigma_n + R_t\right) \tag{4-3}$$

拟合精度 $R^2 = 0.971\,3$，拟合曲线与原始数据点如图 4.15 所示。由图可看出，虽然拟合精度是比较高的，但拉剪段和低法向应力段的差距较大，这样就丧失了表征硬脆性岩石拉剪破坏特性的功能。

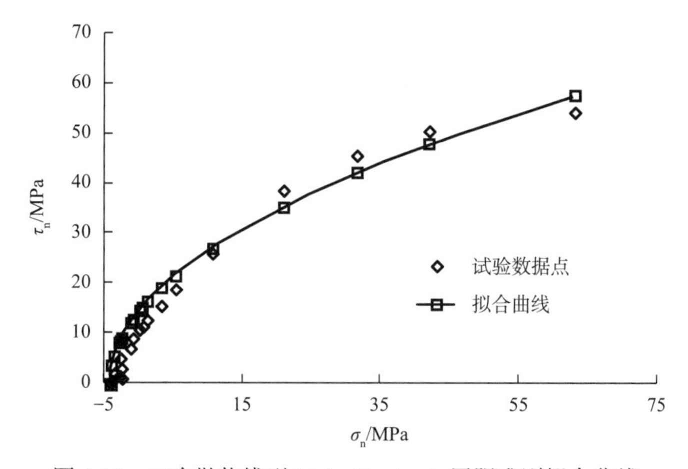

图 4.15　二次抛物线型 Mohr-Coulomb 屈服准则拟合曲线

由图 4.14 中峰值强度数据点趋势可看出，大理岩试样的屈服曲线与法向应力有关，即 c、φ 值是随法向应力变化的，因此，有必要对 c、φ 值的变化规律进行研究。

文献[272]提出，由莫尔包络线求解 c、φ 值存在一定的弊端，并且提出了基于试验数据点的分段线性平均斜率方法进行求解。本文采用该方法，获得的结果如图 4.16（a）所示。曲线在趋近抗拉强度时，φ 值接近于 90°，而 c 值趋于无穷大，考虑到图 4.16（a）的显示效果，黏聚力与法向应力的关系曲线并没包含该段。此外，由于压剪试验中法向应力大小分级跨度较大，数据点较少，采用分段线性平均斜率方法求解的 c、φ 值随法向应力的变化曲线产生了不合理的地方，如图 4.14 中，法向应力接近试验最大值时，曲线趋于平缓，此时 c、φ 值应趋于定值，而图 4.16（a）中并没有表现出该趋势。

因此，依据图 4.14 中的数据点连接而成的光滑曲线选取较多的数据点，再根据分段线性平均斜率法求取较多的 c、φ 值，获得结果如图 4.16（b）所示。结果表明，内摩擦角随法向应力的增大而减小，黏聚力随法向应力增大先减小后增大，c、φ 值随法向应力的变化趋势可分为四段：拉剪段、低压应力段、中

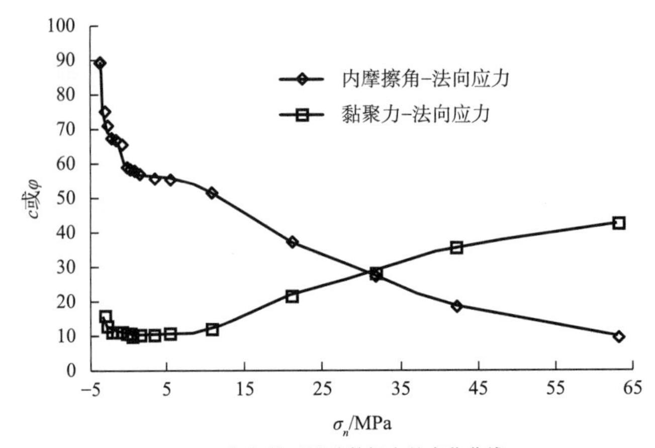

（a）基于试验数据点的变化曲线

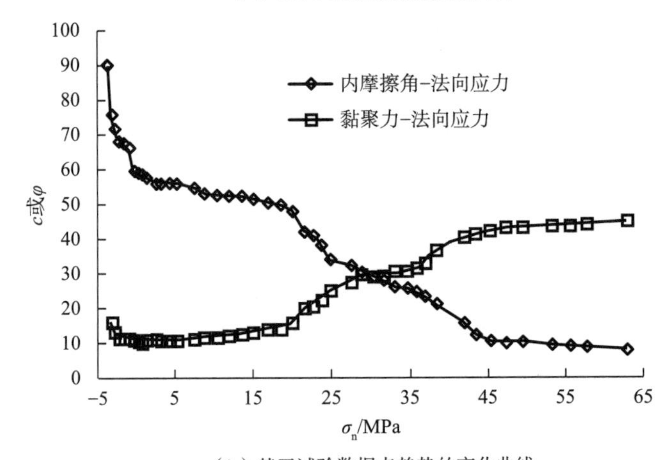

（b）基于试验数据点趋势的变化曲线

图 4.16　黏聚力、内摩擦角随正应力变化曲线

压应力段和高压应力段，每段的 c、φ值与法向应力皆可认为是线性关系，可建立线性表达式。

理想的考虑应力状态影响对 Mohr-Coulomb 屈服准则的修正，可将 c、φ值与法向应力的表达式代入式（4-1）中，形成分段式的屈服准则。考虑到接近抗拉强度处，内摩擦角接近 90°、黏聚力则趋于无穷大无法表示，且拉剪段的内摩擦角和黏聚力的物理意义不明确，因此，笔者考虑拉剪段采用二次抛物线型拟合、压剪段采用 c、φ值随正应力的演化曲线建立屈服准则。

依据式（4-2），只采用拉剪段的数据点进行拟合，求得 $n = 25.994$ ，因此

$$\tau_{\mathrm{n}}^{2} = 25.994\left(\sigma_{\mathrm{n}} + R_{\mathrm{t}}\right) \tag{4-4}$$

式（4-4）当 $\sigma_{\mathrm{n}} \leqslant 0$ MPa 时成立。

为便于工程计算，压剪段 c、φ 值随法向应力的演化分为三段，低压应力段和高压应力段分别采用常量，中间一段为线性，对于本文中大理岩的试验结果，则有

$$\left.\begin{array}{ll} c^0 = 11.57\ \text{MPa}, & 0 < \sigma_n \leqslant \sigma_L \\ c^1 = 0.944\,5\sigma_n + 0.141\,2, & \sigma_L < \sigma_n < \sigma_B \\ c^2 = 43.76\ \text{MPa}, & \sigma_B \leqslant \sigma_n \end{array}\right\} \tag{4-5}$$

$$\left.\begin{array}{ll} \varphi^0 = 55.34°, & 0 < \sigma_n \leqslant \sigma_L \\ \varphi^1 = -1.294\,4\sigma_n + 69.394, & \sigma_L < \sigma_n < \sigma_B \\ \varphi^2 = 9.68°, & \sigma_B \leqslant \sigma_n \end{array}\right\} \tag{4-6}$$

式中：σ_L、σ_B 为界限值，对于本书的试验结果，分别近似为 $\sigma_L = 15\text{MPa}$ 和 $\sigma_B = 45\text{MPa}$。将式（4-5）、式（4-6）代入式（4-1），则有

$$\tau_n = \sigma_n \tan\varphi(\sigma_n) + c(\sigma_n) \tag{4-7}$$

式（4-7）当 $\sigma_n > 0$ MPa 时成立。由式（4-4）、式（4-7）可获得修正的 Mohr-Coulomb 屈服准则曲线，如图 4.17 所示。

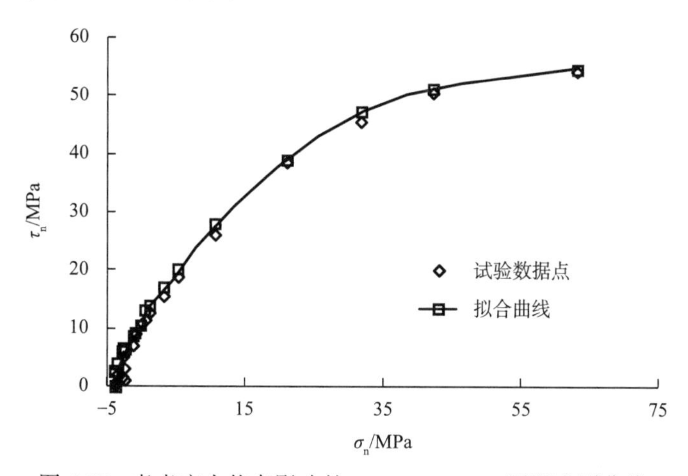

图 4.17　考虑应力状态影响的 Mohr-Coulomb 屈服准则曲线

比较图 4.15、图 4.17，可明显看出图 4.17 中的曲线精度较高，即考虑拉剪破坏和应力状态影响所建立的屈服准则更准确。

4.1.2　塑性势函数和应变软化过程

为便于工程计算，仍采用与传统 Mohr-Coulomb 屈服准则相对应的塑性势函数，即

$$g^{\mathrm{s}} = \sigma_1 - \sigma_3 N_{\psi} \tag{4-8}$$

$$g^{\mathrm{t}} = -\sigma_3 \tag{4-9}$$

式中：$N_{\psi} = (1+\sin\psi)/(1-\sin\psi)$；$\psi$为剪胀角。

由图 4.7、图 4.8 和图 4.10 可知，大理岩峰后呈现明显的应变软化特征，因此需要建立软化定律。此处引入塑性参数κ^{s}来描述塑性剪切应变软化行为，引入塑性参数κ^{t}来描述拉伸应变软化行为，其增量型表达式为

$$\Delta\kappa^{\mathrm{s}} = \frac{1}{\sqrt{2}}\sqrt{\left(\Delta\varepsilon_1^{\mathrm{ps}} - \Delta\varepsilon_{\mathrm{m}}^{\mathrm{ps}}\right)^2 + \left(\Delta\varepsilon_{\mathrm{m}}^{\mathrm{ps}}\right)^2 + \left(\Delta\varepsilon_3^{\mathrm{ps}} - \Delta\varepsilon_{\mathrm{m}}^{\mathrm{ps}}\right)^2} \tag{4-10}$$

$$\Delta\kappa^{t} = \left|\Delta\varepsilon_3^{\mathrm{pt}}\right| \tag{4-11}$$

式中：$\Delta\varepsilon_{\mathrm{m}}^{\mathrm{ps}} = \frac{1}{3}\left(\Delta\varepsilon_1^{\mathrm{ps}} + \Delta\varepsilon_3^{\mathrm{ps}}\right)$，为岩体单元体积塑性剪切应变增量；$\Delta\varepsilon_1^{\mathrm{ps}}$和$\Delta\varepsilon_3^{\mathrm{ps}}$为岩体单元第一和第三主应力方向的塑性剪应变增量；$\Delta\varepsilon_3^{\mathrm{pt}}$为岩体单元塑性拉应变增量。

那么，岩体单元的软化定律为

$$\left.\begin{aligned} c &= c\left(\kappa^{\mathrm{s}}\right) \\ \varphi &= \varphi\left(\kappa^{\mathrm{s}}\right) \\ \psi &= \psi\left(\kappa^{\mathrm{s}}\right) \\ \sigma^{\mathrm{t}} &= \sigma^{\mathrm{t}}\left(\kappa^{\mathrm{t}}\right) \end{aligned}\right\} \tag{4-12}$$

文献[250，273]详细分析了大理岩峰后力学参数的演化规律，在此不再赘述。本节采用简化的双线性函数来描述峰后岩石力学参数的变化，如图 4.18 所示。

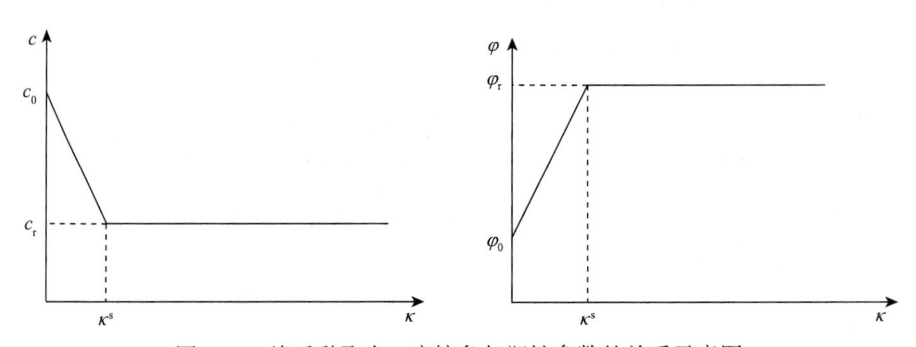

图 4.18　峰后黏聚力、摩擦角与塑性参数的关系示意图

4.2　板裂化数值模拟方法

4.2.1　力学模型的数值实现

本力学模型基于广泛使用的岩土工程数值分析软件 FLAC3D 来进行数值实现，这样既缩短了程序开发周期，又使得模型具有良好的通用性和可推广性。FLAC3D 是由国际著名学者、英国皇家工程院院士、离散元法的发明人 Peter Cundall 博士在 70 年代中期开始研究开发的通用软件系统，它不仅适合求解非线性的大变形问题，而且可以在模型中加入节理、弱面等地质构造，成为国际上本领域应用最为广泛的通用性岩土工程数值模拟软件之一。FLAC3D 提供的用户自定义模型 UDM 可以定义新的材料模型，该接口程序采用 C++语言，以面向对象的方法规划结构，并将数据中运行的成员函数通过对象封装技术实现了用户的直接调用。采用 C++开发的自定义模型依赖于下列文件。

AXES.H：指定一个特定的坐标系统；

CONMODEL.H：本构模型通讯的工具结构，封装了内部计算成员函数；

CONTABLE.H：定义常规本构模型的 Table 函数；

STENSOR.H：计算单元的对称张量存储定义文件；

USERMODEL.H：二次开发自定义模型的头文件；

USERMODEL.CPP：二次开发自定义模型的代码文件。

用 C++写成的模型编译成 DLL 文件（动态链接库），它可以在任何需要的时候载入。因此本文选择 FLAC3D 作为数值模拟的工具，利用其 UDM 接口进行二次开发，将所建立的屈服准则嵌入 FLAC3D 计算软件。

需要指出的是，在每一计算步之前，都需要进行迭代计算以更新 c、φ 值，迭代次数可自行设定，将该过程放入动态链接库并不影响计算速度，更新完 c、φ 值便可采用式（4-4）、式（4-7）进行屈服判断。

4.2.2　抗拉强度非均质的数值实现

岩石材料是复杂的、多样的，存在着不连续、非均质、各向异性等特征。岩石是由颗粒、空隙、裂隙及胶结物组成的非均质材料，非均质性对岩石的力学及变形性质影响显著。在岩石的破裂过程中，缺陷的存在对岩石的破坏形态起着重要作用，裂纹的萌生和扩展也同岩石的非均质性密切相关。Cai[11]的研究表明，岩体非均质是地下洞室围岩洞壁产生平行于洞壁表面的板裂化破坏的主要原因。

在岩石非均匀性理论分析上，常采用统计分布规律来描述。试验表明[274]，岩石内部微结构为随机分布，采用统计分布规律来描述岩石非均匀性是合适的，采用 Weibull 分布来描述（岩石）细观尺度上的非均匀性方面有广泛的应用。对于岩体计算单元的力学参数，可以通过产生随机数的方法来实现 Weibull 分布。常用的产生服从某种随机数的方法有直接抽样法、变换抽样法、舍选抽样法及近似抽样法等，本文采用直接抽样法来产生服从 Weibull 分布的岩体计算单元的力学参数。

直接抽样法是直接由 $(0,1)$ 上均匀分布的随机数产生非均匀随机数，该方法基于如下基本定理。

设 ξ 为 $(0,1)$ 均匀分布的随机变量，$F(x)$ 为某一随机变量的分布函数，且 $F(x)$ 连续，那么 $\eta = F^{-1}(\xi)$ 是以 $F(x)$ 为分布的随机变量。

这一定理也可以等价地叙述为：

设随机变量 η 具有单调递增的连续分布函数 $F(x)$，η 的分布密度为 $f(x)$，则 $\xi = F(\eta)$ 是 $(0,1)$ 上均匀分布的随机变量。

Weibull 分布的分布密度为

$$f(x)=\begin{cases}\dfrac{m}{\alpha}x^{m-1}\exp\left(-\dfrac{x^m}{\alpha}\right), & x>0\\ 0, & x\leqslant 0\end{cases} \tag{4-13}$$

分布函数为

$$F(x)=1-\exp\left(-\frac{x^m}{\alpha}\right) \tag{4-14}$$

式中：α 和 m 为参数。二者与均值 μ 之间的关系为

$$\mu=\alpha^{\frac{1}{m}}\Gamma\left(1+\frac{1}{m}\right) \tag{4-15}$$

式中：$\Gamma(n)$ 为伽马函数，定义为

$$\Gamma(n)=\int_0^{+\infty}t^{n-1}e^{-t}\mathrm{d}t \tag{4-16}$$

设 r 为 $(0,1)$ 上服从均匀分布的随机变量，根据上述定理，令 $r=F(x)$，可得到

$$x=\left[-\alpha\ln(1-r)\right]^{\frac{1}{m}} \tag{4-17}$$

x 即为服从 Weibull 分布的随机变量。

在式（4-13）中，参数 m 控制着分布密度曲线的形态，m 越小，曲线越陡高，m 越大，曲线越低缓。一般情况下，可以给定 m 和均值 μ，即可由式（4-17）产生服从 Weibull 分布的随机变量。式（4-17）中的 α 可以由 m 和 μ 通过变换式（4-15）得到，而伽马函数 $\Gamma\left(1+\dfrac{1}{m}\right)$ 可以通过数值积分得到。这样，首先由计算机随机产

生在 $(0,1)$ 上服从均匀分布的随机变量 r，再给定岩体计算单元相应力学参数的 m 和 μ，进而就可以得到服从 Weibull 分布的离散力学参数。

4.2.3　板裂化破坏的表征方法 FAI

板裂化破坏是围岩脆性破坏的一种形式，同样可以用传统的表示围岩损伤程度的指标进行表征，在此则采用了张传庆等[275]提出的破坏接近度来表征。破坏接近度是综合评价围岩危险性程度的定量指标，它将整个围岩区域的稳定程度采用一个空间连续的状态变量来进行评价。其计算公式为

$$\mathrm{FAI}=\begin{cases}\omega, & 0\leqslant\omega<1\\ 1+\mathrm{FD}, & \omega=1,\ \mathrm{FD}\geqslant 0\end{cases} \tag{4-18}$$

式中：ω 为屈服接近度（YAI）的相补参数，$\omega=1-\mathrm{YAI}$；FD 为破坏度，即

$$\mathrm{FD}=\bar{\gamma}_{\mathrm{p}}\big/\bar{\gamma}_{\mathrm{p}}^{\mathrm{r}} \tag{4-19}$$

式中：$\bar{\gamma}_{\mathrm{p}}$ 为塑性剪应变，$\bar{\gamma}_{\mathrm{p}}=\sqrt{\dfrac{1}{2}e_{ij}^{\mathrm{p}}e_{ij}^{\mathrm{p}}}$，塑性偏应变 $e_{ij}^{\mathrm{p}}=e_{ij}^{\mathrm{p}}-\varepsilon_{m}^{\mathrm{p}}\delta_{ij}$；$\bar{\gamma}_{\mathrm{p}}^{\mathrm{r}}$ 为材料的极限塑性剪应变。文献[276]已推导了基于 Mohr-Coulomb 屈服准则的屈服接近度函数，如下

$$\mathrm{YAI}=\begin{cases}\dfrac{I_1\sin\varphi/3+(\cos\theta_\sigma-\sin\theta_\sigma\sin\varphi/\sqrt{3})\sqrt{J_2}-c\cos\varphi}{I_1\sin\varphi/3-c\cos\varphi}, & \dfrac{\sigma_1+\sigma_3}{2}\leqslant\sigma_R\\ \dfrac{\sigma_{\mathrm{t}}-\sigma_1}{\sigma_{\mathrm{t}}-\sigma_{\mathrm{R}}}, & \dfrac{\sigma_1+\sigma_3}{2}>\sigma_R\end{cases} \tag{4-20}$$

$$\sigma_{\mathrm{R}}=\frac{\sigma_{\mathrm{t}}-c\cos\varphi}{1-\sin\varphi} \tag{4-21}$$

式中：c、φ 分别为初始黏聚力和初始摩擦角，θ_σ 为应力罗德角，σ_{t} 为抗拉强度。不同之处仅在于，本节的 c、φ 是应力状态的函数。

4.3　力学模型的算例验证和单元网格的影响

4.3.1　对加拿大 Mine-by 试验洞板裂化破坏的模拟验证

位于加拿大马尼托巴省东南部的地下试验室（URL）是加拿大原子能有限公司（AECL）为研究核废料地下处置长期安全性而在花岗岩中开挖的试验洞室群[277]。为了研究深部岩体脆性破坏过程，设计了一条名为 Mine-by 的试验圆洞，采用人工

挖掘方法尽量避免开挖方法造成的扰动。圆洞长 46 m，直径 3.5 m，埋深 420 m，岩石类型为 Lac du Bonnet 花岗岩。开挖过程中围岩不断地发生脆性剥落破坏，最终形成典型的 V 形脆性破坏区（图 4.19、图 4.20），图中同时给出了地应力状态。若不考虑受圆洞底板上方堆积的废石渣自重作用，底部与顶部破坏区分布应是对称的。此试验洞获得变形和破坏区的资料较为完整，因此很多学者利用各自的力学模型对试验洞的破坏过程进行了模拟，以验证模型的适用性，如 Hajiabdolmajid 等[80]利用 CWFS 模型；张传庆等[275]利用所提出的屈服接近度和破坏接近度概念；黄书岭[249]利用提出的考虑中间中应力效应的多轴应变能强度准则以及扩容度评价指标；张凯[250]利用所提出的弹塑性耦合力学模型等。本节将利用本文建立的板裂化力学模型对 Mine-by 试验洞的破坏特征进行模拟验证。

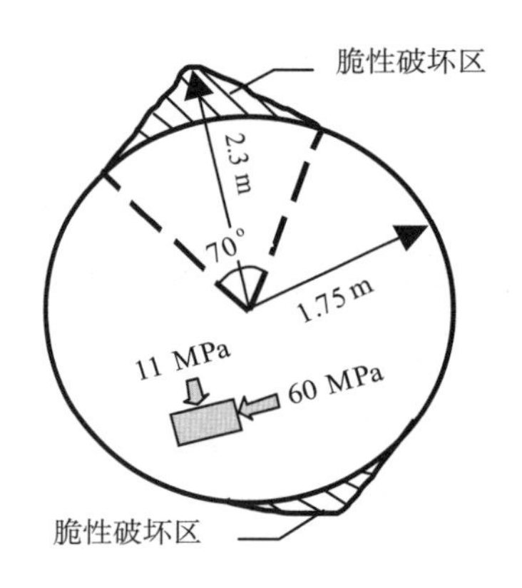

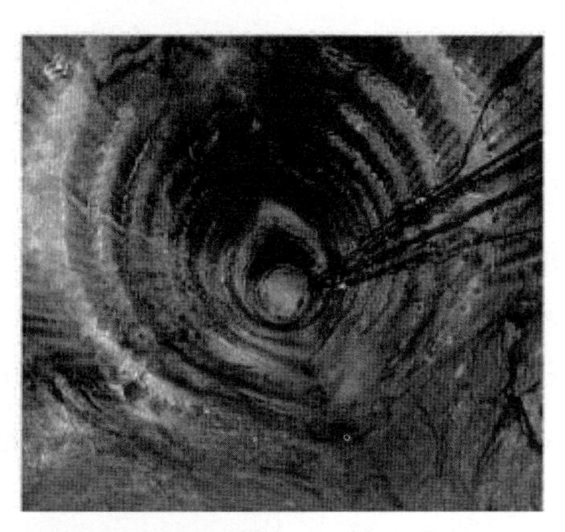

图 4.19　Mine-by 隧洞 V 形脆性区的轮廓图及地应力[278]

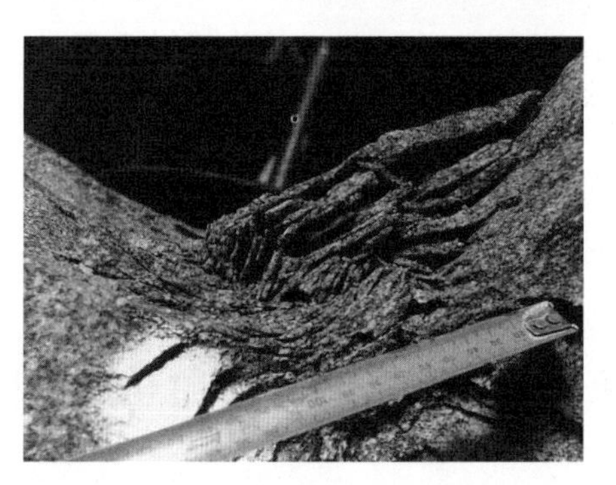

图 4.20　Mine-by 隧洞 V 形板裂化破坏

模拟时，不考虑开挖的过程，采用平面应变模型。模型中的参数，根据 Hajiabdolmajid 等[80]和黄书岭[249]的工作综合确定，所有参数列于表 4.2，考虑抗拉强度非均质，非均质系数 $m = 5$ 。

表 4.2　Lac du Bonnet 花岗岩力学参数

参数	K/GPa	G/GPa	c_0/MPa	c_r/MPa	φ_0/（°）	φ_r/（°）	抗拉强度/MPa
数值	40	24	40	5	0	48	3.7

板裂化破坏区域可由计算结果的塑性屈服区域和破坏接近度分布显示，如图 4.21 所示，左侧塑性区结果表明，V 形破坏区域总轮廓由压剪破坏控制，在靠近洞壁处出现了张拉破坏，且张拉和剪切出现了交叉；右侧为破坏接近度标示图，依据实测最大破坏区的深度 2.3 m，与之相对应的破坏接近度约为 4，由图中也可看出不同破坏程度区域呈条带性交叉，可认为破坏接近度较大（即破坏程度较高）处出现了裂缝，由此也可实现不连续破坏标识，为后续板裂体的结构效应研究提供前提。图 4.22 为微震监测结果获得的破坏区域，$r_f = 2.275\,\text{m}$，计算结果为 2.65 m，两者吻合较好，且破坏区域的破坏机制和范围一致。这说明，所建立的板裂化力学模型是可行的。

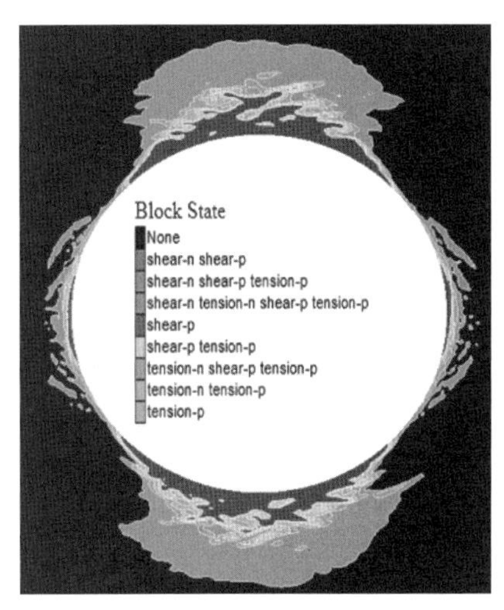

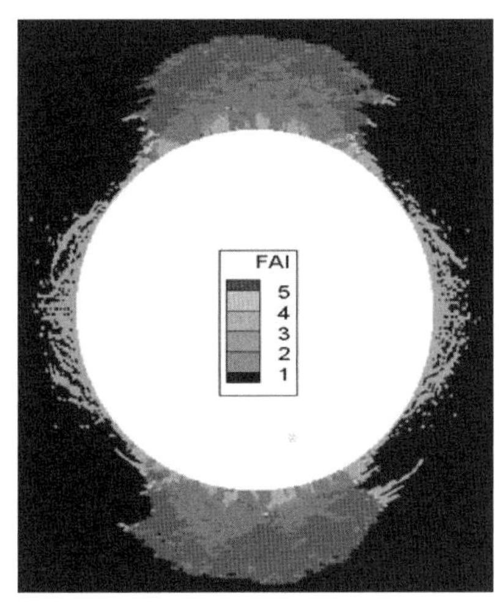

图 4.21　计算得到的塑性屈服区域和破坏接近度分布

4.3.2　对锦屏二级水电站试验支洞 F 围岩板裂化破坏的模拟验证

锦屏二级水电站 3#试验洞 F 试验支洞的围岩板裂化破坏形态已在第 2 章中详细描述，在此不再重复叙述。图 4.23 为 3#试验洞布置图，3#试验洞包括试验支洞 B 和 F，采用钻爆法自东向西开挖，试验支洞 B 采用全断面开挖，每个爆破循环为 1.5~2.0 m。试验支洞 F 采用上、下台阶开挖，上台阶开挖每个爆破循环 3.0 m，下台阶开挖每个爆破循环 5.0 m。

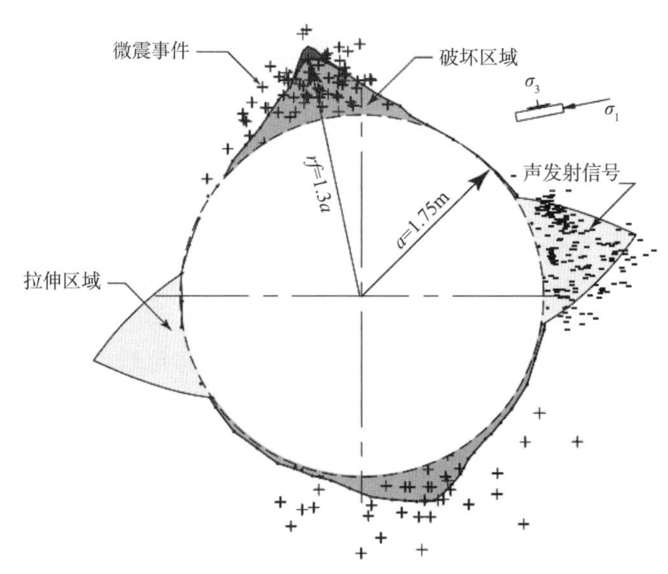

图 4.22　由微震监测结果获得的破坏区[279]

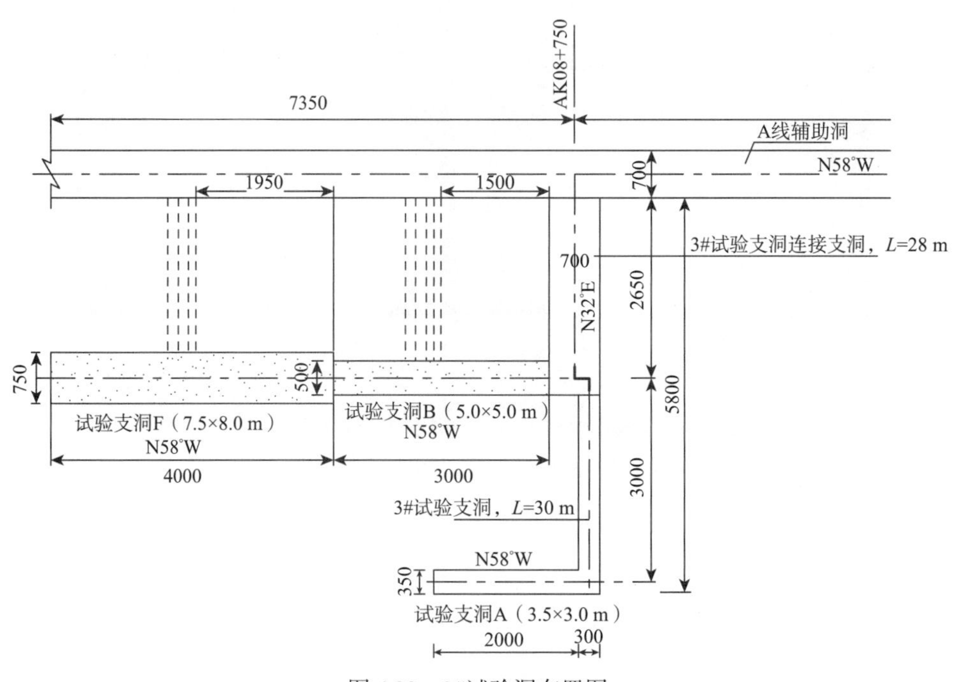

图 4.23　3#试验洞布置图

有关 3# 试验洞的详细地质资料和相关监测结果可参见文献[212]，为便于数值计算结果的对照，在此只列出数字钻孔摄像结果，如图 4.24 和图 4.25 所示。由图中可看出，隧洞开挖后，裂隙多集中在距离洞壁约 1.7 m 内，且由数字钻孔成像结果可知[212]，靠近洞壁为张拉裂隙，在孔深 15~18m 的裂隙多为剪切滑移的闭合裂隙。

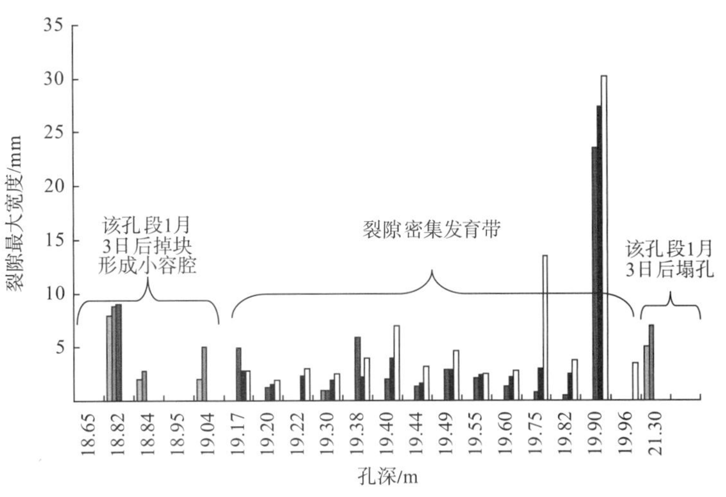

图 4.24　数字钻孔摄像测试获得的岩体裂隙演化特征

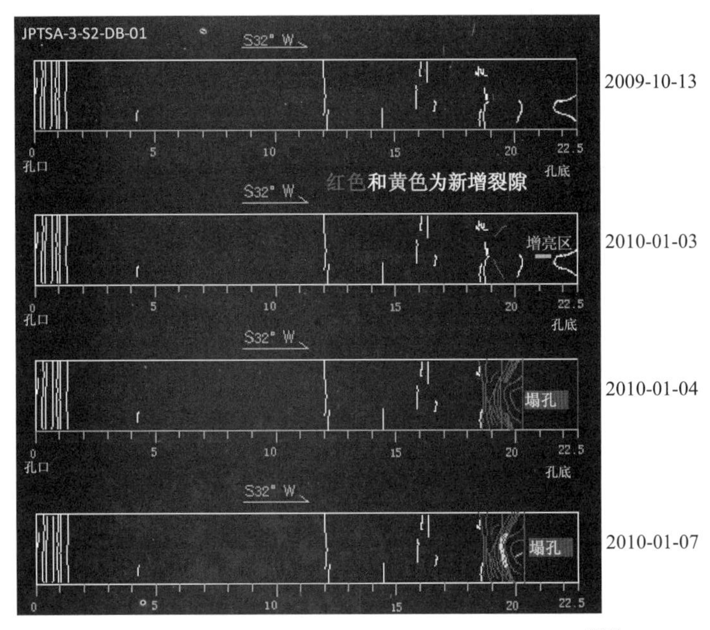

图 4.25　数字钻孔摄像裂隙素描图（后附彩图）[212]

数值计算模拟时，不考虑开挖的过程，采用平面应变模型。计算模型示意图和洞室尺寸如图 4.26 所示，为同时考虑尺寸效应和获得较精细的计算结果，计算单元网格分为粗网格和密网格两个区域，密网格单元尺寸最小为 0.038 m。试验区地应力场的基本规律通过区域地质构造分析获得，而地应力的大小和方向则依据现场测试成果、围岩破坏规律统计、岩芯饼化现象揭示等多源信息，采用多元回归、数值模拟、赤平投影分析和迭代分析等多技术手段获得。为了获得该处围岩的力学参数，首先以变形和塑性区深度为目标变量进行了参数敏感性分析，确定了依据工程经验可得出的参数和需要反演的参数。依据试验洞开挖过程中的测试成果，采用智能参数反演方法得到了该地层岩体的力学参数，见表 4.3。考虑抗拉强度非均质，非均质系数 $m=5$，抗拉强度均值 $R_t=1.5$ MPa [250]。

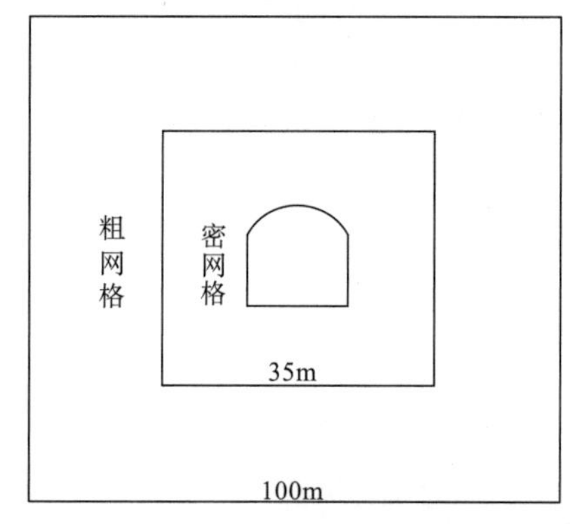

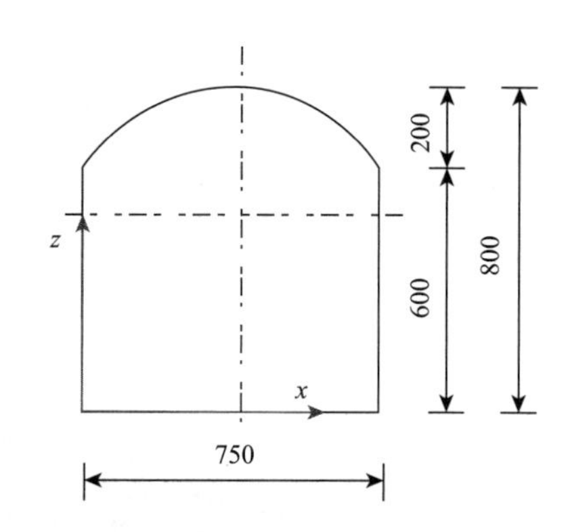

图 4.26　计算模型示意图和 F 试验支洞尺寸

表 4.3　围岩主要力学参数和地应力分量[250]

σ_x/MPa	−48.98	弹性模量 E/GPa		25.3
σ_y/MPa	−55.67	泊松比 v		0.22
σ_z/MPa	−66.16	黏聚力/MPa	初始 c_0	20.9
τ_{xy}/MPa	−2.52		残余 c_r	9.1
τ_{yz}/MPa	−0.30	摩擦角/（°）	初始 φ_0	22.4
τ_{xz}/MP a	7.17		残余 φ_r	42.0

同样的，板裂化破坏区域由塑性屈服区域和破坏接近度分布表示，如图 4.27 所示。综合图 4.27（a）和（b）所示结果表明，在边墙围岩距洞壁一定深度内为张拉型板裂化破坏，再往深部则为剪切型板裂化，二者中间为拉剪过渡破坏区域，由图 4.27（b）可见条带型严重破坏区域（FAI>5），与板裂化破坏形态相似，其分布与图 4.24 和图 4.25 所示一致；而在拱肩和底脚处，则以拉剪混合破坏板裂化和剪切滑移板裂化为主，其破裂形态与第 2 章中的图 2.6（b）是一致的。这说明，所建立的板裂化力学模型不仅可以用于确定围岩损伤区范围，也可以表明更精细的破裂机制。

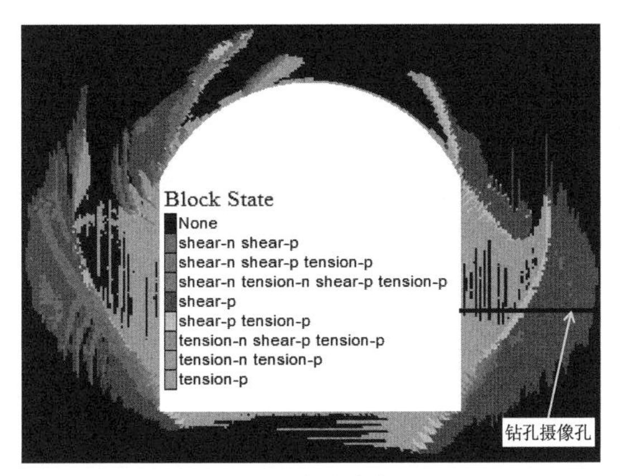

（a）塑性区分布

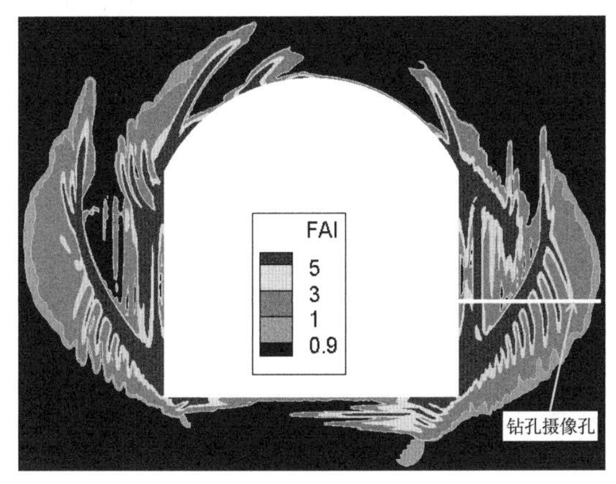

（b）破坏接近度分布

图 4.27　数值结算结果

需要说明的是，计算中对所用岩体参数的演化进行了简化和假设，也没有考虑爆破动荷载和卸荷的影响，计算结果中各板裂化类型的深度和范围只是一种规律性的体现，因此在本文中没有分析该结果。但是，数值计算所用参数是经过现场测试结果反演而得，计算结果中的塑性区分布范围和深度是和实测结果一致的。

4.3.3　计算参数和单元网格的影响

上述两个算例说明了所提出的板裂化力学模型的可行性，但也存在着两个问题：一是试验支洞 F 的计算结果中，边墙围岩内张拉型板裂化和剪切滑移型板裂化过渡处出现了一条破坏带，剪切型板裂化位于该破坏带下方（图 4.27（b）），这种板裂化分布形态是唯一的还是只是该计算条件下的结果？二是上述两个算例的单元网格都是非常小的，洞壁附近单元格最小尺寸为 0.038 m，单元总数量约 20

万左右，这对于模拟平面应变状态下的模型已是非常大的，当用此大小单元网格计算三维问题时，所需计算机硬件是非常高的，也是不易实现的，那么，单元网格大小对计算结果影响有多大呢？基于上述考虑，分别采用另一组参数（表 4.4）和不同单元网格尺寸（计算条件同试验支洞 F）进行了数值试验，结果分别如图 4.28、图 4.29 所示。

表 4.4　主要力学参数和地应力分量

σ_x/MPa	−29.7	弹性模量 E/GPa		15.0
σ_y/MPa	−23.3	泊松比 v		0.25
σ_z/MPa	−37.3	黏聚力/MPa	初始 c_0	15.0
τ_{xy} /MPa	0		残余 c_r	1.5
τ_{yz} /MPa	0	摩擦角/（°）	初始 φ_0	15.0
τ_{xz}/MPa	0		残余 φ_r	50.0

注：考虑抗拉强度非均质，非均质系数 m=5，抗拉强度均值 $R_t = 2$ MPa

（a）塑性区分布

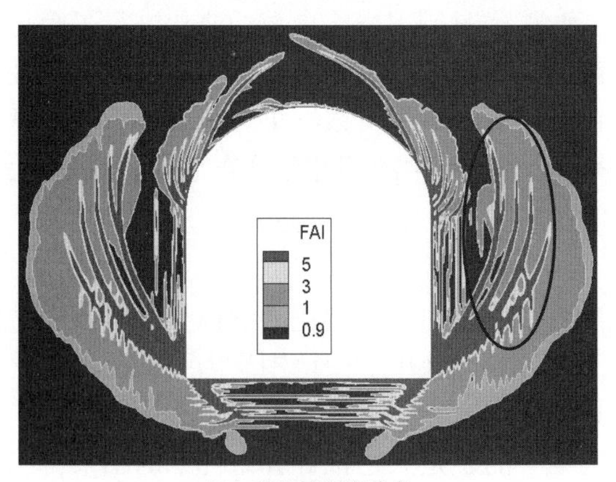

（b）破坏接近度分布

图 4.28　不同计算参数计算结果

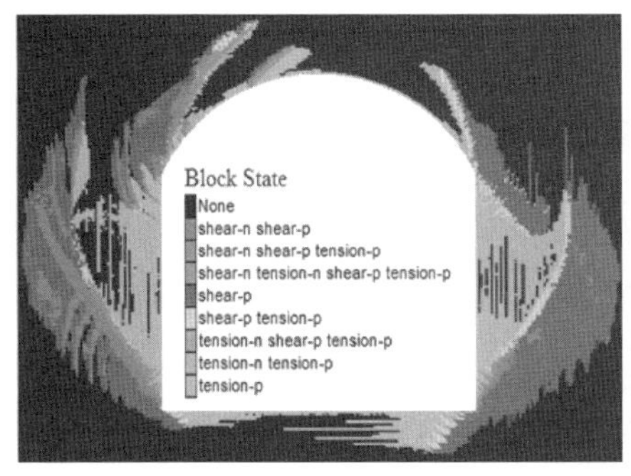

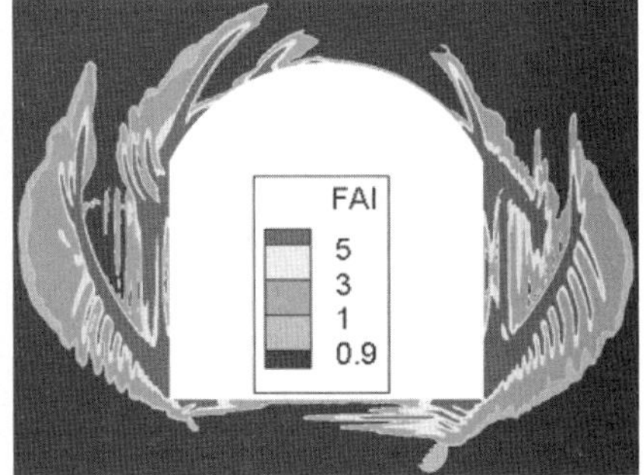

（a）最小单元尺寸 0.038 m，单元总数 202045

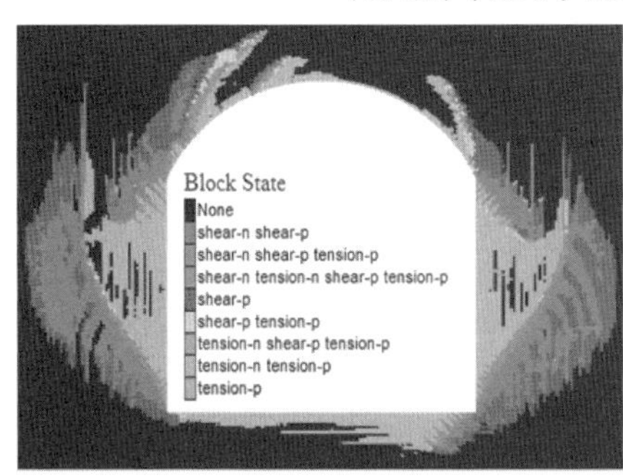

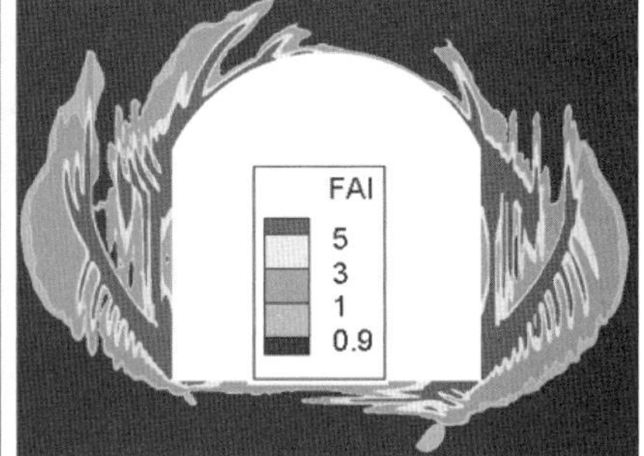

（b）最小单元尺寸 0.056 m，单元总数 137975

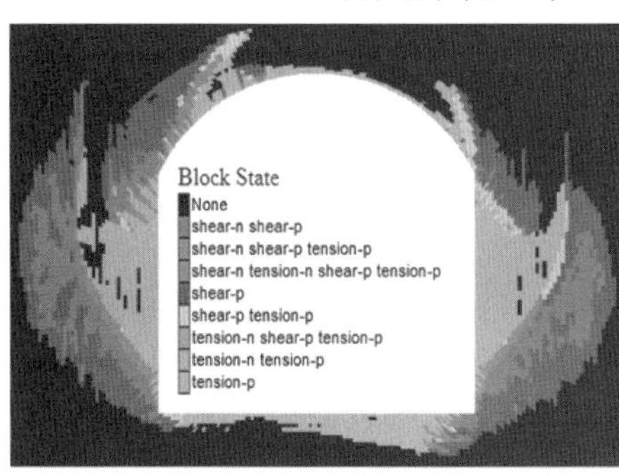

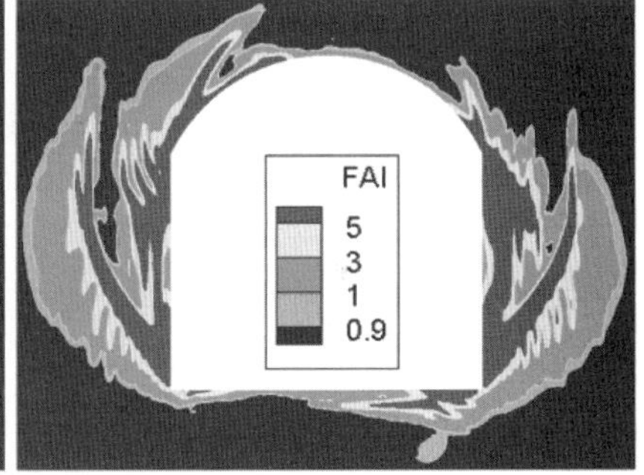

（c）最小单元尺寸 0.081 m，单元总数 67406

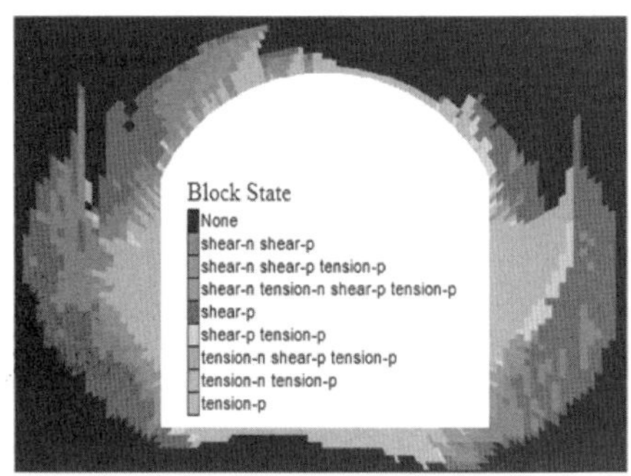

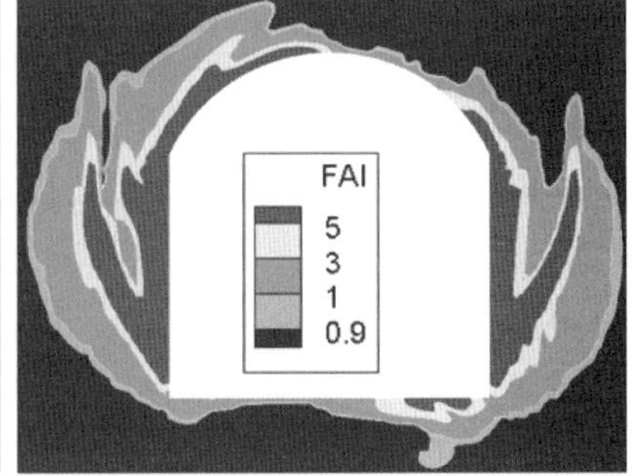

（d）最小单元尺寸 0.1 m，单元总数 31604

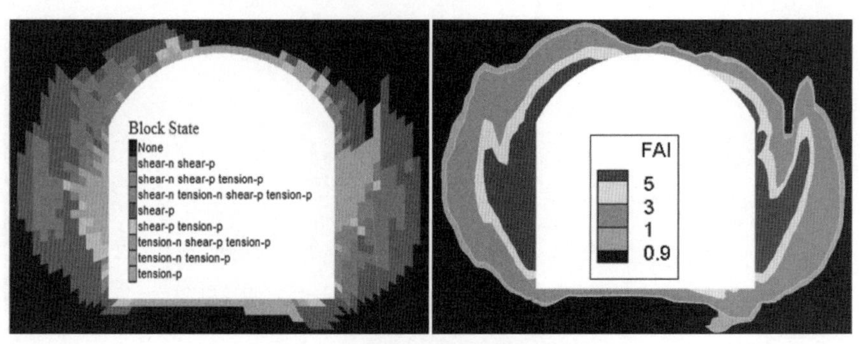

（e）最小单元尺寸 0.2 m，单元总数 11066

图 4.29　不同单元大小计算结果

图 4.28 表明，不同的条件（应力条件和岩体参数）会造成边墙围岩内不同的剪切滑移型板裂化形态，如图 4.28（b）中椭圆形标注区域，出现了一组近似平行的破坏条带，与板裂化形态一致；图 4.29 的计算结果则表明，计算单元网格尺寸的大小只会影响板裂化破坏区域和显示形态的精细程度，而不同类型板裂化破坏机制和范围相差很小，因此，实际应用中，可根据不同的需求选择合适的网格尺寸。上述结果进一步表明，本节所提出的板裂化力学模型的可行性和工程适用性良好。

4.4　小　　结

本章基于本文中提出的板裂化破坏类型、岩体脆性破坏机制以及岩体单元的断裂类型，将岩体计算单元的破坏假设为拉伸破坏、拉剪破坏和压剪破坏三类，并将岩体计算单元等效为室内试验中的单个岩样，自主研制了岩石多功能剪切试验测试系统，进行了大理岩试样的直接拉伸、拉剪和压剪试验，通过试验数据的分析，在弹塑性理论框架下，修正了 Mohr-Coulomb 屈服准则，建立了板裂化力学模型，并将力学模型嵌入到 FLAC3D 计算软件中。工程算例表明，所提的力学模型可以较好地反应围岩不同部位的板裂化破坏类型，且受网格尺寸大小影响较小，可适用于工程计算。

第 5 章　板裂化形态特征影响因素及影响规律

5.1　开挖断面曲率半径对板裂化形态的影响

断面几何形状是地下洞室设计的一个重要因素，选择合理的断面形状有利于提高洞室结构稳定性和降低围岩损伤程度，在保证安全的前提下降低工程造价。目前，国内外水工隧洞常用的断面形式有圆形、矩形、直墙圆拱形和蛋壳型[280]。董书明等[281]采用有限元分析计算的方法研究了这四种断面形式的隧洞围岩应力分布和位移分布情况，表明圆形为稳定性最优断面，但考虑到实际使用空间和效益，认为蛋壳型为最合理断面形式。其他学者的研究也表明[280-282]，蛋壳型或椭圆形为最优断面形式，但该种断面形式施工上存在困难，因此，实际工程中不乏圆形、直墙圆拱形等断面形式。采用非圆形断面，隧洞断面不同部位会存在不同的曲率半径，曲率半径影响围岩应力场的分布并引起不同的结构效应。顾金才等[283]在研究围岩分层断裂现象时，发现洞壁曲面半径大小决定着围岩是否发生分层断裂。Dae-Sung Cheon 等[284]在利用水泥砂浆试样制作的带孔洞的模型试样研究多轴应力条件下的洞壁破坏情况时，提到了洞周围岩强度比（洞周最大切向应力与单轴抗压强度之比）与开挖断面曲率半径有关。在第 2 章中就列出了大量的开挖断面不同曲率半径处围岩板裂化形态的照片，得出了开挖断面曲率半径与板裂化形态有如下关系：具有一定曲率半径段板裂化板裂面近似平行于该处洞壁面；曲率半径变化处，表层板裂化延续了与其连接段的板裂化形态，但里层板裂化板裂面则与洞壁面形成一定夹角。本章的主要目的则是深入研究开挖断面的曲率半径对围岩板裂化的影响规律和影响机制，为此，设计了室内物理模型试验，研究不同开挖断面的曲率半径洞室在平面应变加载条件下的板裂化形态特征。

5.1.1　试验概况

模型试验试样为长方体试样，试样中心为预制模拟洞室。试样浇筑尺寸为 $150\times150\times150$ mm，实际试验试样设计尺寸为 $150\times150\times75$ mm，由于实际试验试样尺寸由浇筑试样切割和断面磨平而成，故实际尺寸要小于设计尺寸。模拟洞室有两种：圆形洞室和直墙拱洞室。圆形洞室直径分别为 12 mm、20 mm、31 mm 和 36 mm；直墙拱顶洞室分别为跨度 20 mm、高度 30 mm 和跨度 34 mm、高度 46 mm 两种。浇筑试样见图 5.1。浇筑试样常规试验应力应变曲线和力学参数见图 5.2 和表 5.1。

(a)

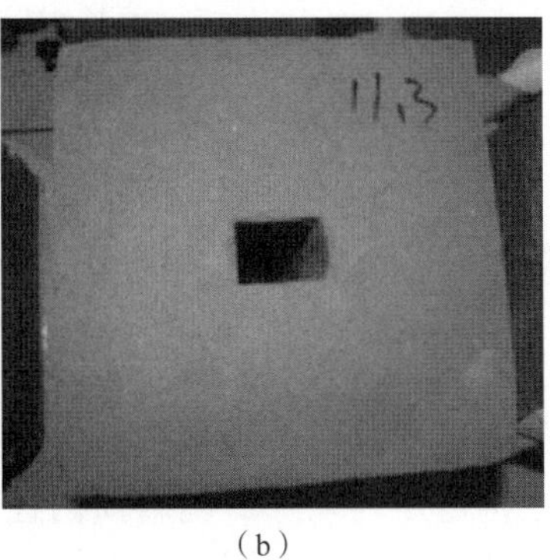

(b)

图 5.1　试样浇筑

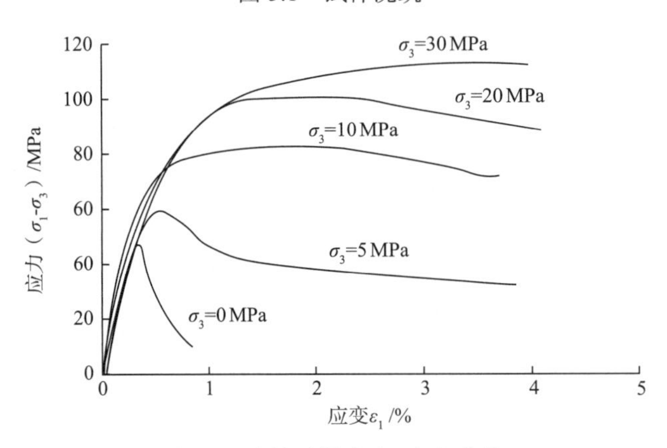

图 5.2　浇筑试样应力-应变曲线

表 5.1　试样物理力学参数

弹性模量 E/GPa	17.3	黏聚力 c/MPa	16.24
泊松比 ν	0.16	内摩擦角 φ/（°）	23.02
单轴抗压强度/MPa	47.65	抗拉强度 T/MPa	2.3

试验设备采用自行研制的组接式真三轴地下洞室模拟试验装置，该装置可约束一侧水平向位移，另一侧水平向采用千斤顶加压。其轴向加压仪器采用中国科学院武汉岩土力学研究所自主研制的 RMT-150C 电液伺服刚性试验机。整体设备见图 5.3。

图 5.3　试验设备

试验方案为轴向和侧向千斤顶同步等荷加载，加载到侧向力预定值时，继续加轴向荷载直至试样破裂。加载初始，旋紧水平向螺母，约束试样该侧水平位移，保证垂直洞室轴线平面为平面应变状态。试验结果显示，不同孔洞试样的侧向荷载为 8.35~8.77 MPa，竖直向荷载加载至 45.96~62.88 MPa 试样破裂，试样均为宏观裂缝贯通导致破坏。

5.1.2　试验结果

（1）如图 5.4 所示，不同孔径和孔型洞壁均出现了板裂化破坏形态，由于试验是加载至试样宏观破裂时停止，故洞壁上的板片有的都已脱落，在洞壁上形成了 V 形坑。

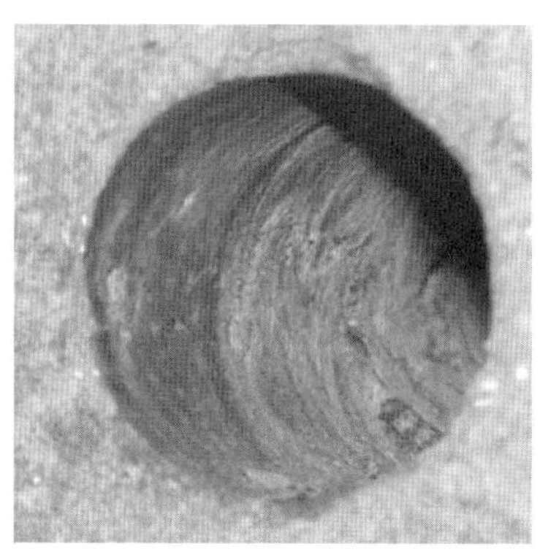

（a）B12-1（d=12 mm）

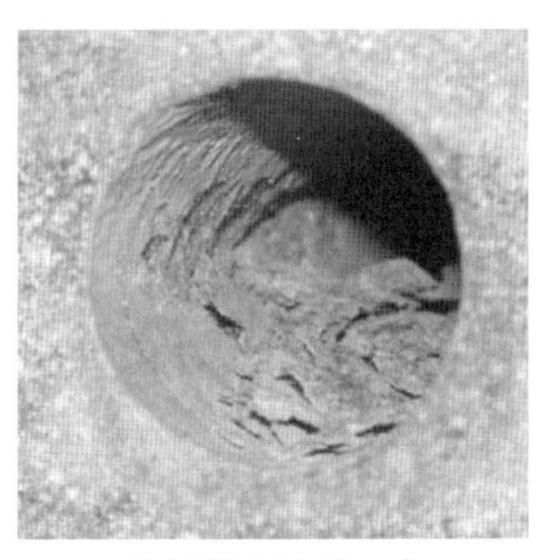

（b）B20-2（d=20 mm）

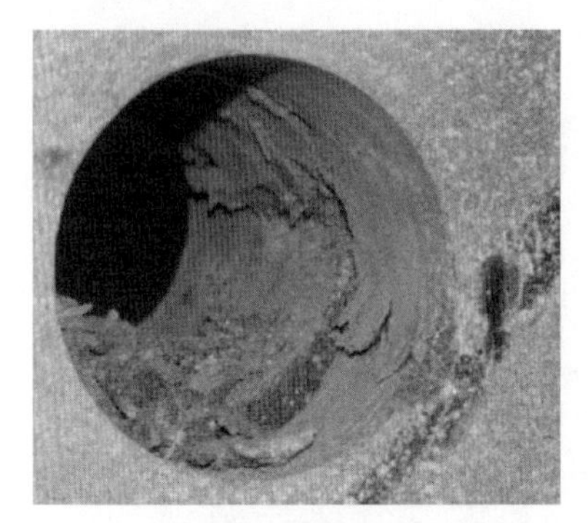

（c）B31-2（d=31 mm）

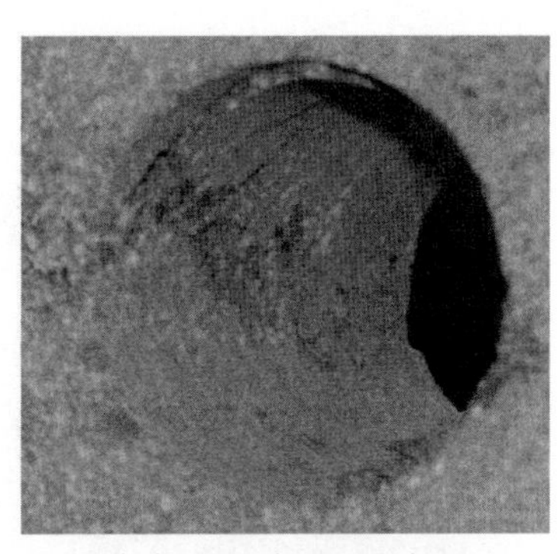

（d）A36-1（d=36 mm）

（e）B23-2（宽 20 mm 高 30 mm）

（f）B34-2（宽 34 mm 高 46 mm）

图 5.4　不同孔径洞壁破坏形态

（2）随着洞径的增大，板裂化由单层卷曲形态逐渐转为多层板裂片形态，板裂化碎屑尺寸成增大趋势（见图 5.5），V 形坑深度也有所增大，而试样最终破坏时的竖直向荷载则有所降低。各孔径和不同孔型的碎屑均表现出中间厚两端薄的楔形体特征，圆形孔洞板裂化碎屑易在中间处断裂，且整片碎屑易于掰断，其颗粒间黏聚力减弱。直墙拱式板裂楔形体两端较薄处易于掰断，中间较厚处强度则很高。

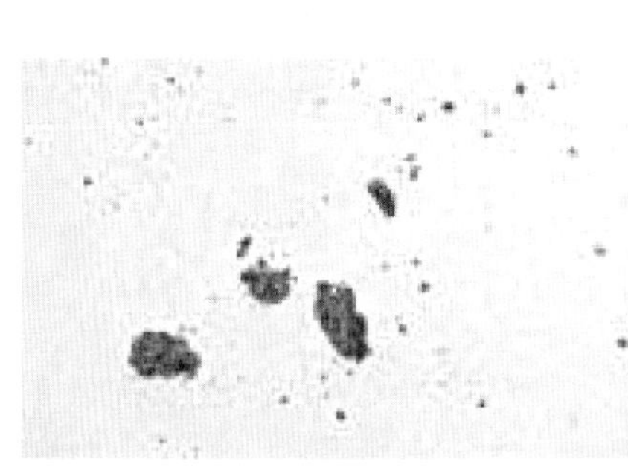

（a）B12-1

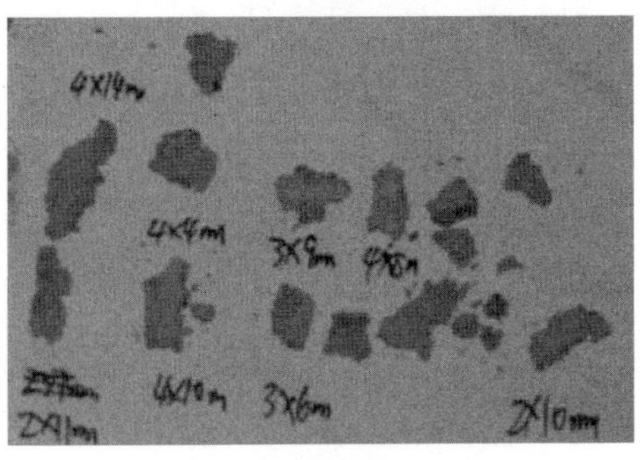

（b）B20-2

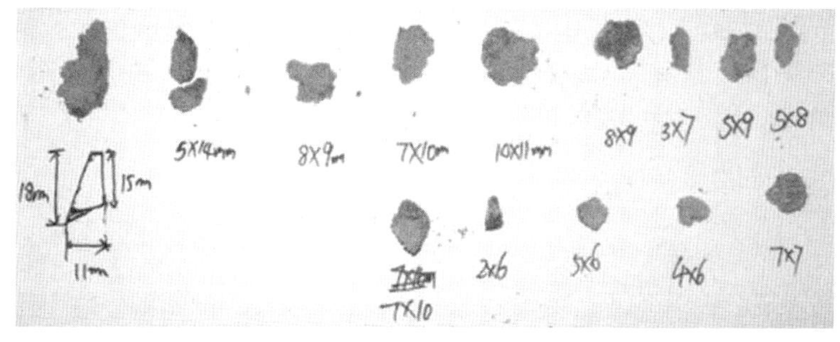

（c）B31-2

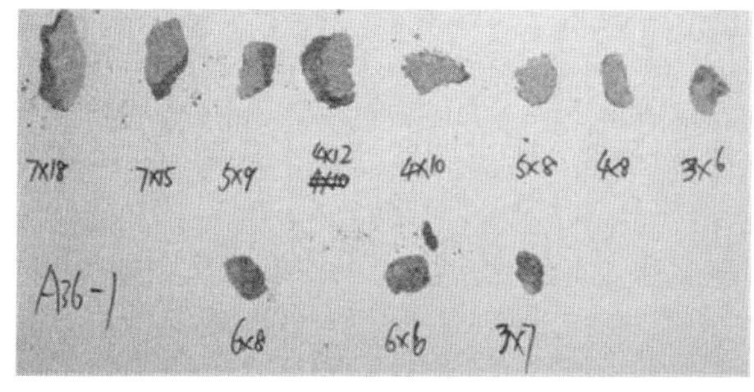

（d）A36-1

图 5.5　圆形孔洞洞壁剥落碎屑

（3）由板裂化破坏的碎屑和 V 形坑壁上的细观特征可发现，随着曲率半径的增大，板裂化破坏面由剪切滑移为主逐渐转为以拉伸破坏为主，孔径在 20 mm 时，碎屑破坏面上可见有反光点（试样浇筑时使用的细石英砂）且表面干净无水泥的摩擦粉末，孔径增大，碎屑破坏面反光点密度也增大。试验中最小洞径为 12 mm，大于 12 mm 的试样洞壁板裂化形态和破裂的力学机制是相似的。

（4）直墙拱板裂化破坏面，从图 5.6（a）所示的箭头方向观察时可见点式分布的剪切摩擦粉末痕迹，而垂直于破坏面观察时则可见拉断裂面的反光点。图 5.6（b）为内层板裂片，端部可见明显的剪切滑移痕迹。

（a）剪切摩擦粉末痕迹

（b）剪切滑移痕迹

图 5.6　直墙拱孔洞洞壁剥落碎屑

（5）直墙拱孔洞断面是由不同曲率半径段组成，边墙壁与拱顶及底边连接处为曲率半径转折处。由于试样尺寸较小和采用的加载方式，在曲率半径转折处只有一条以剪切滑移为主的破坏线，并向试样上下两端延伸，见图 5.7，并没有出现工程中的一组以剪切滑移为主的板裂破坏面。

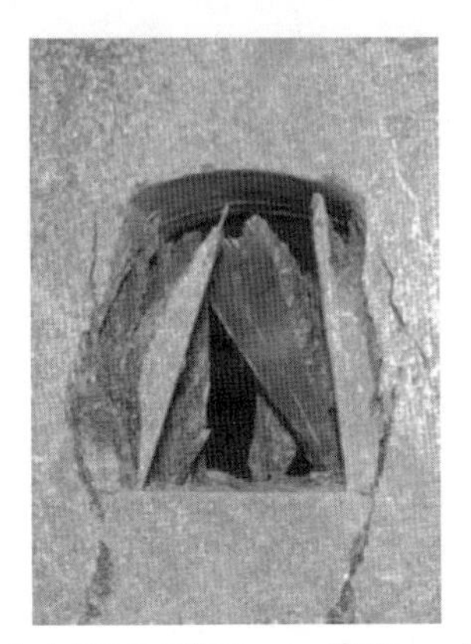

（a）B23-2（宽 20 mm，高 30 mm）

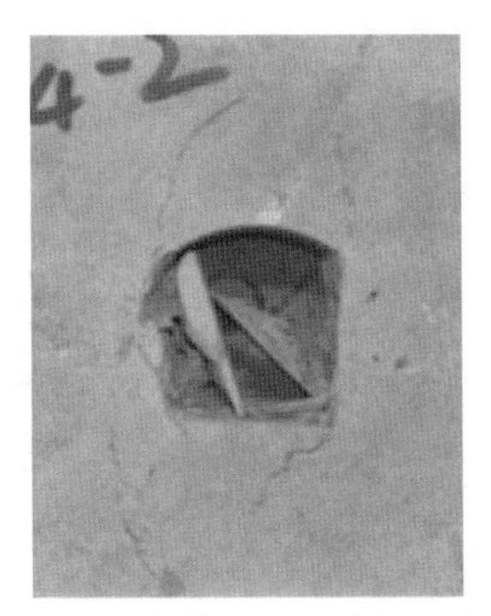

（b）B34-2（宽 34 mm，高 46 mm）

图 5.7 拱肩和拱脚处破坏

5.1.3 开挖断面曲率半径对板裂化的影响分析

工程和试验中的现象均表明，开挖断面的曲率半径对围岩板裂化形态影响甚大，尤其是洞室同一断面是由不同曲率半径段组合而成，这种影响更为明显。试验结果显示，开挖断面的曲率半径不同，板裂化机制是不同的，随曲率半径的增大，板裂化由剪切滑移为主转变为拉伸破坏为主，板裂化碎片显示出明显的尺度效应。由圆形孔洞周围的应力场解析解[285]可以看出，洞壁应力场与孔径无关，围岩内应力场分布尺度有差异，但分布形式是相似的。综合试验结果和已有研究，开挖断面的曲率半径对围岩板裂化的影响机制表现为两个方面：尺度效应和结构效应。

尺度效应是指随着曲率半径增大（如前文中圆形洞室的半径），洞周围岩应力场和板裂化破坏尺寸相应的增大；结构效应是指由于曲率半径的存在引起的板裂化板片具有一定的曲率，引起了板裂化破坏过程中应力场的改变。二者并不是相互独立的，曲率半径较小时，尺度较小，结构效应不明显；曲率半径增大时，尺度增大，结构效应发挥作用。从宏观上定性来看，尺度效应决定着板裂化的破坏范围；结构效应则在板裂化形成过程中和形成后起关键作用，基本决定了板裂化的最终形态和主要破裂机制，以及影响着板裂化的后续破坏，如完整岩体的板裂化岩爆以及岩爆等级等。

如图 5.8（a）所示，在本节模型试验加载条件下，洞壁板裂化发生在水平加荷方向一 V 形区域内。曲率半径（圆孔半径）较小时，V 形范围很小，切向应力和径向应力集中区域接近孔壁，孔壁围岩发生切向压缩和径向膨胀，由于曲率的存在，孔壁一定范围内围岩形成一拱形结构，当某处发生屈服，拱形结构有脱离孔壁的趋势时，该拱形结构会产生向围岩内的弯曲变形。随着曲率半径的增大，初始破坏面增多，形成的拱形结构曲率越大，向围岩内的弯曲变形减小，围岩壁径向位移增大，板裂化板片更易脱落。孔壁上围岩达到抗剪强度时破坏，产生裂纹，形成如图 5.8（b）所示的卷曲形态。卷曲板裂片的中心部分并未脱离孔壁，对该处内部围岩形成一定的支护作用，在此加载条件下达到平衡，围岩不再破坏。图 5.8（c）则可见内层未脱落板裂片。

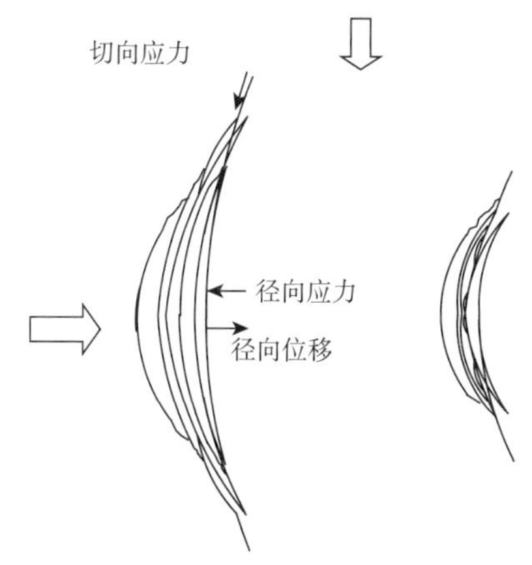

（a）板裂化形成过程示意图

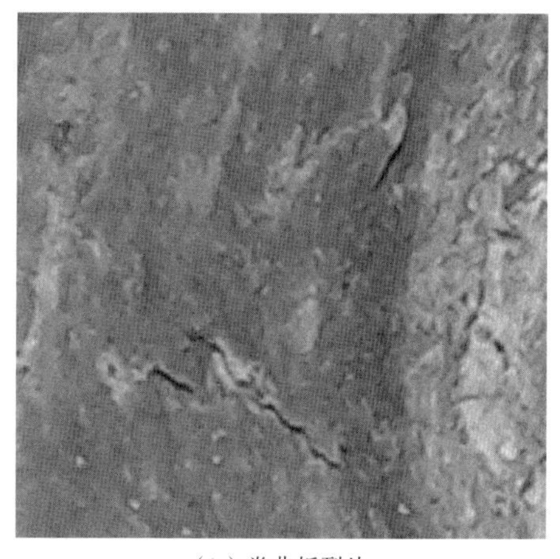

（b）卷曲板裂片

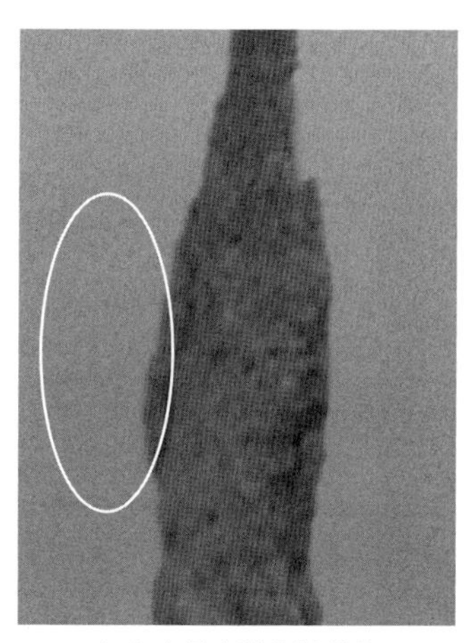

（c）内层未脱落板裂片

图 5.8　曲率半径影响机制示意图

已剥落的碎屑强度降低，用手可轻易掰断，可见，在板裂面形成之前整个 V

形区域内大部分发生了塑性屈服。

图 5.9 为直墙拱洞室围岩板裂化破坏的数值模拟计算结果，图中所示为洞壁周边塑性区的分布与破坏机制，在直墙壁处（无穷大曲率半径）可见明显拉伸破坏板裂化，而在拱顶和拱肩处（曲率半径转折处）则是明显的剪切滑移为主的板裂化破坏。

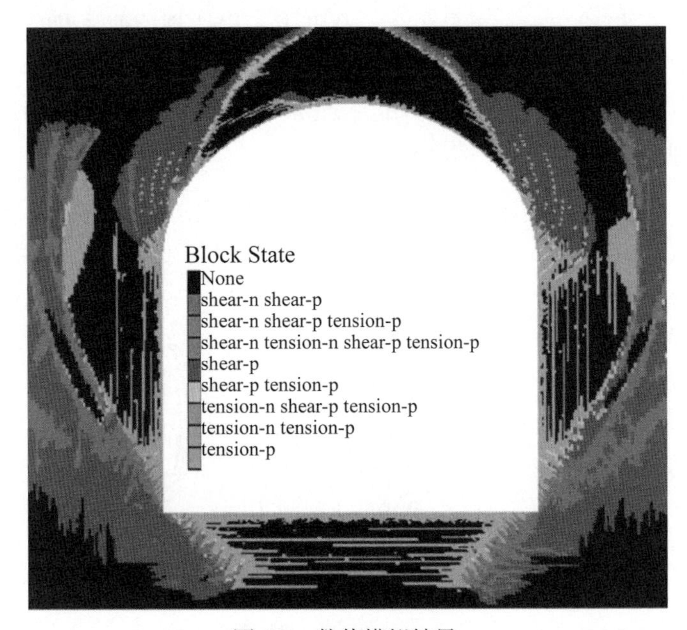

图 5.9　数值模拟结果

需要说明的是，影响板裂化破坏机制和形态的因素有很多，曲率半径只是其中之一，且曲率半径的影响只对洞周围岩一定深度内起作用，在围岩深部，岩体处于较高的围压状态，其主要破坏机制为剪切破坏，开挖断面曲率半径的影响会逐渐减弱。

5.2　基于数值计算结果的板裂化影响因素分析

围岩板裂化的破坏形态受多种因素影响，这些影响因素的影响规律和影响机制有的可以通过试验进行研究，有的则在现有试验条件下难以实现，必须借助于数值模拟手段进行。为便于叙述，在此对数值计算模型和模型所用参数进行统一说明。本节主要考虑了地应力场、岩体空间变异性和开挖过程对板裂化形态的影响，除开挖过程影响所用模型为三维外，其他均为平面应变模型。所用模型参数除所考虑的因素外，其余均为第 4 章中的算例“锦屏二级水电站试验支洞 F”的参数。

5.2.1　地应力对板裂化形态的影响

地应力场对板裂化形态的影响表现在两个方面，一是地应力数值的大小和侧压系数；二是主应力方向。这两者决定了不同类型板裂化发生的深度和位置。理论分析和现场研究都表明[82]，在较完整的硬岩中，地下隧洞或探洞围岩脆性破坏的空间位置与横断面上的最大主应力方向都有一个较好的对应关系，即围岩脆性破坏一般都发生在与横断面上最大主应力方向近似垂直的方向上，如图 5.10 所示。

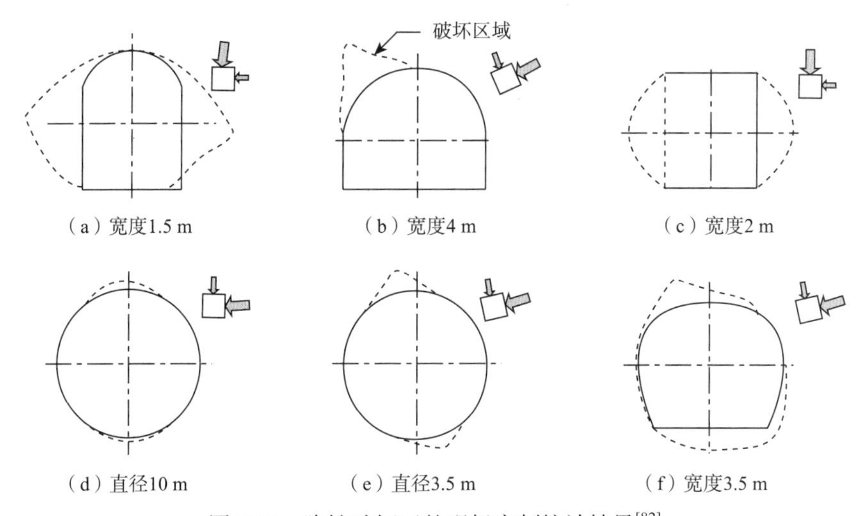

图 5.10　脆性破坏区的现场案例统计结果[82]

本节则采用数值计算手段考虑了不同侧压系数和不同主应力方向对围岩板裂化破坏的影响，计算采用平面应变模型，岩体参数和模型尺寸与上文一致。侧压系数（即水平应力与垂直向应力的比值）考虑了 1、0.74、0.6、0.5 四个变化，主应力旋转只考虑了平行于隧洞断面的主应力方向的旋转，考虑到显示效果，选用侧压系数为 0.6，主应力分别旋转 0°、30°、45°、60°、90°五个角度。计算结果如图 5.11 和图 5.12 所示，由图可以看出，计算结果与图 5.10 的现场统计结果是一致的。

（a）侧压系数为 1

（b）侧压系数为 0.74

（c）侧压系数为 0.6

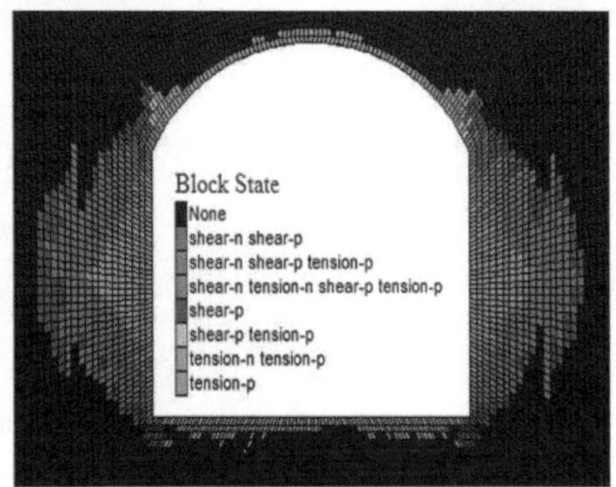

（d）侧压系数为 0.5

图 5.11　不同侧压系数计算结果

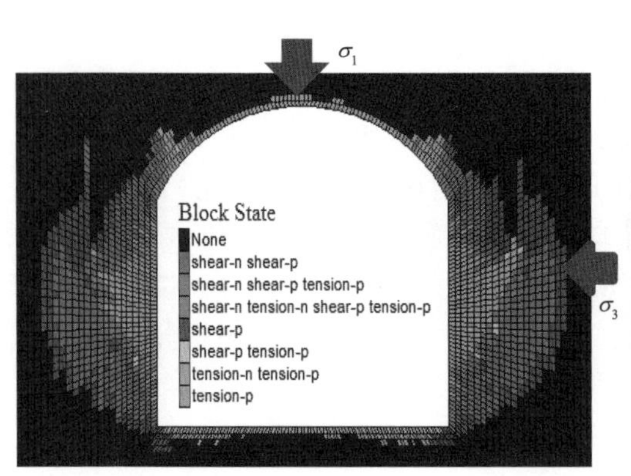

（a）初始主应力方向（0°）

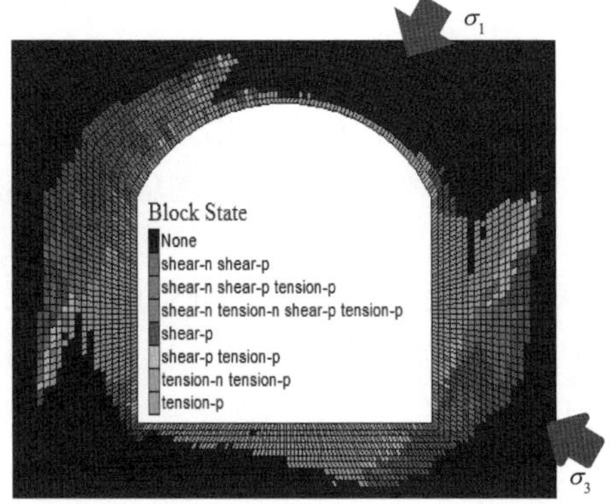

（b）旋转 30°

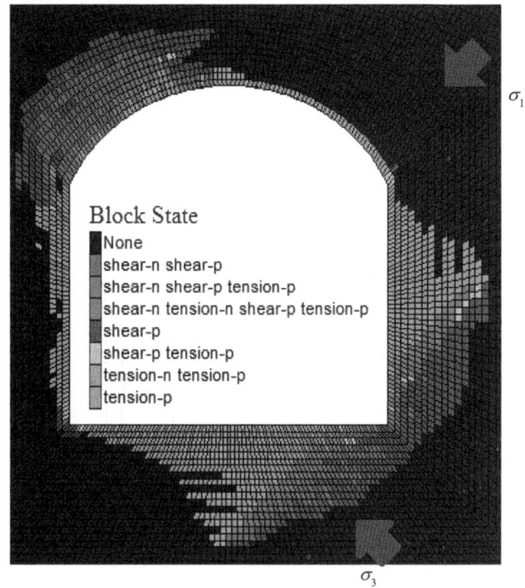

（c）旋转 45°

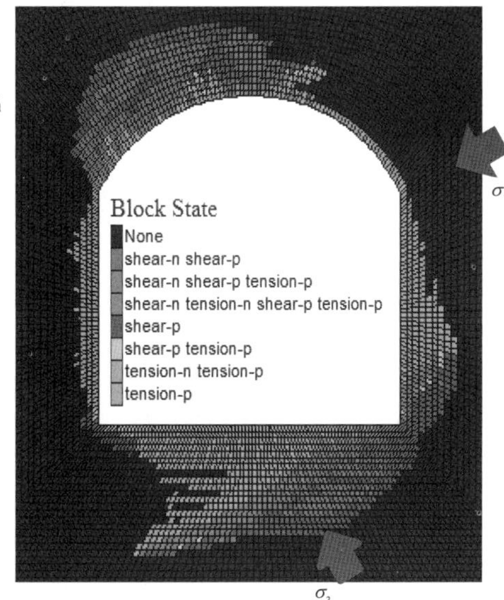

（d）旋转 60°

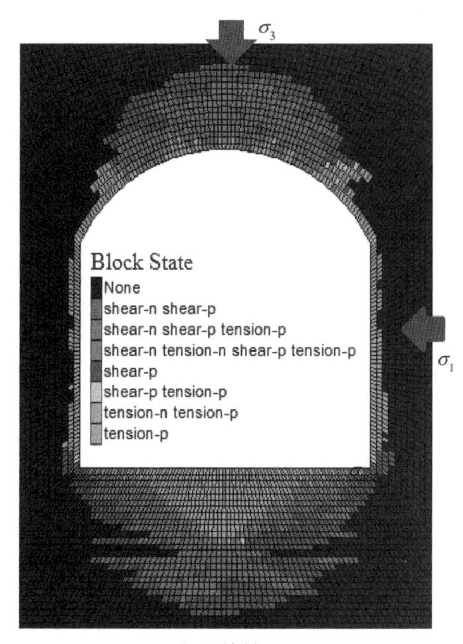

（e）旋转 90°

图 5.12　不同主应力方向计算结果

应力场对板裂化的影响主要表现在板裂化不同破坏类型的范围和位置。如图 5.11 所示，随着侧压系数的降低，板裂化破坏区域逐渐聚拢为 V 形，靠近边墙洞壁处为张拉型板裂化区域，也呈 V 形；拱肩和边墙围岩深部为剪切滑移型以及张拉-

剪切滑移型板裂化区域。图 5.12 则说明了围岩脆性破坏一般都发生在与横断面上最大主应力方向近似垂直的方向上，也验证了 5.1 节中所述的曲率半径对围岩板裂化的影响，计算结果与图 5.13 和图 5.14 所示的两个案例一致。图 5.13 和图 5.14 左侧图为 PHASES 软件的计算结果，Ortlepp 认为 PHASES 模型不能产生张拉板裂化过程，而在工程中张拉板裂化是存在的。

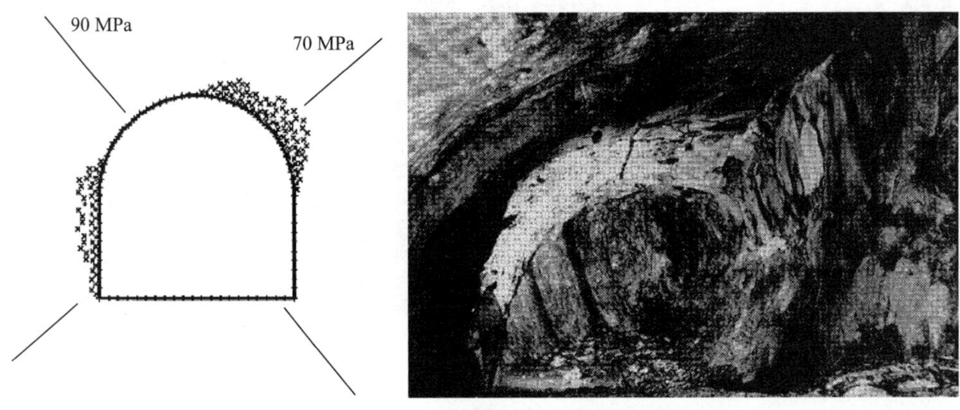

图 5.13　南非金矿（埋深 2 700 m）[31]

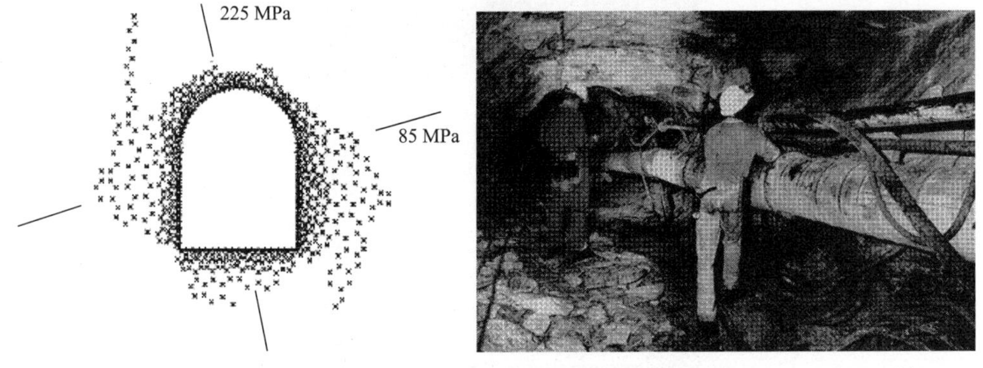

图 5.14　南非东兰德矿山埋深 3 250 m 的石英岩试验隧洞（Ortepp and Gay（1984））

5.2.2　岩体空间变异性对板裂化形态的影响

岩体空间变异性是指岩体的非均匀性，包括岩体力学参数的非均质性和不同产状的结构面。岩石中不同矿物颗粒和微结构造成的非均质性的存在，将引起材料的应力分布局部集中和变形的局部化，这是导致裂纹相互作用和扩展贯通方式复杂性的根源。由于非均质性的影响，裂纹的扩展路径变得断续、粗糙和曲折，导致岩石在比完全无缺陷时所能承受的拉应力或压应力低得多的应力值的作用下破坏，大大降低了其强度。在工程尺度上，非均质性导致岩体中单元破坏的离散性，破坏单元承载能力的降低造成了周围单元的应力集中，从而造成了岩体松动和破坏范围的变异。由于岩体中有结构面的存在，使岩体与完整岩石的力学特性之间有很大的差异，造成了岩体的不连续性和各向异性。结构面的类型有很多，本节中考虑了锦屏二级水电站现场揭露最多的硬性结构面，分析了其对板裂化破坏的影响。

1. 力学参数的非均质性对板裂化的影响

本节所建立的板裂化数值模拟方法已包含了抗拉强度的非均质性，并说明了抗拉强度的非均质性对张拉型板裂化形成的重要性。为对比下结果，图 5.15 为均质抗拉强度下的计算结果。可见，抗拉强度的非均匀性对靠近洞壁处的张拉型板裂化影响比较大。此外，还考虑了摩擦角和残余摩擦角的非均质性对围岩板裂化的影响，模型参数和边界条件如表 4.4 所示，计算结果如图 5.16 所示，可见摩擦角的非均质性对剪切滑移型板裂化的形态影响显著。值得一提的是，对于直墙拱洞室，当同时考虑抗拉强度和摩擦角非均质的影响时，计算结果趋向不稳定，但对于岩体实际材料，这两种非均质是同时存在的，如何考虑两个参数非均质的耦合效应，需要进一步研究。

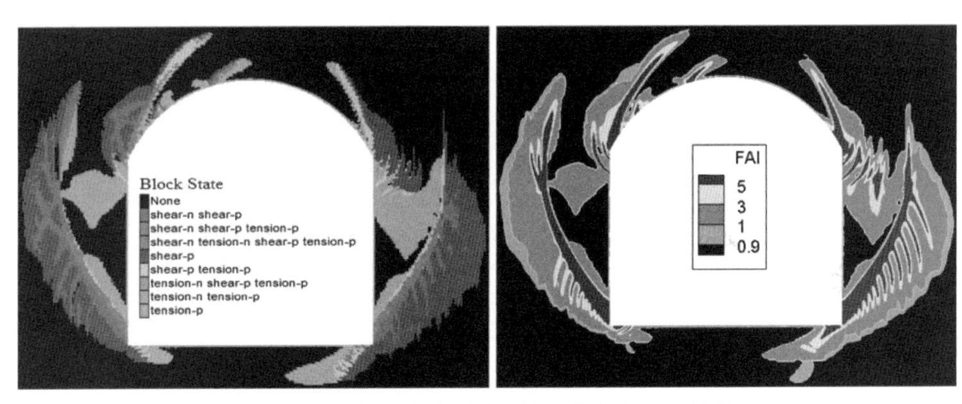

图 5.15　抗拉强度均质的塑性区分布和 FAI 结果

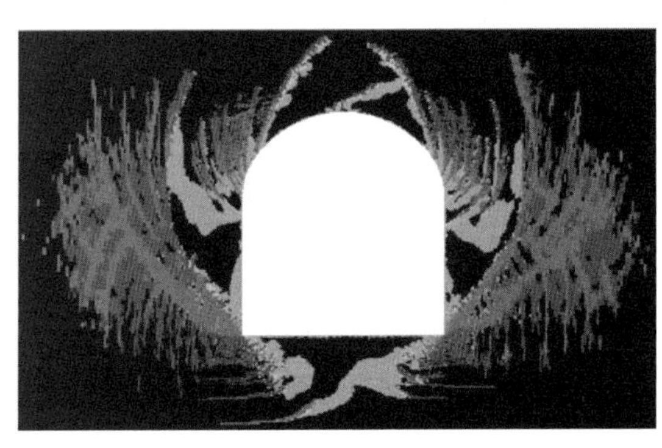

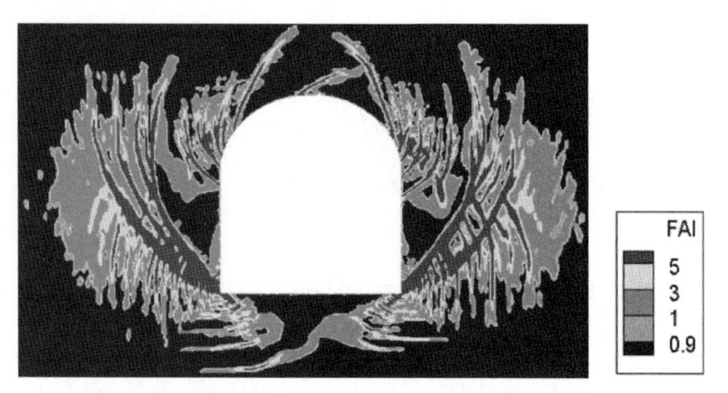

图 5.16 摩擦角和残余摩擦角非均质的塑性区分布和 FAI 结果（后附彩图）

2. 不同产状结构面对板裂化的影响

结构面的存在对围岩脆性破坏的影响是一个重要的课题，也是未来深部岩体工程中需要解决的一个关键问题。锦屏二级水电站工程现场揭露了大量的硬性结构面，结构面的存在造成了结构面型岩爆的发生。吴文平[286]分析了硬性结构面型岩爆的机理，在高应力条件下，原岩中的结构面趋于闭合，结构面自身的变形和破坏作用逐渐减小，同时，结构面附近的应力与能量集中成为岩爆的诱发因素。同样地，结构面的存在也会影响板裂化的发生，本节则采用数值计算手段研究单一不同产状结构面对板裂化的影响。结构面采用弱化薄层单元模拟，力学模型采用 Mohr-Coulomb 屈服准则。结构面产状考虑了不同角度、长度和位置，示意图见表 5.2，命名规则为："du" 表示结构面与水平轴向方向的夹角，"m" 表示结构面在水平轴向上的投影长度，"d" 表示结构面距离边墙洞壁的距离，"gj" 表示拱肩；"zuozhuan" "youzhuan" 音译 "左转" "右转"，表示同一位置结构面左右旋转的方位。计算结果如图 5.17 所示。

表 5.2 结构面产状示意图列表

名称	示意图	名称	示意图	名称	示意图
30du1.5m		30du3m		30du5m	
45du1.5m		45du3m		45du5m	

续表

名称	示意图	名称	示意图	名称	示意图
60du1.5m		60du3m		60du5m	
d0.5m		d1.5m		d2.5m	
d4m		d2.5zuozhuan		d2.5youzhuan	
gj70du1.5m		gj70du2.5m			

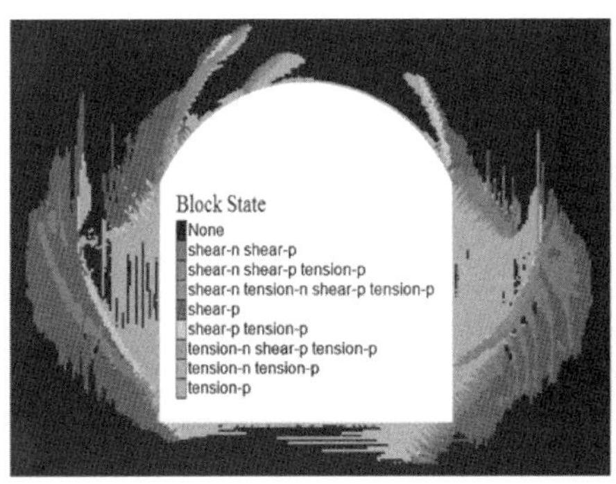

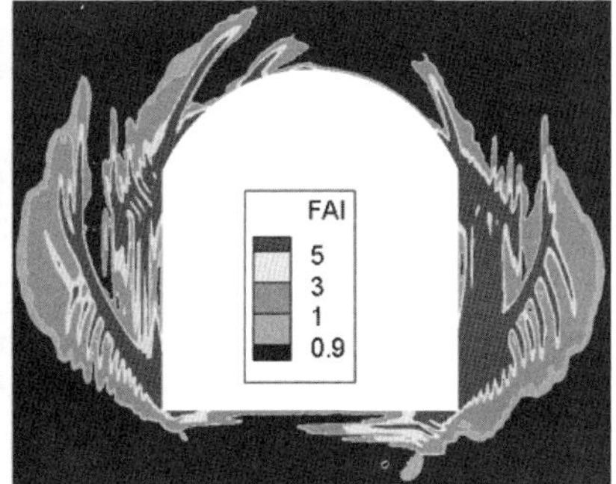

（a）30du1.5m

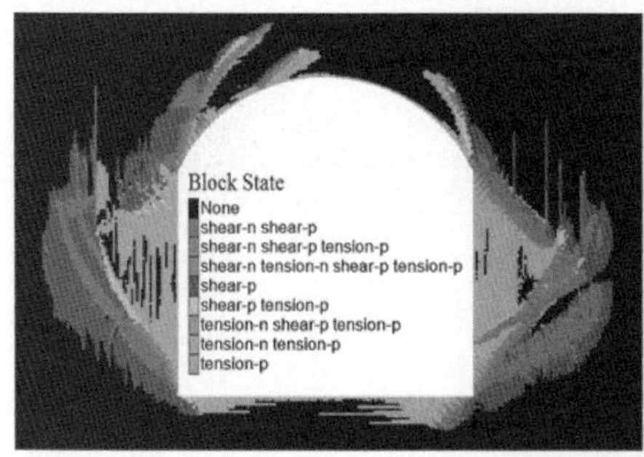

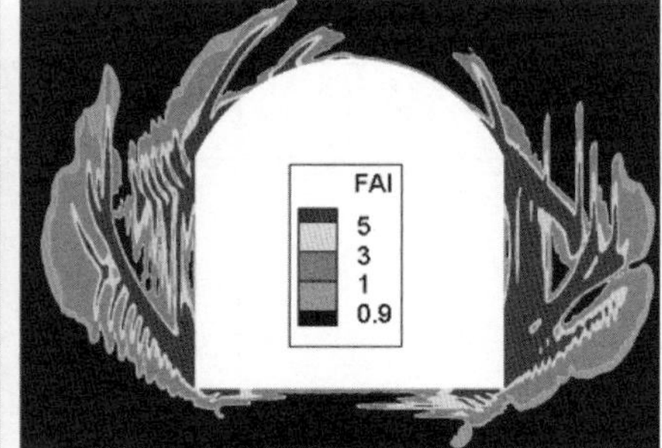

（b）30du3m

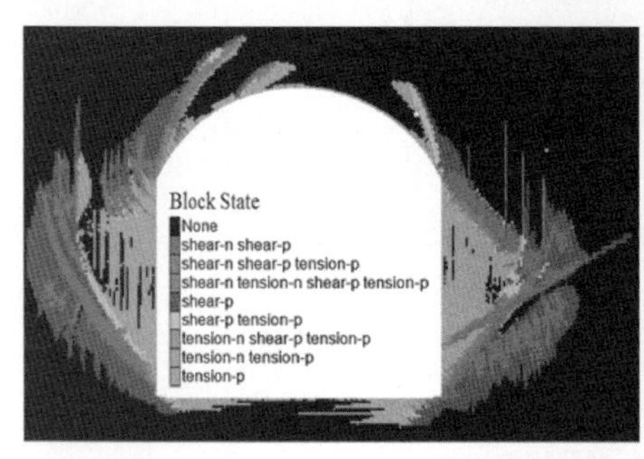

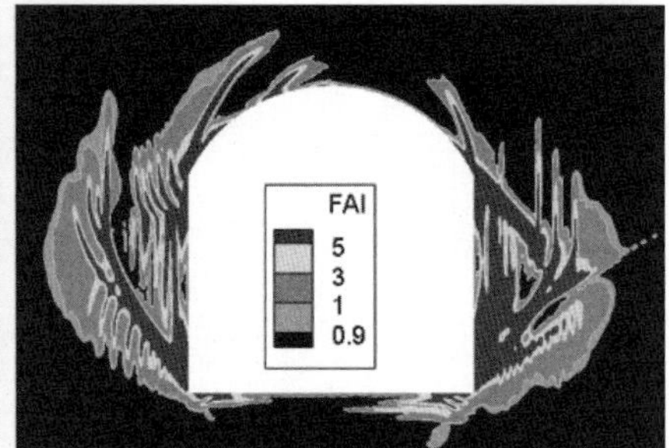

（c）30du5m

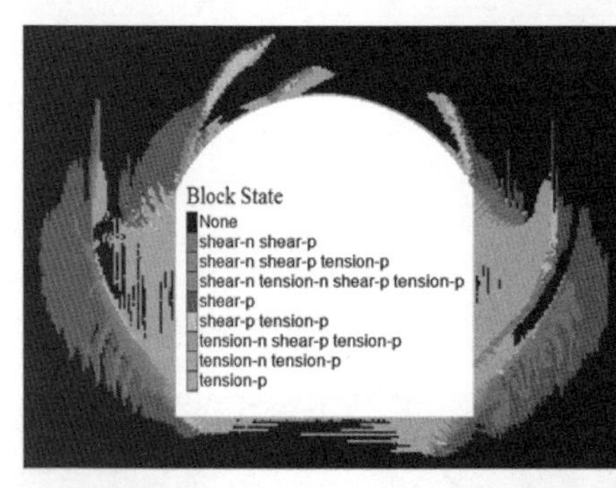

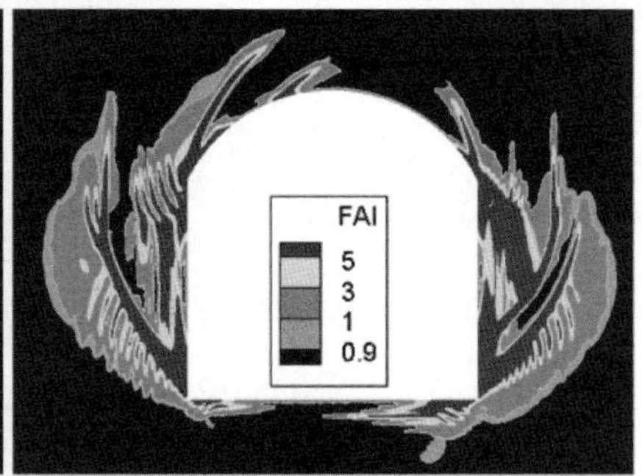

（d）45du1.5m

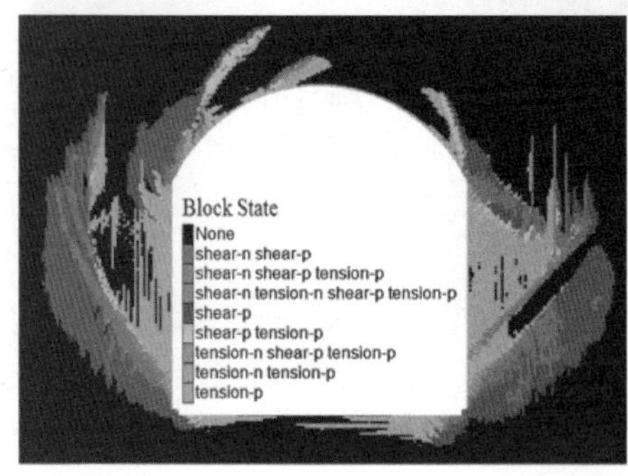

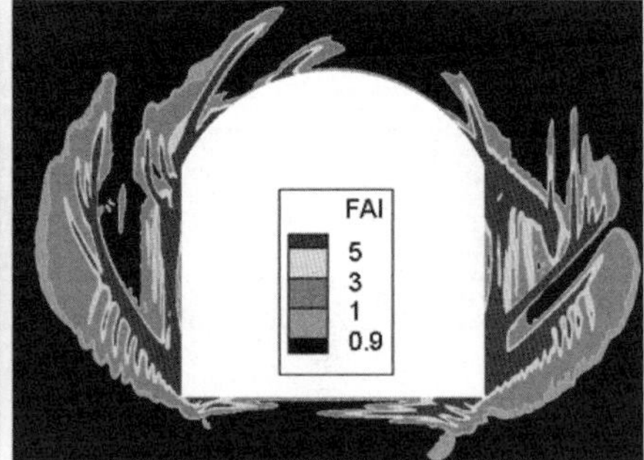

（e）45du3m

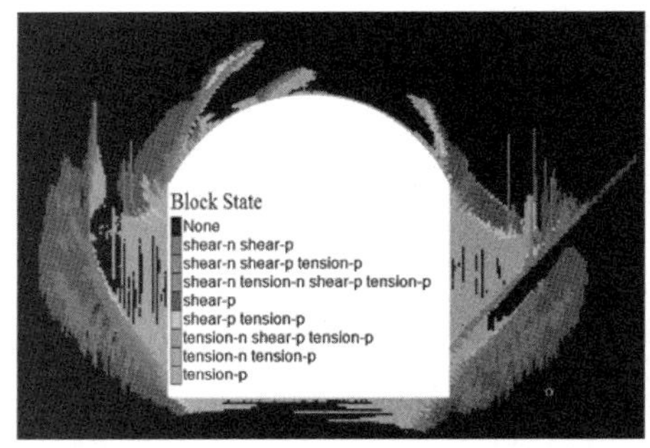

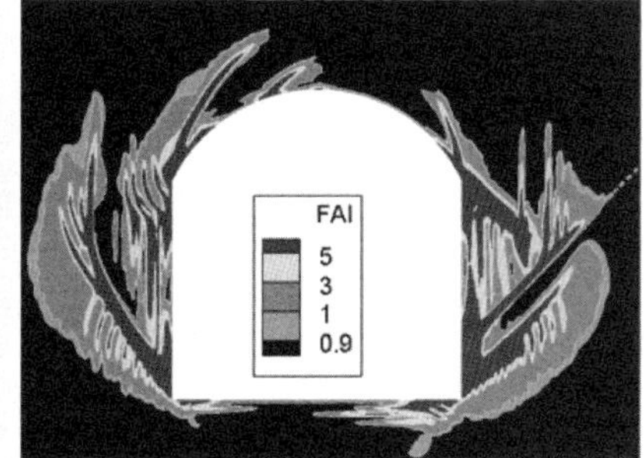

（f）45du5m

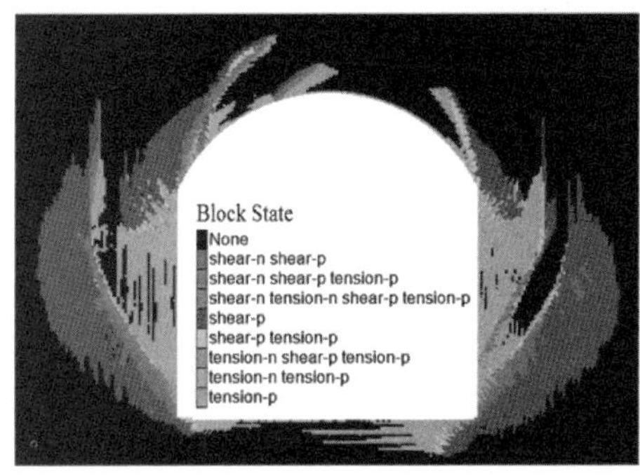

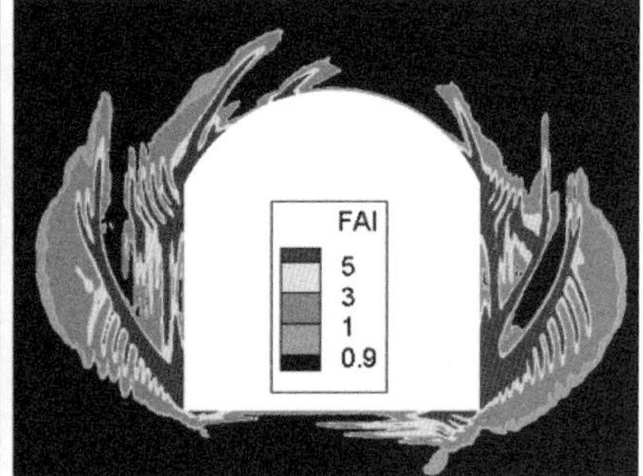

（g）60du1.5m

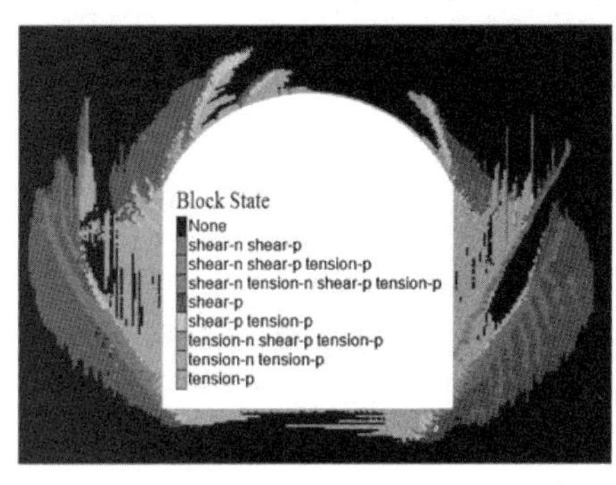

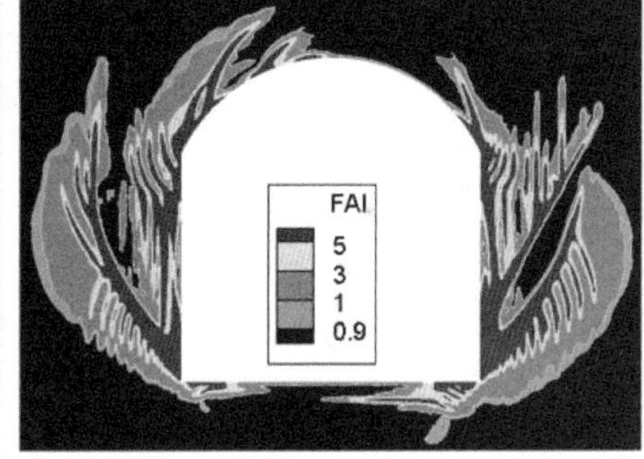

（h）60du3m

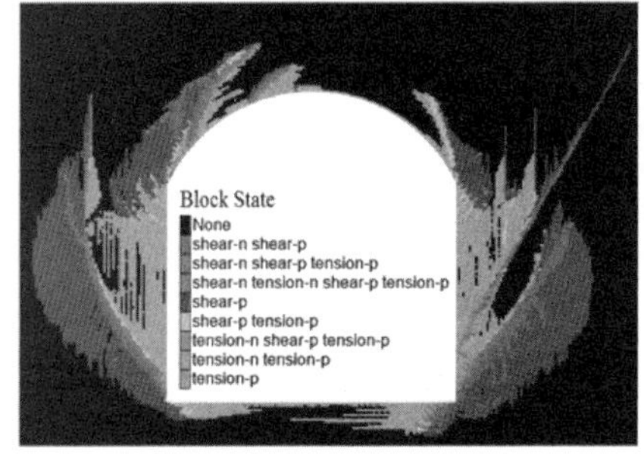

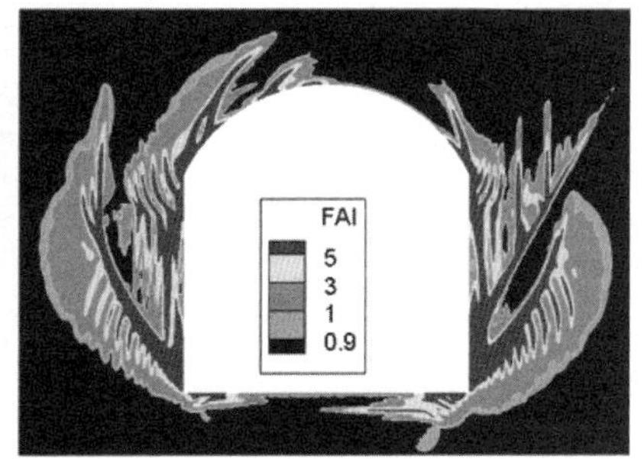

（i）60du5m

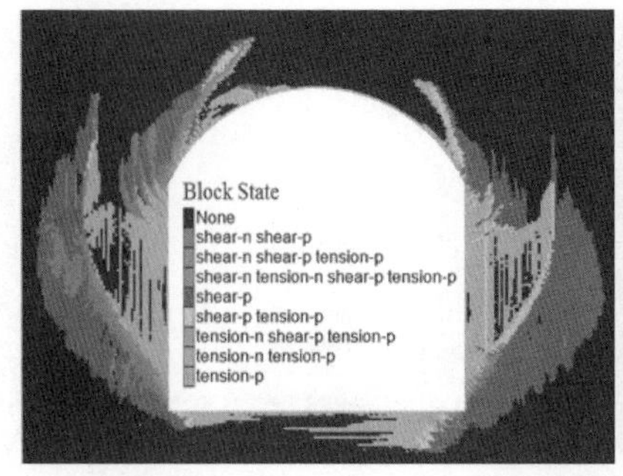

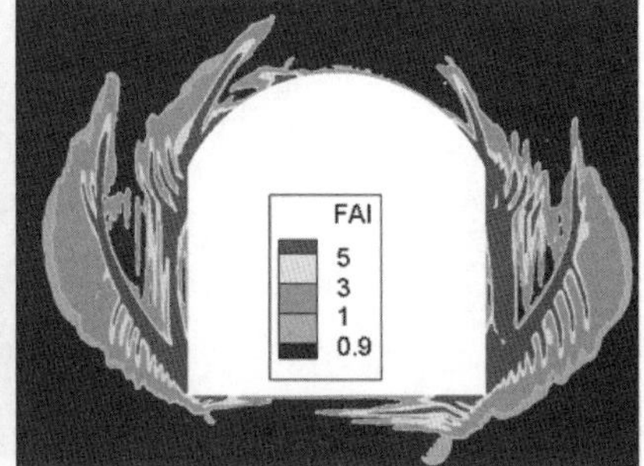

（j）d0.5m

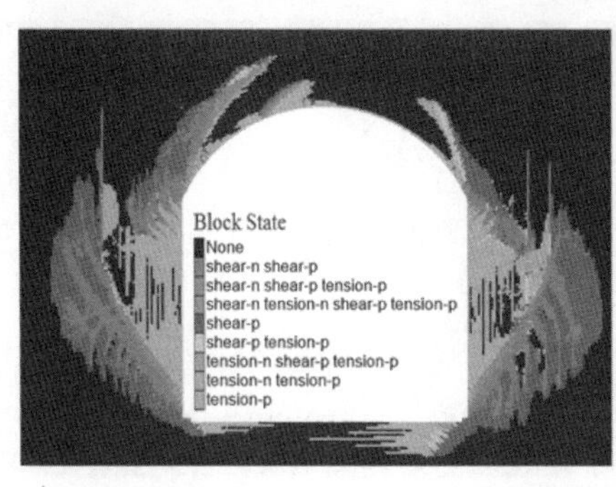

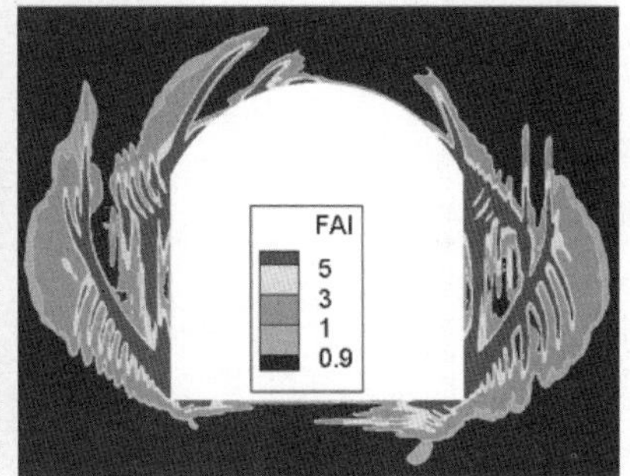

（k）d1.5m

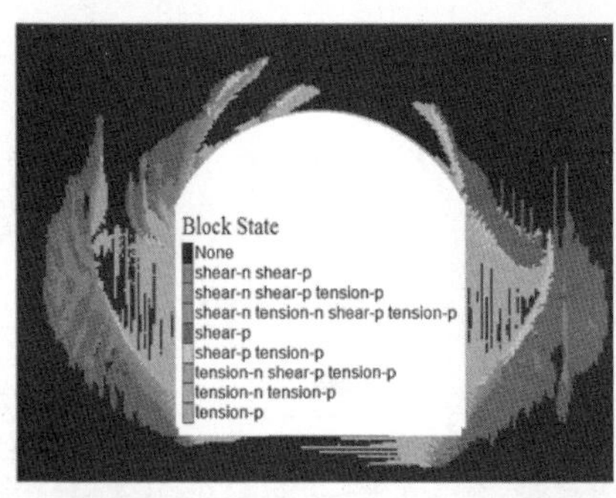

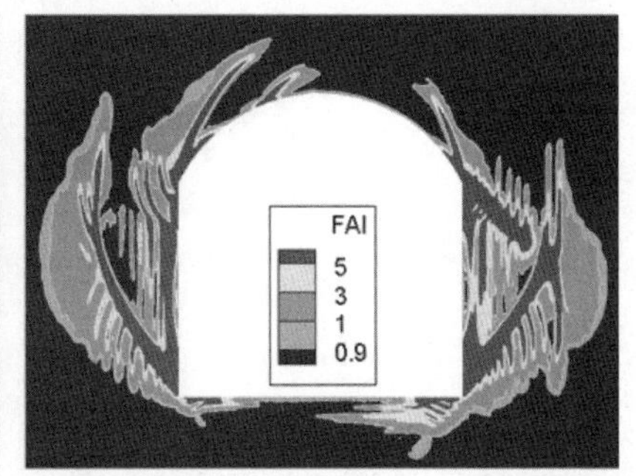

（l）d2.5m

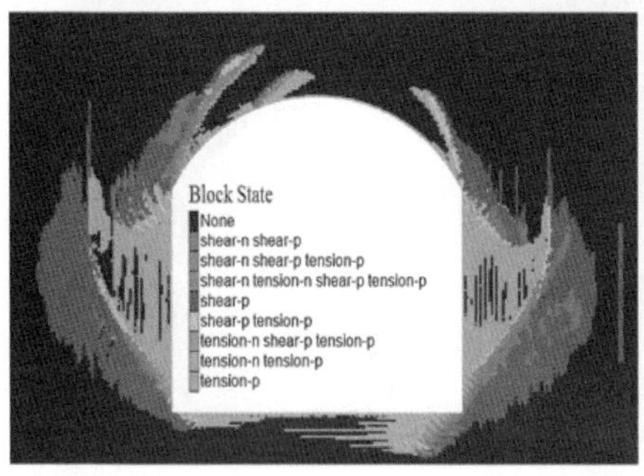

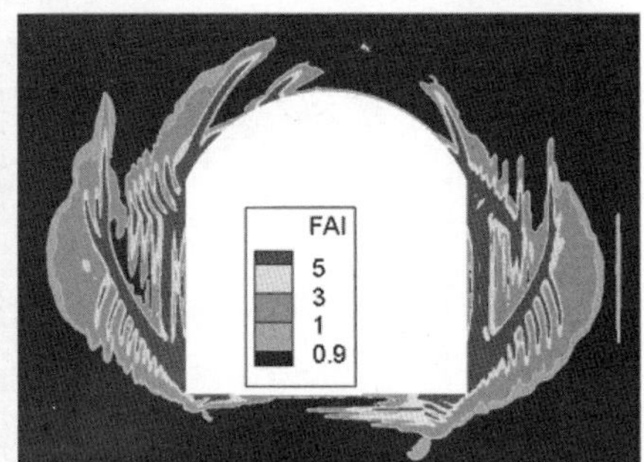

（m）d4m

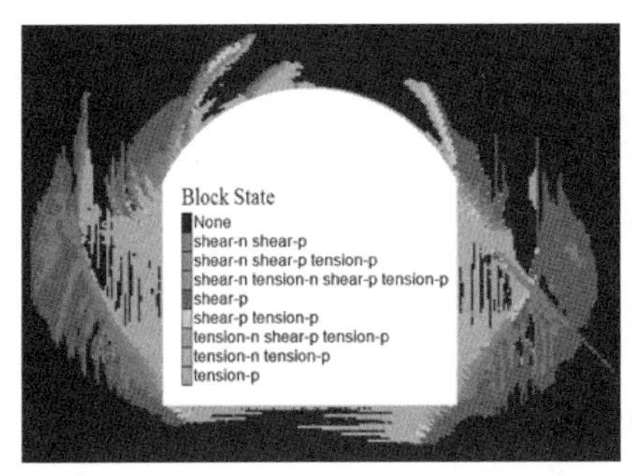

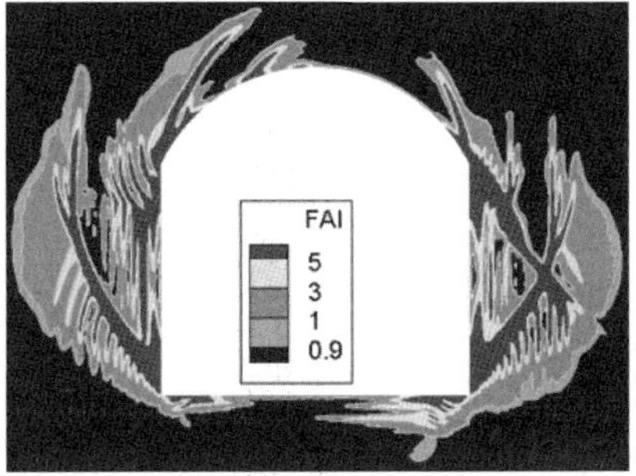

（n）d2.5zuozhuan

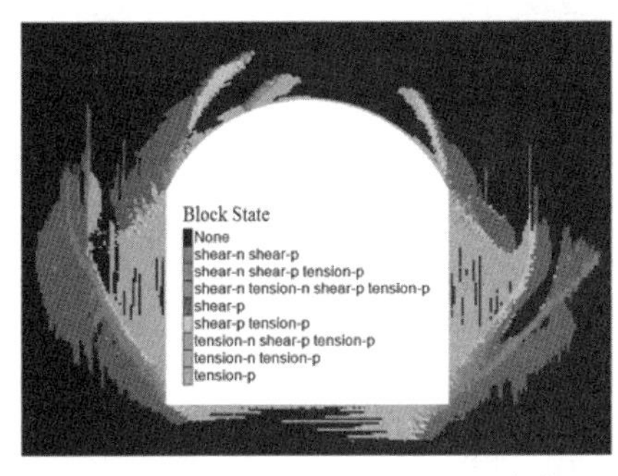

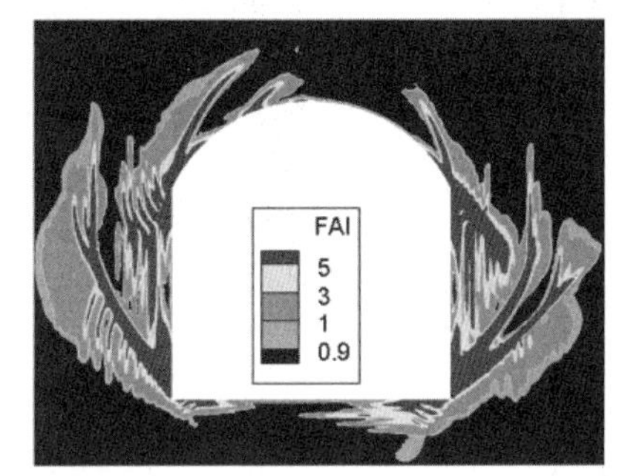

（o）d2.5youzhuan

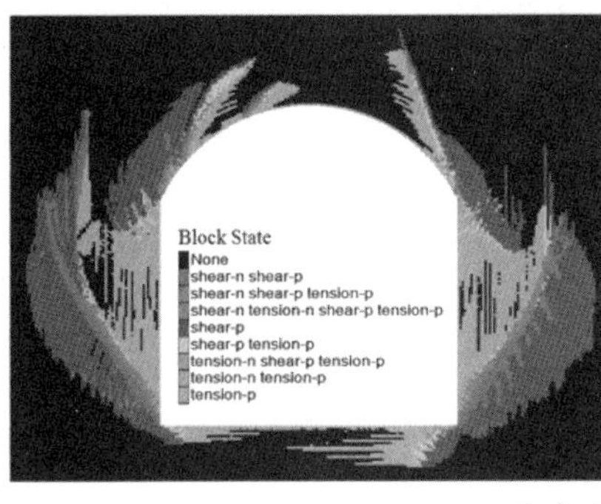

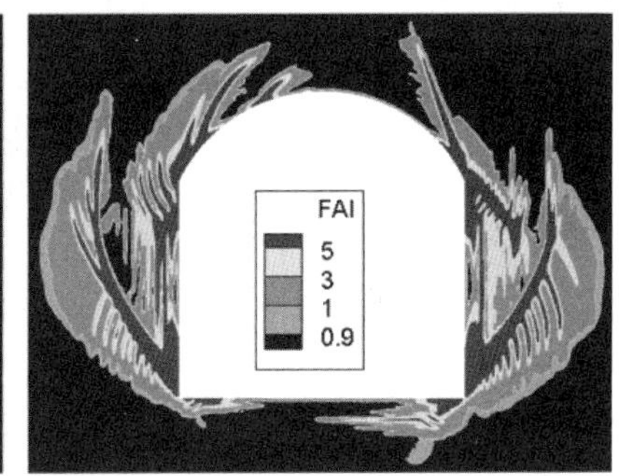

（p）gj70du1.5m

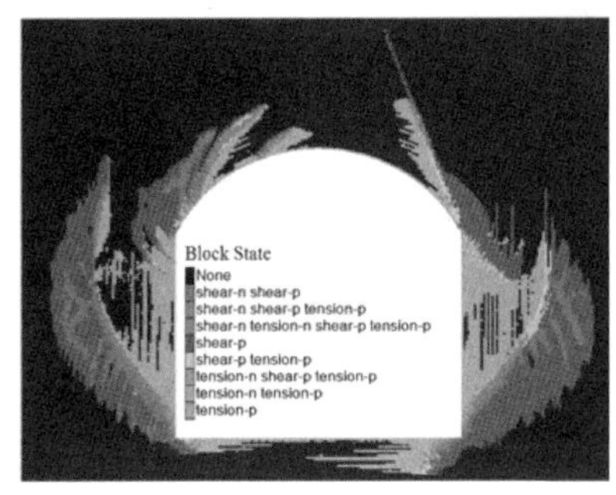

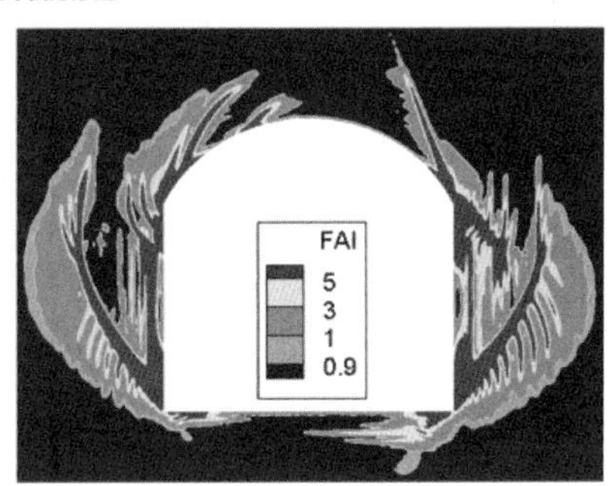

（q）gj70du2.5m

图 5.17　不同产状结构面对围岩板裂化影响的数值计算结果

由图 5.17 可以得出，结构面对板裂化的影响主要表现在以下 6 方面。

（1）在结构面一侧，准确的来说是在易形成滑动块体的一侧，如边墙结构面 30°/45°/60°结构面的上方、与洞壁平行的结构面靠近洞壁的一方、拱肩结构面的下方，会形成破坏集中区，这可由破坏接近度看出，实际工程中的表现就是该区域的板裂化岩体易脱落，露出结构面产状，如图 5.18 所示。

图 5.18　锦屏二级水电站现场揭露的结构面（后附彩图）

（2）与（1）相对的是，在结构面的另一侧，岩体就相对完整，结构面起到了屏蔽应力集中的作用，这主要是因为结构面的黏聚力较低，不能传递剪切力和拉力，只能传递垂直于结构面的正应力。

（3）结构面角度对围岩板裂化的影响程度与应力场有关，在一定应力场条件下，会存在一组不利结构面角度，在此角度范围内，会在结构面一侧形成较大区域的滑动块体，该滑动块体易发生压致劈裂的张拉型板裂化，最后板裂片失稳与滑动块体同时失稳的话会形成较大等级的岩爆，如计算结果中的 30du3m 的破坏接近度所示。

（4）结构面长度在塑性损伤区范围内时影响较大。在此范围内，随着结构面长度的增加，影响范围就越大，当超过此范围时，结构面的影响就可以不考虑，如边墙处结构面长度为 6 m 时和 d4m 的计算结果。

（5）一般结构面的黏聚力都比较低，在开挖初始黏聚力就全部丧失，摩擦力发挥作用。由于结构面有一定的粗糙度，在岩体沿结构面滑动过程中，会造成结构面两侧岩体形成与结构面一定夹角方向的张拉破坏，如图 5.19（a）椭圆形所标注的区域。同样的结论在周辉等[287]所做的结构面滑移机制的室内试验结果上也有体现，如图 5.19（b）所示。这样，在围岩深处也会发生张拉型板裂化破坏。

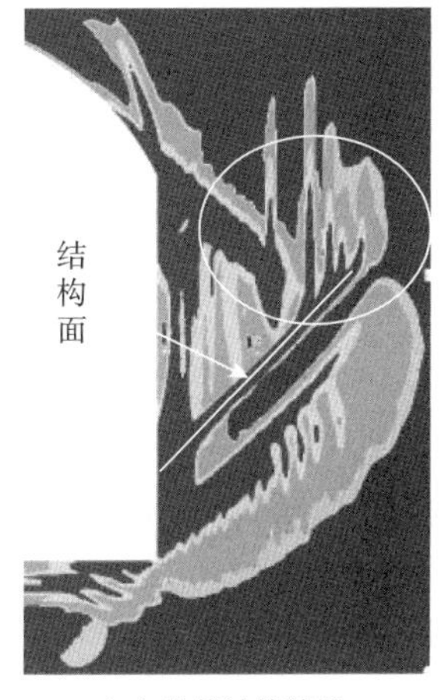

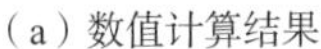
（a）数值计算结果

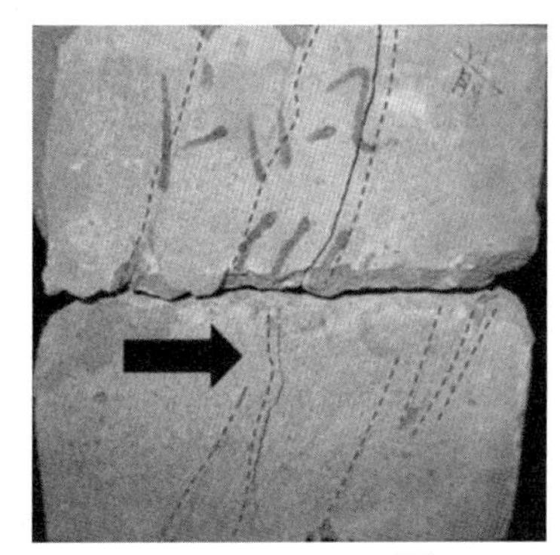
（b）室内试验结果[287]

图 5.19　结构面滑移引起的张拉破坏

（6）对比计算结果可发现，开挖卸荷后完整岩体形成的剪切滑移条带在后续的变形破坏中起到了类似结构面的作用，如每个计算结果中，洞室左侧围岩的破坏区域所示。

5.2.3　开挖过程对板裂化形态的影响

开挖过程分为洞室断面的分台阶开挖和沿隧洞轴向的分步开挖。在第 2 章中已详细统计了开挖过程对板裂化形态的影响规律，在此采用数值计算手段进行研究，目的是与前文相互验证，同时进一步证明板裂化力学模型的准确性。

1. 洞室断面分台阶开挖的影响规律

如图 5.20 所示为分台阶开挖后形成的不同类型的板裂化分布图。一次开挖的板裂化类型分布图可参考上文中的结果。由图中可以看出，分台阶开挖时，上台阶开挖完时在洞壁处易形成张拉型板裂化，而下台阶开挖完后，在上下台阶交界处的洞壁处形成了剪切型板裂化破坏，围岩内张拉型板裂化深度要小于一次开挖时的结果。计算结果与第 2 章的图 2.18 是一致的。

2. 沿隧洞轴向分步开挖的影响规律

如图 5.21 所示，为计算所用的三维几何模型，洞室宽 7.5 m 高 8 m。沿隧洞轴向方向分步开挖，每步 8 m，共开挖 10 步。

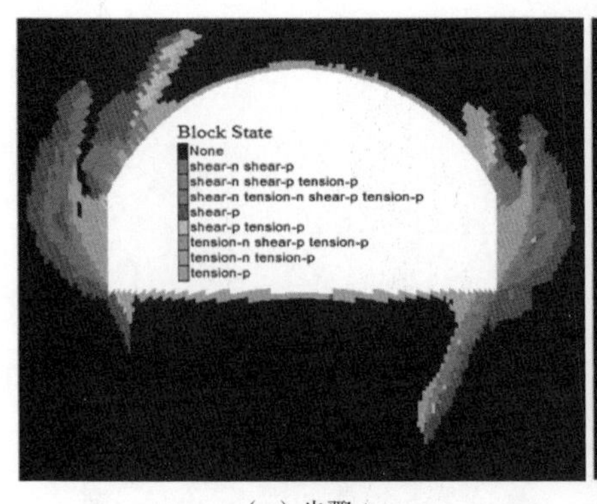

（a）步骤 1

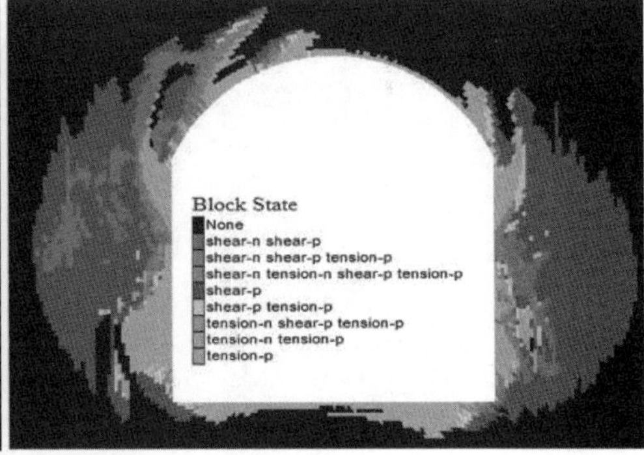

（b）步骤 2

图 5.20　洞室断面分台阶开挖结果

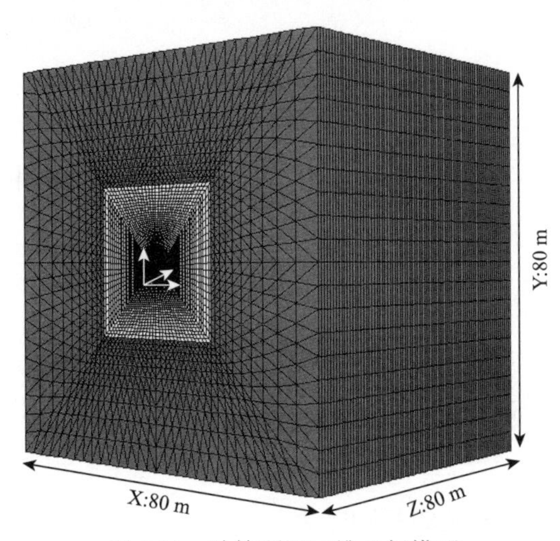

图 5.21　计算所用三维几何模型

图 5.22 为沿洞轴线方向的两个剖面。图 5.22（a）所示的为边墙洞壁板裂化破坏的分布规律。第一、第二开挖步由于受边界网格的影响规律不明显，由三、四、五开挖步的结果可以看出，就边墙洞壁的破坏机制来看，在每一开挖步内，沿洞轴线方向，先是剪切破坏，中间大部分拉伸部分，最后是剪切破坏，与第 2 章所示的图 2.15 和图 2.17 的结果一致。图 5.22（b）则显示了洞壁至围岩一定深度内的板裂化破坏规律，在每一开挖步内，在距离洞壁较近范围内，初始为剪切型板裂化破坏，板裂面与洞壁成一倾角，后为张拉型板裂化破坏，板裂面与洞壁面近似平行，最后又转为剪切型板裂化，板裂面与洞壁平面的倾角方向与初始倾角方向相反；而在围岩深处，则均为剪切型板裂化破坏。明华军[288]通过微震监测数据反演的岩爆发生前的裂纹扩展规律与上述规律也一致。此外，由图 5.22 也可看出拱顶和底板处的脆性破坏也随开挖步呈现规律性变化。

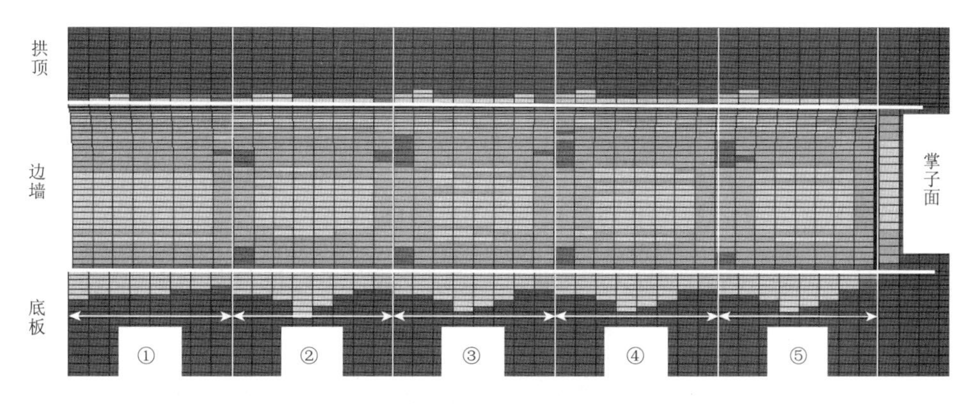

（a）X=3.75 m 处剖面

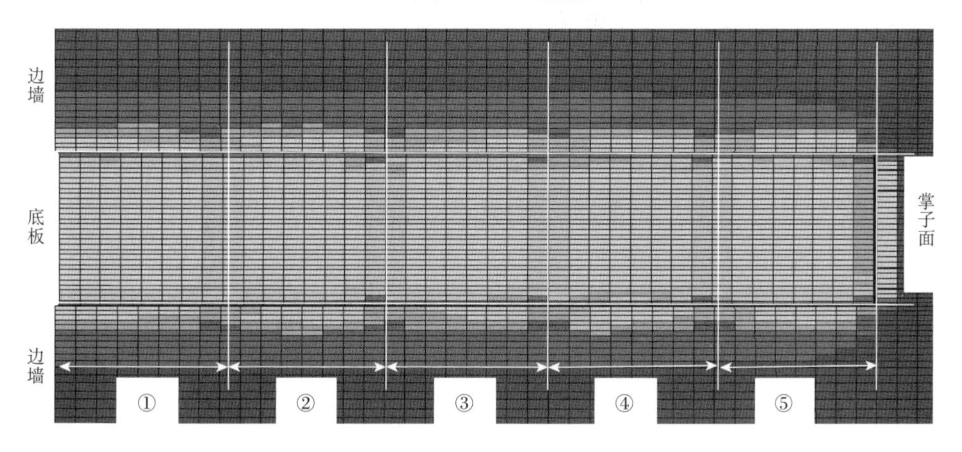

（b）z=4 m 处剖面

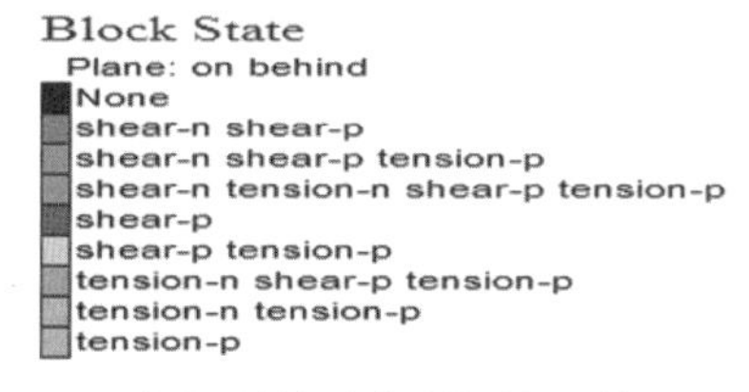

（c）不同灰度表示的破坏机制

图 5.22　沿隧洞轴向方向边墙洞壁表面和洞壁至围岩深度方向板裂化规律

图 5.23 则更形象地说明了板裂化破坏形态沿隧洞轴向方向的分布规律。实际上，掌子面对围岩的约束作用形成了三维应力场，开挖卸荷导致掌子面附近形成应力集中区域，在该集中区域内围岩易发生剪切破坏，一旦剪切破坏面形成，就不会形成其他破坏面，而在每一开挖步内的中部区域由于没有受到掌子面形成的集中应力效应，故而发生卸荷回弹、压致劈裂等张拉破坏，形成近似平行于洞壁面的张拉破坏面。

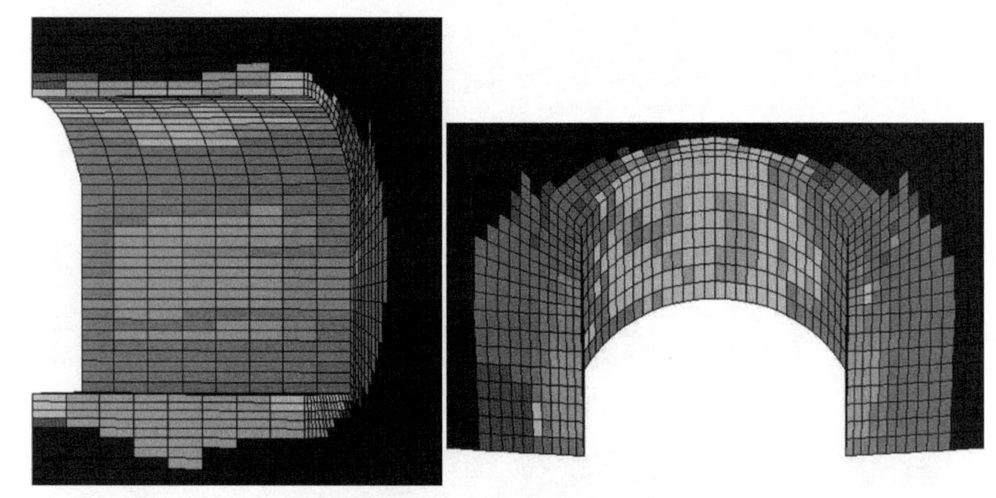

图 5.23 第五开挖步范围内的塑性区分布

5.3 小　　结

在本书第 2 章中就已根据锦屏二级水电站现场围岩板裂化形态分布特征总结了板裂化形态的影响因素，包括静力（主应力方向和侧压系数）、动力（爆破应力波和卸荷应力波）、岩体强度参数及其时间效应、岩体非均质性（强度参数非均质和结构面）、开挖方式（钻爆法开挖和 TBM 开挖）和开挖路径（分步开挖和全断面开挖）、隧洞断面形状（洞周线曲率半径）、掌子面约束等，这些影响因素相互交叉共同决定着板裂化破坏的最终形态，前文中对工程现场板裂化形态的统计并不能展现某单一影响因素的影响机制和规律，因此本章借助室内模型试验和数值模拟手段研究了断面曲率半径、地应力场、岩体空间变异性以及开挖过程和路径对围岩板裂化形态的影响规律，并分析了其影响机制，数值计算结果也验证了前述板裂化力学模型及数值模拟方法的合理性和实用性。

此外，钻爆法开挖时的爆破应力波和卸荷波也是影响板裂化形态的关键性因素，板裂化破坏形态的一大特点就是多条平行的板裂面，应力波的传播与这些板裂面的关系是错综复杂的，板裂面何时形成、应力波何时衰减等等都是需要考虑的问题，因此，动荷载对板裂化形态的影响需要更深入的研究。

第 6 章　板裂化岩爆发生机制及倾向性分析方法

板裂化围岩结构失稳形成岩爆，经历开挖卸荷、应力调整→板裂化围岩结构形成→结构失稳、岩爆发生三个阶段，孕育过程实质上是板裂化过程，而破坏过程则是岩板屈曲变形至结构失稳过程，因此此类岩爆称为板裂化岩爆或板裂屈曲岩爆。岩爆机制的研究主要从工程实录、室内试验、理论分析和数值模拟 4 个角度开展。由于岩爆灾害的瞬时突发性及巨大的危害性，很难直接捕捉岩爆发生前及发生过程中所表现出的具体特征，而在室内试验条件下，通过设计合理的加卸载试验方法，可以再现工程实际中岩爆发生时剧烈的破坏现象，对于认识岩爆的发生机制、过程和特征具有重要意义。

6.1　工程现场板裂化岩爆特征

6.1.1　锦屏二级水电站岩爆统计

锦屏二级水电站平行布置 7 条隧洞，穿越锦屏山，全长 17 km，最大埋深 2 525 m。在隧洞开挖过程中发生岩爆次数达到上百次，基于研究团队对现场岩爆案例记录的统计分析发现，板裂化岩爆数量众多，虽然该类型岩爆等级不大，但对施工人员的安全造成很大威胁,需要研究其破坏机理以提供针对性的支护方式。限于篇幅，本节只列出了辅引 1#和辅引 2#隧洞在 2009 年 9 月~2010 年 7 月期间锦屏东端的岩爆发生情况（基于蒋远凯记录资料），如表 6.1 和表 6.2 所示。该段围岩岩性为白山组（T_{2b}）灰白色厚层状细晶大理岩。

表 6.1　辅引 1#施工支洞岩爆统计表

编号	地点	岩块形状	距离掌子面距离/m	破坏深度/m	最大岩块尺寸/（m×m×m）
FY1#-YB-001	0+025	片状	2	0.1~0.3	0.1×0.1×0.2
FY1#-YB-002	0+032~0+34	块状	2	0.5~1.0	—
FY1#-YB-003	0+818~0+821	块状	3	0.5~1	—

续表

编号	地点	岩块形状	距离掌子面距离/m	破坏深度/m	最大岩块尺寸/（m×m×m）
	0+821-0+827	片状	1	0.5~1.0	0.4×0.3×0.2
FY1#-YB-004	0+844~0+846	片状	2	≈0.5	0.4×0.3×0.5
FY1#-YB-005	0+852~854	片状	2	0.5~1.0	0.3×0.3×0.2
FY1#-YB-006	0+864-0+867	片帮状	0	0.5~0.9	0.1×0.2×0.1
FY1#-YB-007	0+873~0+876	块状	1	0.5~1.0	
	0+879-0+882	片帮状	0	0.5~1.0	0.1×0.2×0.1
FY1#-YB-008	0+884~0+886	块状	2	0.5~1.0	
FY1#-YB-009	0+886~0+889	块状	1~4	≈1.0	
FY1#-YB-010	0+970~0+975	片帮状	0.2	0.5~1.0	0.2×0.3×0.3
FY1#-YB-011	0+985~0+992	片帮状	0.3	0.1~0.3	0.1×0.2×0.1
FY1#-YB-012	1+024~1+028	片帮状	0.4	0.15~1.0	0.2×0.2×0.1
FY1#-YB-013	1+026~1+028	片帮状	0.4	0.15~1.0	0.1×0.2×0.1
FY1#-YB-014	1+028~1+032	片帮状	0.9	0.5~1.0	0.1×0.1×0.2
FY1#-YB-015	1+028~1+032	片帮状	0.9	0.5~1.0	0.2×0.1×0.2
FY1#-YB-016	1+038	片帮状	0	0.5~0.7	0.1×0.2×0.1
FY1#-YB-017	1+038~1+043	片帮状	2	0.2~0.5	0.1×0.1×0.1
FY1#-YB-018	1+043-1+047	片帮状	1	0.2~0.5	0.1×0.2×0.1
FY1#-YB-019	1+043-1+047	片帮状	1	0.2~0.6	0.1×0.1×0.2
FY1#-YB-020	1+047-1+051	片帮状	1	0.1~0.6	0.1×0.2×0.2
FY1#-YB-021	1+052-1+056	片帮状	1	0.1~0.5	0.1×0.2×0.1
FY1#-YB-022	1+078-1+082	片帮状	1	0.1~0.5	0.1×0.1×0.1
FY1#-YB-023	1+086-1+090	片帮状	1	0.1~0.5	0.1×0.1×0.1
FY1#-YB-024	1+094-1+098	片帮状	1	0.1~0.5	0.1×0.1×0.1
FY1#-YB-025	1+106-1+110	片帮状	1	0.1~0.5	0.1×0.1×0.2
FY1#-YB-026	1+130-1+138	片状	14	0.5~1.0	0.2×0.1×0.1
FY1#-YB-027	1+157.5	片帮状	0	0.5~1.0	0.2×0.1×0.1
FY1#-YB-028	1+170-1+175	片帮状	—	0.1~0.4	0.2×0.1×0.1
FY1#-YB-029	1+175-1+180	片帮状	0.3	0.5~1.0	0.6×0.4×0.1
FY1#-YB-030	1+202-1+206	片帮状	3	0.1~0.2	0.2×0.1×0.1
FY1#-YB-031	1+214~218	片帮状	0	0.5~1.0	0.4×0.2×0.1
FY1#-YB-032	1+228	片帮状	0	0.5~0.9	0.1×0.2×0.1

表 6.2　辅引 2#施工支洞岩爆统计表

编号	地点	岩块形状	距离掌子面距离/m	破坏深度/m	最大岩块尺寸/（m×m×m）
FY2#-YB-000	0+732	片状	3	0.1~0.2	0.1×0.1×0.1
FY2#-YB-001	0+718~0+732	块状	2	0.5~2	5×0.6×0.5
FY2#-YB-002	0+830~0+835	块状	3	0.5~1	0.3×0.4×0.5
FY2#-YB-003	0+840~0+851	片帮状	0~10	1.0~1.5	0.6×0.5×0.2
FY2#-YB-004	0+968~0+972	片帮状	0.4	0.1~0.4	0.1×0.1×0.2
FY2#-YB-005	0+972~0+976	片帮状	0.2	0.1~0.6	0.1×0.1×0.2
FY2#-YB-006	0+977~0+980	片帮状	0.2	0.1~0.5	0.2×0.1×0.1
FY2#-YB-007	0+993~0+997	片帮状	1	0.3~0.8	0.1×0.2×0.2
FY2#-YB-008	1+118-1+122	片帮状	0.1	0.5~0.7	0.1×0.2×0.2
FY2#-YB-009	1+122	片帮状	0.2	0.5~1	0.4×0.2×0.1
FY2#-YB-010	1+160~1+163	片帮状	0.1	0.1~0.4	0.4×0.2×0.2

表 6.1 与表 6.2 中共统计岩爆次数 45 次，其中辅引 1#洞 34 次，掉落岩块形状为片状或片帮状岩爆 29 次，占 85.3%；辅引 2#洞 11 次，掉落岩块形状为片状或片帮状岩爆 9 次，占 81.8%。岩爆发生位置示意图如图 6.1 所示。图 6.2 为岩爆现场照片。限于篇幅，只列出了一部分具有代表性的岩爆位置示意图和现场照片。所统计岩爆中，FY2#-YB-001 为极强岩爆事件，其他则为中等岩爆和轻微岩爆。岩爆多发生在拱顶或右侧拱肩，少数发生在边墙。岩爆现场照片中也可清晰地看出板裂化岩块，说明了表格中所记录的片帮状岩块形状即是板裂化破坏。

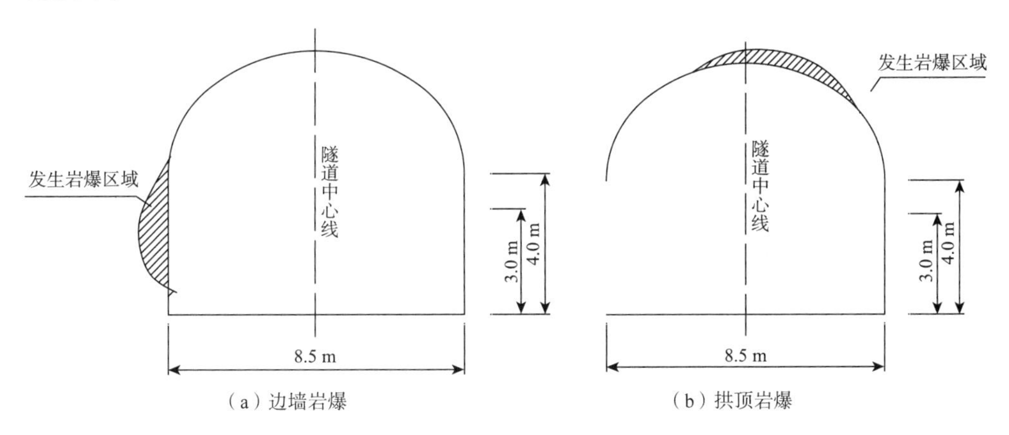

（a）边墙岩爆　　（b）拱顶岩爆

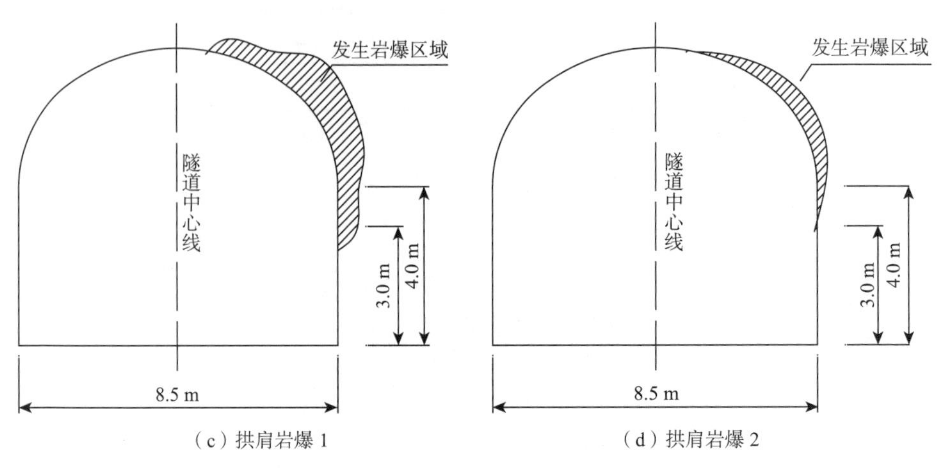

（c）拱肩岩爆 1　　（d）拱肩岩爆 2

图 6.1　岩爆发生位置示意图

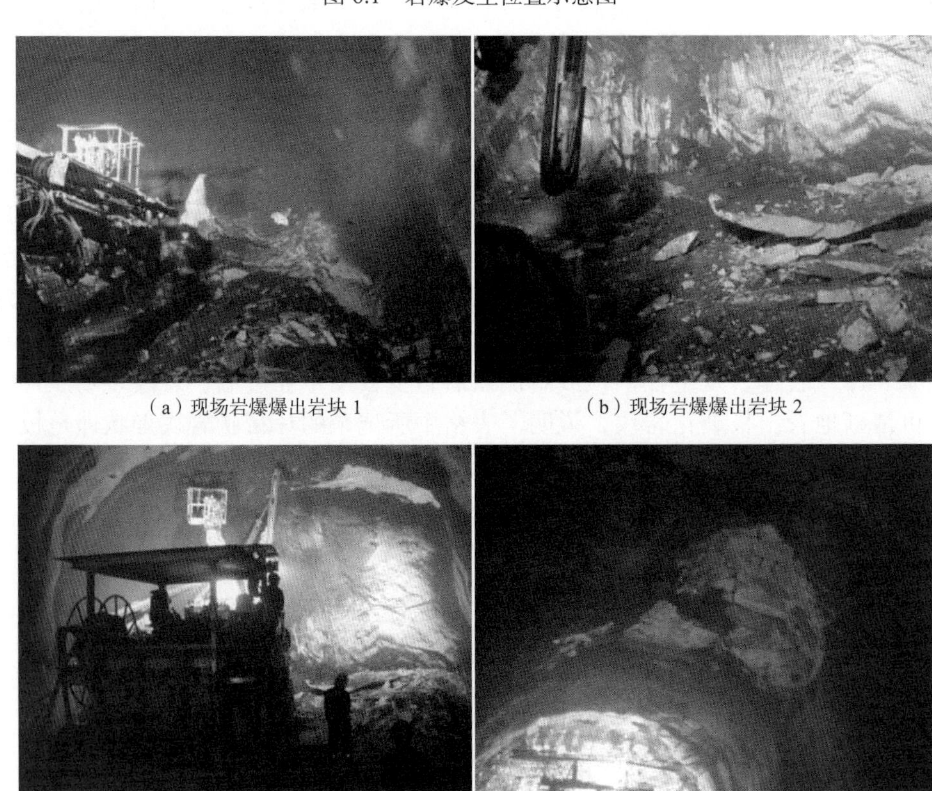

（a）现场岩爆爆出岩块 1　　（b）现场岩爆爆出岩块 2

（c）现场岩爆位置 1　　（d）现场岩爆位置 2

图 6.2　岩爆现场照片

此外，文献[289]详细统计了锦屏二级水电站施工排水洞内岩爆的发育情况。施工排水洞全长约 16.73 km，洞线平行于引水隧洞布置，桩号 SK15+052~SK0+510

段为圆形断面，采用 TBM 法开挖，洞径为 7.2 m；桩号 SK15+792~SK15+052 为钻爆法施工，断面形式为城门洞型。施工排水洞所处岩层包含了 T_{2y}^{5} 中厚层状大理岩、T_{2y}^{6} 薄层状大理岩和 T_{2b} 厚层状大理岩三类，围岩为 II 级、III 级。2008 年 6 月 18 日~2009 年 11 月 28 日，TBM 掘进桩号为 SK15+052.25~SK9+282.08，共掘进 5 770 m，文献[289]所统计岩爆区段即为该段，共统计岩爆 110 余次，由岩爆截断面位置可知，发生在右壁 33 次、右拱肩 28 次、左壁 21 次、左拱肩 16 次、拱顶 21 次，其中拱顶一般为左右两侧洞壁发生时同时发生。由文中记录的岩爆破坏方式和所列图片可以看出，岩爆多为板裂化岩爆。

6.1.2　板裂化形态特征与板裂化岩爆的关系

板裂化和岩爆是深埋地下工程硬脆性岩体开挖后围岩脆性破坏的两种形式，通过前面对锦屏二级水电站板裂化和岩爆发育情况的统计整理可知，板裂化和板裂化岩爆存在着密切相关性，板裂化可认为是岩爆发生过程的一个阶段，但是有板裂化不一定发生岩爆，所有的岩爆也不是都带有板裂化阶段，只是对于锦屏二级水电站现场揭露出的岩爆以及文献[106]所记载的岩爆类型表明，随着地下工程埋深的增加，高地应力条件下板裂化岩爆占据着岩爆类型中的主要部分，因此，研究板裂化与板裂化岩爆的关系为进一步加深岩爆的认识以及岩爆预测提供了新的途径。另外，板裂化岩爆并不是一种新的岩爆破坏形式，只是按照岩爆发生特点给了这样一个名称，用来表示带有板裂化阶段的岩爆。

1）板裂化形态与岩爆的规律性认识

周辉[13]根据板裂化现场形态特征将板裂化分为薄片状、曲面状、规则板状闭合、规则板状张开、不规则板状张开以及单一巨型板状六类，如图 6.3 所示。并根据现场大量的岩爆案例得出板裂化与岩爆的规律性认识如下：①板裂片厚度越薄，岩爆风险和强度越大；②板裂裂缝张开度越小，岩爆风险和强度越大；③板裂形态越规则，岩爆风险和强度越大；④板裂范围与岩爆范围基本成正比，但岩爆强度会随板裂范围的增大有一定程度的降低。

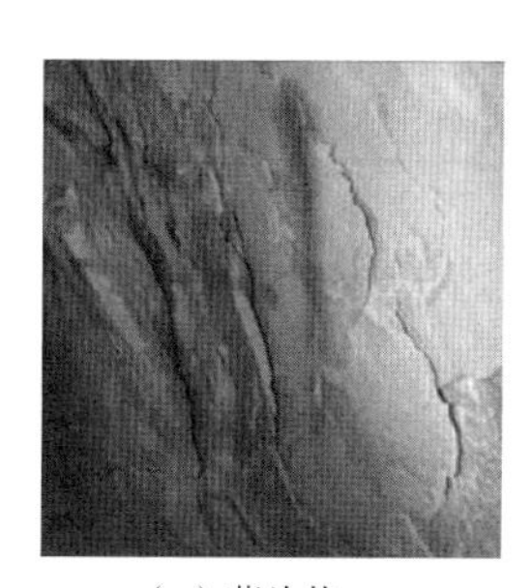
（a）薄片状

（b）曲面状

（c）规则板状张开

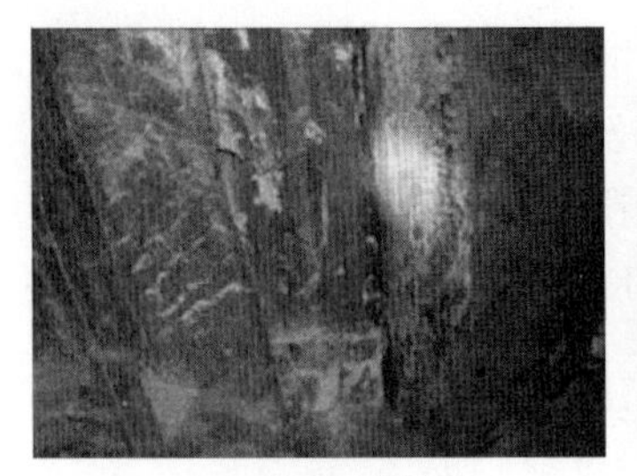
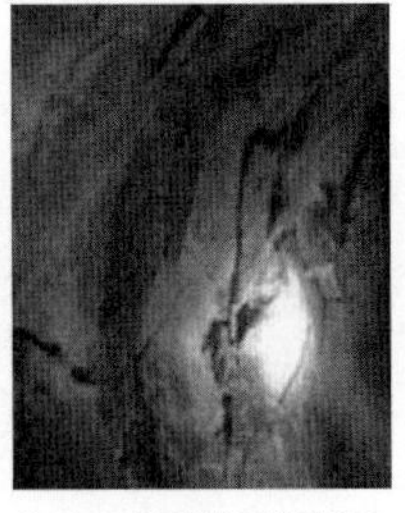

（d）规则板状闭合　（e）不规则板状张开　（f）单一巨型板状

图 6.3　6 种板裂化形态类型

2）板裂化形态描述指标与岩爆的统计关系

板裂化形态的描述指标主要是板裂片厚度、板裂裂纹张开度以及板裂化深度。板裂化形态特征受多种因素影响，板裂化形态三维特征难以测量和定量化，且由于岩爆发生的不可预见性和危险性，现场关于板裂化形态特征与岩爆的记录资料很少，因此由工程现场统计获得板裂化形态描述指标与岩爆的定量关系是难以实现的，必须借助其他研究手段。

图 6.4 为 6.1.1 节中所列岩爆和文献[289]中所列岩爆统计得出的爆坑深度与岩爆次数的关系。其中钻爆法开挖的岩爆爆坑深度多集中在 0.6~1 m，TBM 开挖的岩爆爆坑深度多集中在 0~0.5 m；只考虑开挖方式的话，TBM 开挖造成的围岩损伤范围和强度要小于钻爆法开挖，与爆坑深度也相对应。但是，图 6.4 中的统计的岩爆次数包含了太多的影响因素，如岩体岩性、地应力场、洞室形状等，而同一岩性段相近地应力场相同开挖参数条件下板裂化形态特征与岩爆特征的记录资料少之又少，无统计意义可言，因此必须弄清板裂化岩爆的破坏机制，通过理论和工程实践相结合的手段建立板裂化形态特征与岩爆的定量关系，实现通过板裂化形态特征预测岩爆的目的。不过，图 6.4 恰恰说明了板裂化与岩爆的密切关系，现场监测结果表明[212]，板裂化劈裂破坏深度为 1~1.5 m，正是发生岩爆次数最多的深度范围。

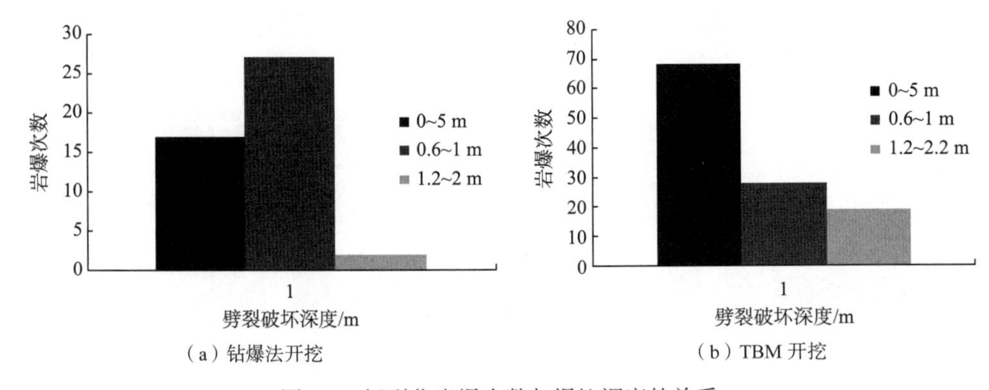

（a）钻爆法开挖　（b）TBM 开挖

图 6.4　板裂化岩爆次数与爆坑深度的关系

6.1.3　典型板裂化岩爆案例

1）板裂化岩爆案例 1

2010 年 8 月 18 日，锦屏二级水电站 3#TBM 洞段引$_{(3)}$ 10+350~356 北侧边墙与拱顶发生强烈岩爆，爆坑最大深度为 1.5 m，岩爆区域附近埋深约 2 000 m，岩性为 T_{2b} 白色巨厚状中粗晶大理岩，节理不发育[288]；从岩爆宏观破坏面来看，岩体完整，破裂面较为新鲜，爆坑边缘呈板状折断、起伏不平，从滞留在挂网内部和破坏面表面的爆出物可以看出，爆出的岩块多呈板状、片状，如图 6.5 所示。

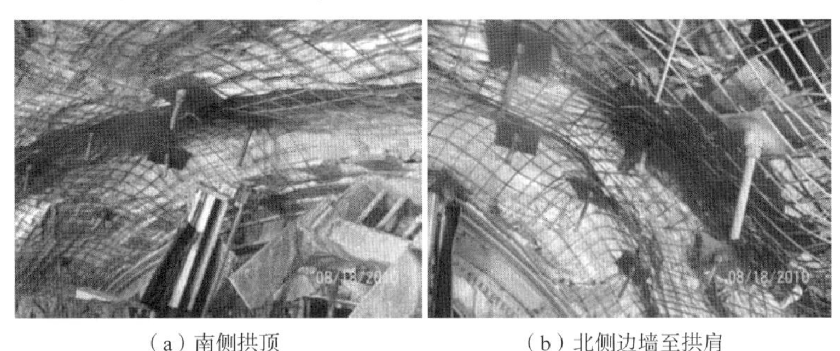

（a）南侧拱顶　　（b）北侧边墙至拱肩

图 6.5　板裂化岩爆宏观破坏图

2）板裂化岩爆案例 2

2010 年 12 月 1 日，锦屏二级水电站 1-1-E 洞段引$_{(1)}$ K8+940~948 北侧边墙发生中等岩爆，岩爆破坏面高 2~4 m，长 6~8 m，爆坑深 0.3~0.7 m[104]；岩爆时发出较大响声，爆出的岩块多呈薄片状，大小不一，厚度 0.2~0.5 m，岩块抛掷最远至隧洞中心约 8 m；从岩爆宏观破坏面来看，破裂面新鲜，起伏不平，破坏面边缘呈板裂折断，其他部位以张裂面为主，中心部位可见多条与隧洞轴线近似平行的结构面，如图 6.6（a）所示。

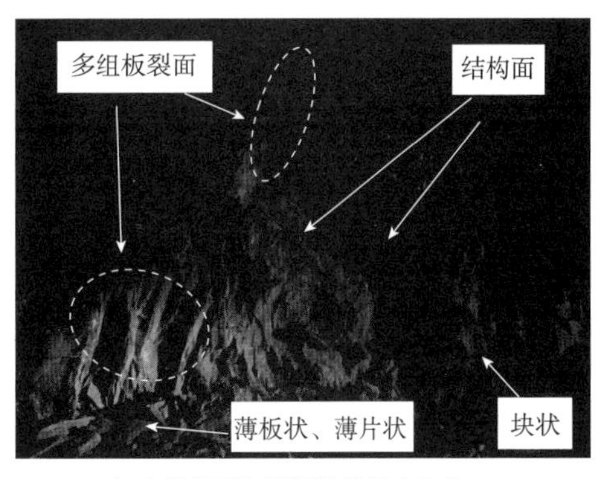

（a）结构面与隧洞轴线呈小夹角　　（b）结构面与隧洞轴线呈大夹角

图 6.6　结构面影响下板裂化岩爆宏观破坏图

3）板裂化岩爆案例 3

2010 年 12 月 15 日，锦屏二级水电站 1-P-E 洞段 SK8+485~495 段北侧边墙发生一次中等岩爆，岩爆爆坑深 0.3~0.7 m，高度 2~4 m，沿洞轴线长度为 6~7 m[288]；岩爆爆出的岩块，主要呈薄板状、片状，也有较大的块体，且可见较多岩粉；爆坑边缘呈阶梯状折断，并可见密集分布的板裂面，爆坑内部可见明显的结构面，如图 6.6（b）所示。

6.2 板裂化岩爆发生机制和类型讨论

周辉[13]考虑板裂面和结构面组成潜在的岩爆结构，据此分析了两种形成岩爆的机制和特征：①板裂面切割围岩构成的岩爆结构。密集板裂区一般是发生岩爆的主要区域和先导，即该处板裂片首先弯曲折断，形成阶梯状断裂；然后进一步诱发应变型岩爆，形成爆坑，爆坑最大深度大于爆前密集板裂区的深度，密集板裂区缺失时，一般表现仅为应变型岩爆特征；岩爆强度受板裂厚度及其完整性控制，如果板裂厚度比较大、完整性比较好，岩爆强度就比较强，而破碎的板裂结构一般对应弱岩爆，或仅以垮塌等形式破坏；此类岩爆强度并不高，一般为弱—中等岩爆。②板裂面+结构面组合切割构成岩爆结构。结构面往往是岩爆的主导因素，其作用本质上是提供了一个“相对自由面”；一旦发生岩爆，强度一般都比较高；结构面对岩爆的影响及其程度取决于其与掌子面/洞壁的相对位置关系。

隧洞开挖卸荷后，切向集中应力作用下，导致围岩内微缺陷、原生裂隙尖端微裂纹萌生并稳定扩展，产生近似平行于开挖面的张拉裂纹（图 6.7（a））；张拉裂纹进一步扩展、贯通并发生张开位移形成多组板裂面，板裂面将围岩切割成板状岩板，板状岩板与板裂面共同构成板裂化围岩结构（图 6.7（b））；切向集中应力进一步作用岩板不断积聚应变能并向开挖空间产生屈曲变形，当板裂化围岩结构自身积聚的能量超过其储能极限或者在外界扰动作用下（施工机械或爆破震动等），发生突发性失稳破坏，形成岩板压折、岩块弹射的岩爆灾害（图 6.7（c））。结合 6.1.3 节中案例可知，岩爆所爆出的岩块多呈板状、片状，爆坑边缘可见明显的层状或台阶状的折断痕迹以及大量分布的张拉裂纹，而爆坑底部往往较为平直，呈平底锅状；外界扰动可能成为此类岩爆的触发因素，但从岩爆能量来源来看，以自身岩板积聚应变能为主，关于此类岩爆岩爆源将在后文详细讨论。此类岩爆经历了开挖卸荷、应力调整→板裂化围岩结构形成→结构失稳、岩爆发生 3 个阶段，孕育过程实质上是板裂化过程，而破坏过程则是岩板屈曲变形至结构失稳过程。

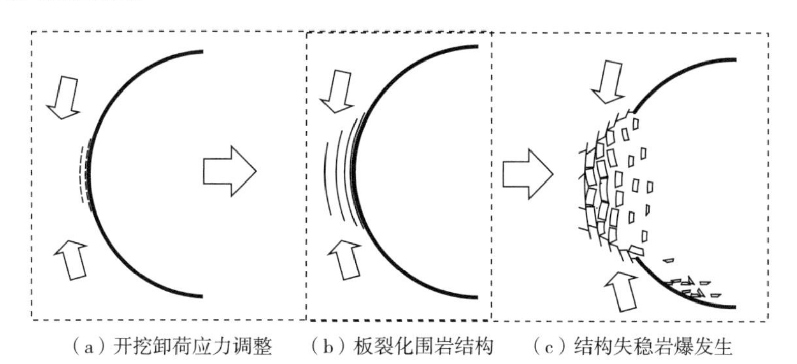

（a）开挖卸荷应力调整 （b）板裂化围岩结构 （c）结构失稳岩爆发生

图 6.7 板裂化岩爆发生过程图示

结构面对此类岩爆的发生具有重要影响。板裂化围岩结构的形成是一个渐进的破坏过程，隧洞开挖卸荷后，破裂面由洞壁表层岩体向围岩内部发展过程中，将导致结构面法向作用力逐步降低，使得原本处于闭合状态的结构面变得活跃起来，切向集中应力作用下结构面开始扩展；此时，岩爆的发生不仅取决于板裂化围岩结构自身的稳定程度，还要受到结构面的影响。当结构面（图 6.8（a）、图 6.8（b））与隧洞轴线近似平行或呈小夹角分布时（图 6.8（a）），结构面的存在对板裂化破裂向围岩深部的扩展起到了一定的阻隔和限制作用，并加剧了切向应力的集中程度，结构面的扩展将进一步降低板裂化围岩结构的稳定性，此时岩爆的发生多数情况下是依靠板裂化围岩结构中平行岩板自身的能量积聚或者外界扰动触发作用下发生，结构面则控制了爆坑的深度和形状。而当结构面与隧洞轴线呈大夹角分布（图 6.8（b）），一方面渐进的板裂化破坏过程促进了切向集中应力作用下结构面的扩展，另一方面结构面附近应力与能量的集中极可能造成结构面发生剪切错动，结构面剪切错动过程中剧烈的能量释放，则会诱发板裂化围岩结构整体失稳破坏；此时，结构面的剪切错动成为岩爆发生的诱发因素，而爆出的岩块既有结构面切割作用所形成的块状的，也有岩板压折断裂形成的板状、片状的（图 6.8（b））。

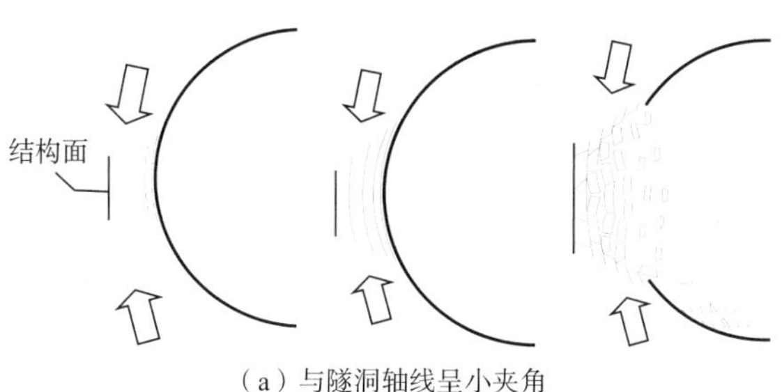

（a）与隧洞轴线呈小夹角

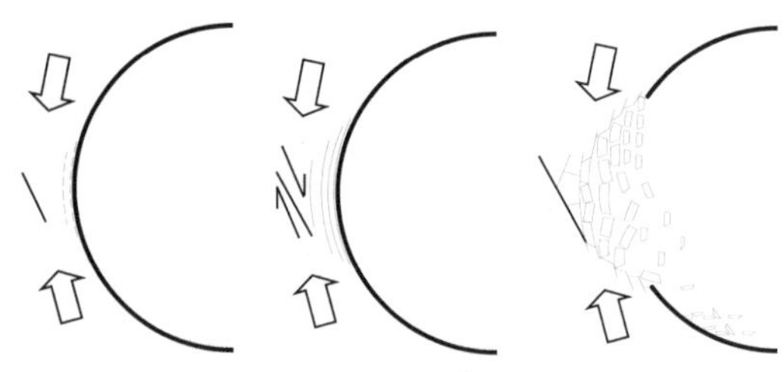

（b）与隧洞轴线呈大夹角

图 6.8　板裂化岩爆结构面作用机制示意图

文献[289]参照已有的岩爆分类方式，对锦屏二级水电站施工排水洞内岩爆进行了分类，其中根据岩爆破坏类型分为片状/板状剥落型、弯曲鼓折破裂型、穹状/楔状爆裂性和洞室垮塌型；根据岩爆发生主控因素分为了应变型岩爆和构造控制型岩爆两种，并且说明了施工排水洞所发生岩爆的类型主要为应变型岩爆。其中对片/板状剥落和弯曲鼓折破裂型岩爆描述如下。

片状/板状剥落：洞壁围岩积聚能量释放，浅表部围岩发生劈裂破坏，进而成层剥落，呈薄片状或板状抛射或弹射，单层厚度 0.5~10 cm，破裂面大多平直。

弯曲鼓折破裂：洞壁浅部围岩后壁较深部位围岩在应力及应变能的持续释放及自重应力作用下，产生鼓胀层裂，并发生弯曲折断现象。破裂面中部较为平直，表现为拉裂面，端部则呈参差阶梯状。

依据上述岩爆类型和发生机制以及锦屏二级水电站现场大量板裂化岩爆案例的特征将板裂化岩爆分为张拉型板裂化岩爆和剪切张拉型板裂化岩爆两种，具体描述如下：

（1）张拉型板裂化岩爆，如图 6.9 所示。

图 6.9　张拉型板裂化岩爆典型代表图

形成过程：洞室开挖后，围岩壁完整或较完整岩体在静力和动力卸荷作用下劈裂成板，形成类似板状岩体结构，该结构在应力场和动力扰动条件下失稳折断形成岩爆。

特征：爆坑成平底锅型，爆坑底面为张破坏面或硬性结构面，岩爆强度和范围较小。

发生位置：拱顶、拱肩和边墙，由于重力作用，多发生在拱顶和拱肩。

（2）剪切张拉型板裂化岩爆，如图 6.10 所示。

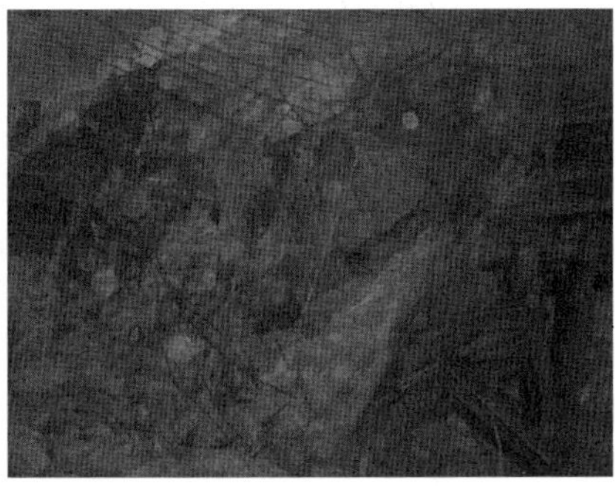

图 6.10　剪切张拉型板裂化岩爆典型代表图（后附彩图）

形成过程：洞室开挖后，围岩表层形成的板裂化结构能够自稳或在支护条件下达到稳定，应力集中区域向深部围岩转移，深部围岩积聚弹性能破坏发生剪切滑移推动表层板裂化岩体折断破坏形成岩爆。

特征：爆坑成 V 形，爆坑底面为剪切破坏面或硬性结构面，岩爆强度和范围较大。

发生位置：多发生在拱肩、边墙。

6.3　板裂化岩爆模拟试验

6.3.1　试验概况

1）模型试样制备

本次试验试样制备采用 α 型高强石膏浇注。本次试样浇注的水灰比为 1∶3（水与石膏的质量比），制备尺寸为 60 mm × 40 mm × 120 mm（长 × 宽 × 高）的长方块试样。所配制的模型试样共分为 4 组：含一条、两条和三条预制裂隙试样，即含有一组、两组、三组板裂面的试样，并配制完整无裂隙试样作为对比。

试样中预制裂隙具有如图 6.11 所示的几何特征，即三条预制裂隙均与水平线成 90°夹角、平行布置，三条预制裂隙的长度相同但彼此间距不同，为方便起见，对不同位置的预制裂隙进行了标记。预制裂隙为贯穿裂隙，预制裂隙的制作采用预埋钢片法，将石膏与水混合并调凝至无气泡后倒入特制的模具中，将厚度 0.4 mm、长 40 mm 的钢片插入试样预定位置，待试样完全凝固之前将钢片拔出。由于石膏本身的热膨胀性，试样完全凝固后，试样中预制裂隙的张开度为 0.3 mm 左右。本次试验共配制长方块模型试样 20 块，4 种类型试样（完整无裂隙试样、含一条、含两条和含三条预制裂隙）各 5 块。

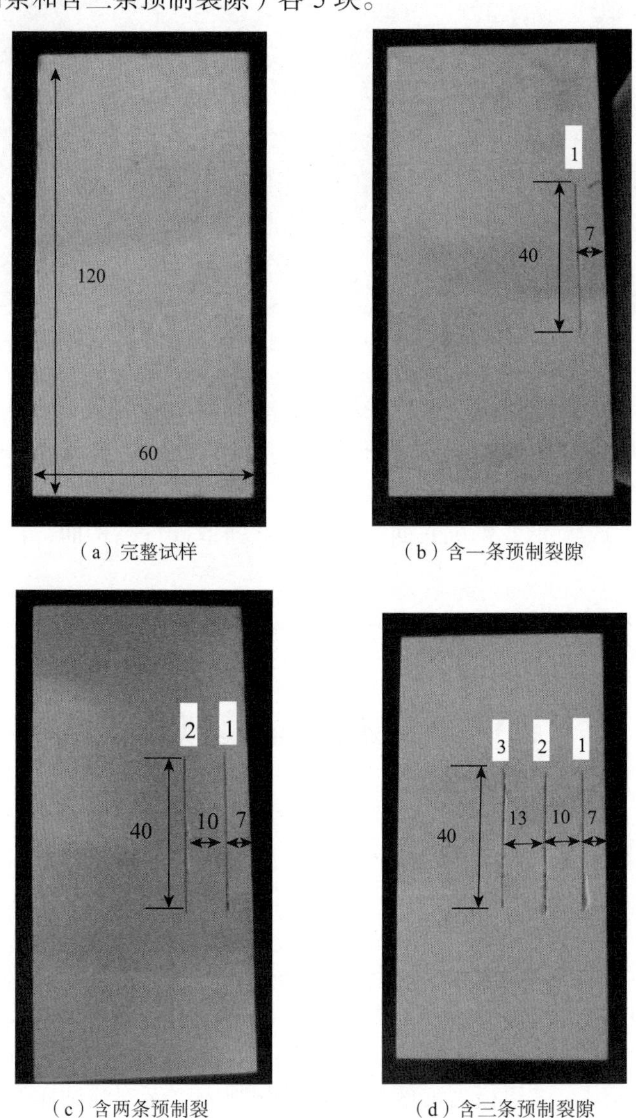

（a）完整试样　　（b）含一条预制裂隙

（c）含两条预制裂　　（d）含三条预制裂隙

图 6.11　模型试样尺寸及预制裂隙位置图（单位：mm）

2）试验系统及加载方式

试验系统如图 6.12 所示。试验采用位移控制的方式进行加载，加载速率为 0.002 mm/s。试验加载过程中同步进行声发射测试，所用的声发射测试设备为美国 PAC 公司研制的 16 通道 DISP 声发射信号采集系统，声发射传感器共振频率为 440 kHz，前置放大器增益为 40 dB，声发射门槛值设置为 40 dB，采样率为 1 MHz。试验过程中采用高清摄像机全程记录试样在加载过程中的裂纹萌生、扩展至试样整体失稳破坏过程。

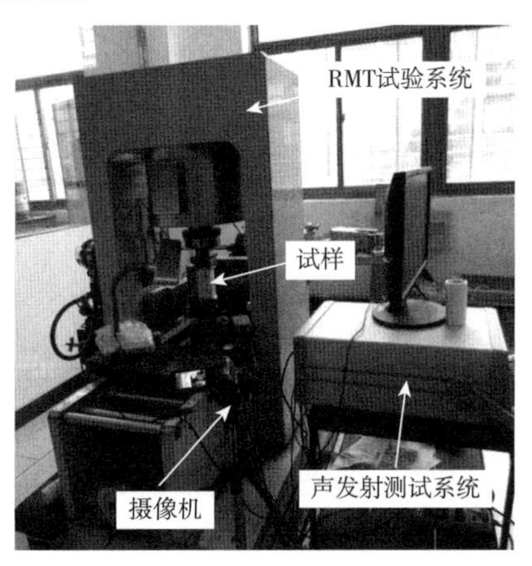

图 6.12　试验系统

需要指出的是，考虑到板裂化围岩的受力特点，本次试验采用厚钢板加工制作了“L 形”挡板，以限制试样加载过程中一侧的位移，从而使试样另一侧形成临空自由面，如图 6.13 所示，并通过侧向位移传感器监测临空面的位移变化情况。此外，试验中完整无预制裂隙模型试样分别进行了单轴压缩和一侧约束条件的加载（图 6.13 所示），而三组含预制裂隙模型试样都按图 6.13 加载方式加载。

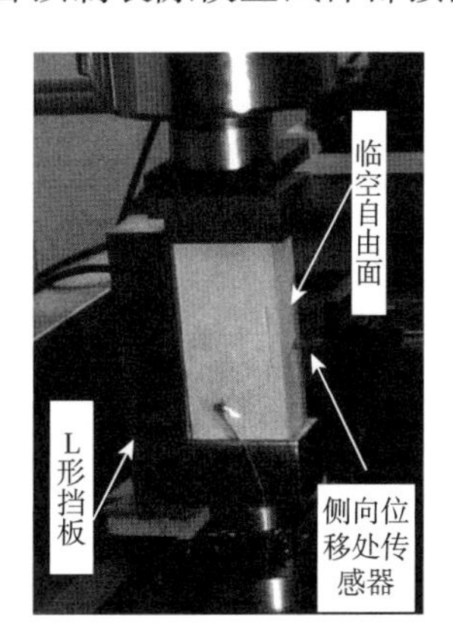

图 6.13　模型试样加载方式

6.3.2 试验结果

1）模型试样基本力学参数

硬脆性是围岩形成板裂化破坏的必要条件，因而模型试验所配制的试样必须具备脆性破坏特征才能满足试验要求。为此，按照水灰比 1∶3 配制了 Φ50×100 和 Φ50×50 的标准试样分别进行单轴压缩和巴西劈裂试验，以获取所配制石膏试样的基本力学参数，并分析其破坏模式。其中，单轴压缩试验过程中同步进行声发射测试，以获取试样整个压缩破坏过程中的声发射特性。

表 6.3 为本次试验配制的石膏试样基本物理力学参数表，由表 6.3 可知，试样单轴抗压强度和抗拉强度之比达到 26.7，表明试样为典型的脆性材料。图 6.14 为圆柱试样典型的单轴压缩应力–应变–声发射撞击率曲线图，由图 6.14 可知，压缩荷载作用下，标准圆柱试样轴向应变达到 0.004 5 左右时试样便达到峰值强度，峰值强度附近声发射撞击率达到 30 次/s，峰值过后应力迅速跌落，同时试样发生轴向张拉劈裂破坏，如图 6.15 所示。综合以上分析可知，本次试验所配制的石膏试件具有明显的脆性破坏特征，能够满足试验对试样硬脆性的要求。

表 6.3　模型试样物理力学参数

水灰比	1∶3	抗拉强度/MPa	1.52
单轴抗压强度/MPa	40.61	干密度/（g·cm^{-3}）	1.7
弹性模量/GPa	11.81	泊松比	0.28

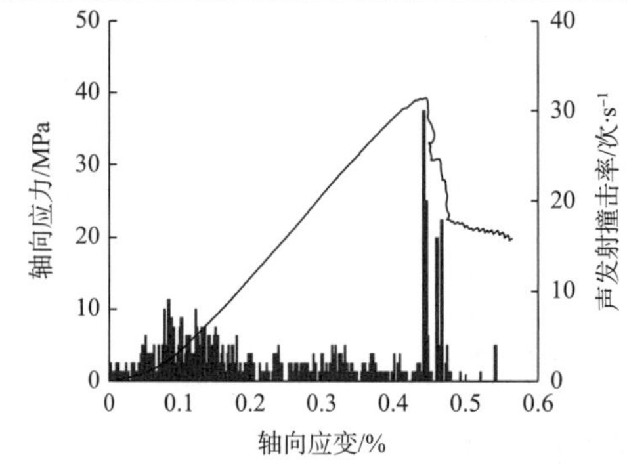

图 6.14　圆柱试样应力–应变–声发射特性曲线

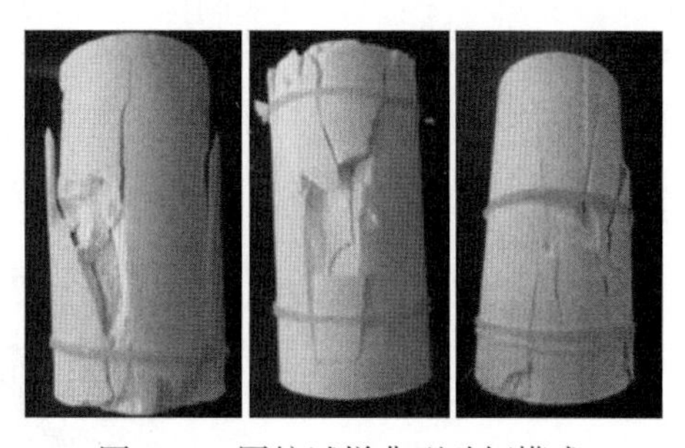

图 6.15　圆柱试样典型破坏模式

2）板裂化模型试样变形和强度特性

图 6.16 分别为含一条、两条和三条预制裂隙模型试样的荷载–变形曲线图。由于本次试验所选用的材料及其配比、预制裂隙的制作、试样养护条件及养护时间均严格控制，因而每组试验五个试样所获取的试验结果、曲线具有较好一致性，因此在文中仅给出了每组试样中最具代表性的试验曲线。总体而言，含不同数目

预制裂隙模型试样在加载过程中都经历了压密阶段、线弹性阶段、屈服阶段、整体失稳阶段以及残余强度阶段；在峰值强度之前，试样经历几次微小的“应力跌落”，而峰值强度之后，伴随着压缩荷载值的迅速跌落，试样侧向变形急剧增大。

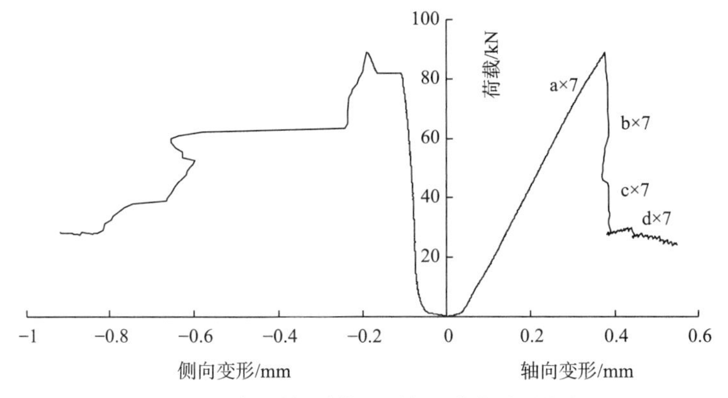

（a）含一条预制裂隙模型试样 1-1 荷载−变形曲线

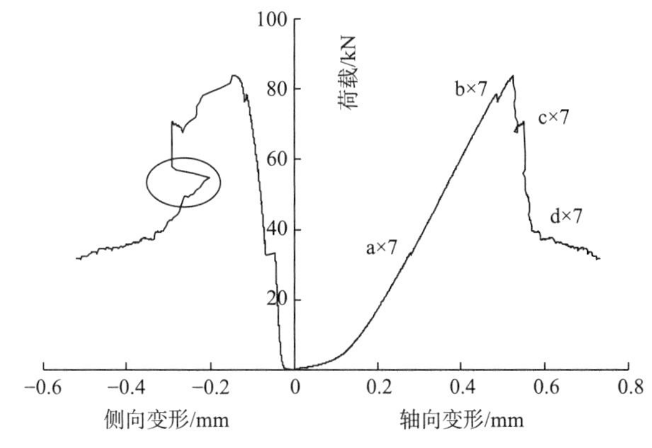

（b）含两条预制裂隙模型试样 2-1 荷载−变形曲线

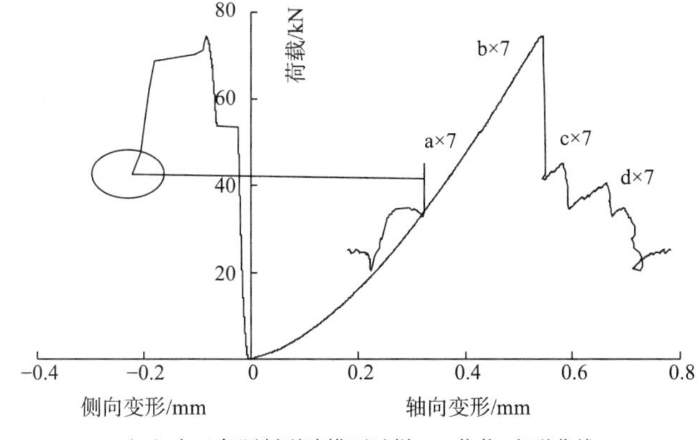

（c）含三条预制裂隙模型试样 3-1 荷载−变形曲线

图 6.16　板裂化模型试样荷载−变形曲线

需要说明的是，由图 6.16（b）和图 6.16（c）中试样侧向变形曲线可知，试样在峰后破坏过程中出现侧向变形减小的现象（图（b）和图（c）中圆框所示），这是由于试样侧向位移传感器所在位置发生岩片弹射现象，侧向位移传感器的尖端陷入岩片弹射后所留下的坑中所致。此外，对比图 6.16（a）、图 6.16（b）、图 6.16（c）不难看出，随着预制裂隙数目的增多，试样峰后荷载-变形曲线呈现出更多的“应力跌落”现象，这表明随着预制裂隙数目的增多，试样内裂纹的萌生、扩展变得更加复杂。

图 6.17 和图 6.18 为含不同数目预制裂隙模型试样主要力学参数平均值统计图。预制裂隙对试样峰值强度、峰值轴向应变、弹性模量等力学参数产生了不同程度影响：随着预制裂隙数目增多，试样峰值强度和弹性模量均呈稳定下降趋势，而峰值轴向应变却呈现先下降后上升的变化趋势。具体来看，完整无裂隙试样峰值强度为 39.41 MPa，而含一条、两条、三条预制裂隙模型试样分别为 32.81 MPa、29.91 MPa、28.04 MPa，峰值强度分别下降了 16.74%、24.11%、28.85%；完整无裂隙试样弹性模量为 11.81 GPa，而含一条、两条、三条预制裂隙模型试样分别为 10.29 GPa、9.12 GPa、8.81 GPa，弹性模量分别下降了 10.05%、20.28%、22.99%；完整无裂隙试样峰值轴向应变为 0.004 2，而含一条、两条、三条预制裂隙模型试样分别为 0.003 3、0.003 4、0.004 8。

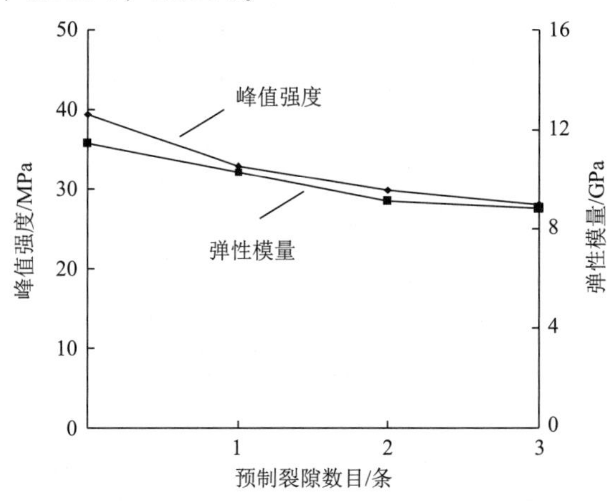

图 6.17　预制裂隙数目与峰值强度、弹性模量关系图

模型试样强度与弹性模量变化规律表明，在岩性相同条件下，岩板数目越多其临界失稳荷载越小，因而越容易发生失稳破坏，即岩爆发生风险越高；相反，岩板数目越少，其临界失稳荷载越大，因而岩板稳定性越好、越不容易失稳，岩爆发生风险越小。上述试验规律的认识对于深埋隧洞岩爆风险的定性评估具有一定指导意义，当隧洞围岩板裂化越发育、板裂破坏形成的岩板数目越多，则岩爆风险可能越高。

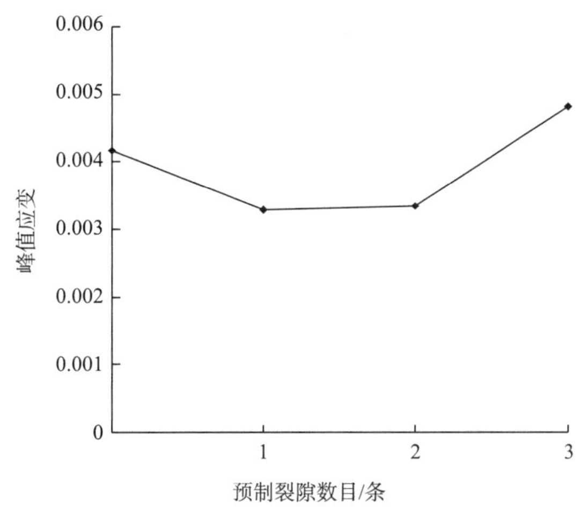

图 6.18　预制裂隙数目与峰值应变关系图

3）试样破坏过程及裂纹扩展特征

图 6.19 为含一条预制裂隙模型试样 1-1 破坏过程典型照片，结合其荷载–变形曲线（图 6.16（a）)，试样破坏过程主要特征为：轴向压缩荷载作用下，生于试样背面），裂纹 1a 和 1b 的形成导致试样侧向变形产生突然的当荷载值达到 80.25 kN 时，预制裂隙 1 上、下尖端产生张拉裂纹 1a 和 1b（1b 产增长（图 6.16（a）中 a 点），之后在压缩荷载作用下裂纹 1a 和 1b 分别朝向试样上、下端迅速扩展，并将试样沿着竖直方向劈裂开来，试样荷载值伴随着裂纹的扩展迅速跌落并发生岩板压折和岩块弹射现象（图 6.19（b）)，之后在平行于预制裂隙方向上劈裂产生了新的岩板，岩板的压折（图 6.19（c））导致了荷载值继续跌落，并伴有表面岩片剥落现象的发生。试样最终破坏形态如图 6.19（d）所示。

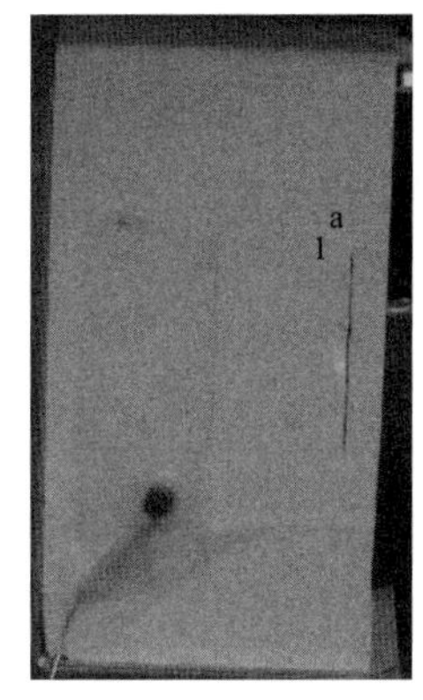

（a）张拉裂纹产生

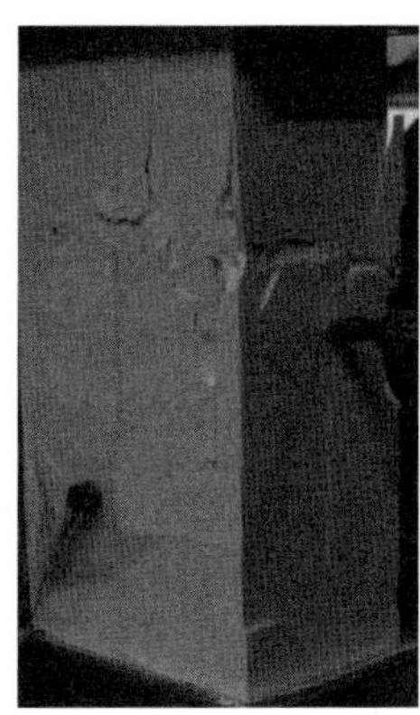

（b）岩板压折、岩片弹射

（c）新的岩板压折

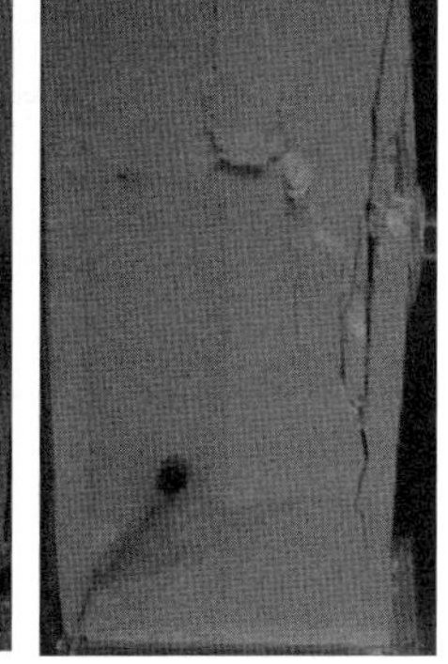

（d）最终破坏形态

图 6.19　含一条预制裂隙模型试样 1-1 典型破坏过程

图 6.20 为含两条预制裂隙模型试样 2-1 破坏过程典型照片，结合其荷载–变形曲线（图 6.16（b）)，试样破坏过程主要特征为：当压缩荷载值达到 33.33 kN 时，首先在预制裂隙 2 上、下尖端几乎同时产生了张拉裂纹 2a 和 2b，此时荷载值出现微小的跌落，而侧向变形产生较大幅值的增长（图 6.16（b）中 a 点所示），裂纹 2a 和 2b 形成后沿着竖直方向稳定扩展，而试样侧向变形速率也显著增大；当压缩荷载值继续增大至 78.52 kN 时，在预制裂隙 1 上、下端产生张拉裂纹 1a 和 1b（1b 产生于试样背面，图 6.20（b）中未标出），并造成压缩荷载值跌落至 76.35 kN（图 6.16（b）中 b 点所示）；当荷载值继续增大至峰值附近 83.8 kN 左右时，裂纹 1a 和 1b 的失稳扩展导致了荷载值迅速跌落至 67.68 kN（图 6.16（b）中 c 点），之后当荷载产生小幅度上升时，张拉裂纹 1a 和 1b 扩展形成的岩板 A 发生压折并产生岩块弹射现象（图 6.20（c)），同时伴有噼啪、折断的响声，从图 6.20（c）和图 6.20（d）所标注的圆框中可以明显看出岩板压折形成的多条张拉裂纹，而图 6.16 中侧向变形的减小（线框所标注），是由于侧向变形传感器尖端陷入岩块弹射形成的坑中所至；随着轴向变形的进一步增加，在预制裂隙 2 上尖端形成了次生裂纹–压剪裂纹 2c（图 6.20（d)），裂纹 2c 产生后沿着与竖直方向约 30°夹角稳定扩展，并伴有岩片剥落现象，而此时试样荷载值趋于稳定。

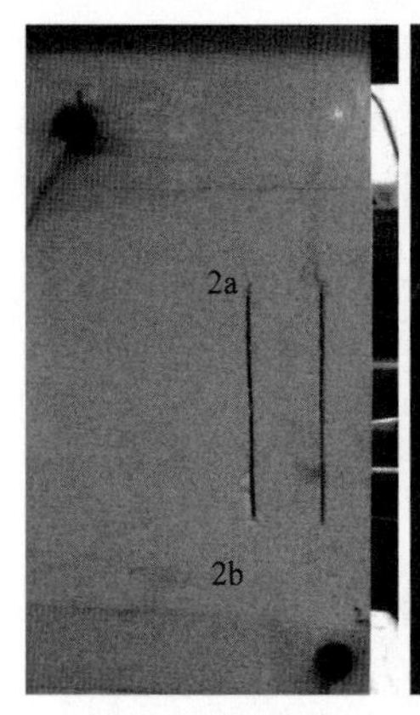

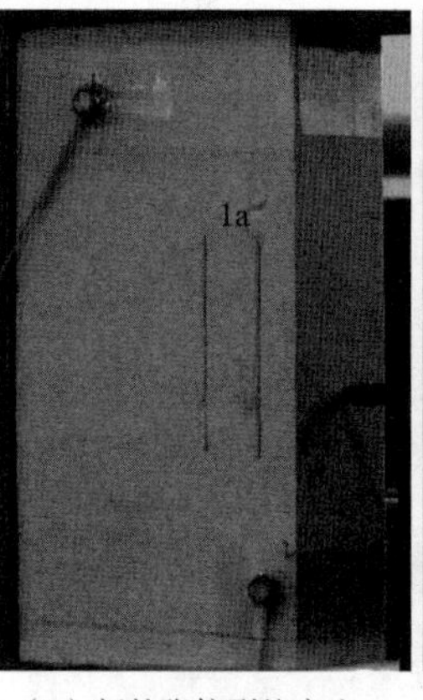

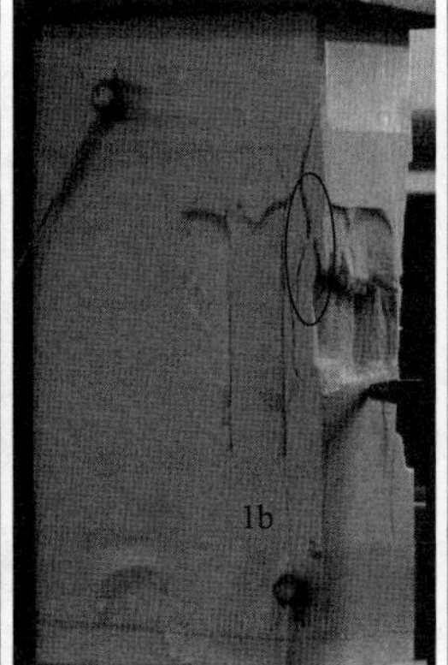

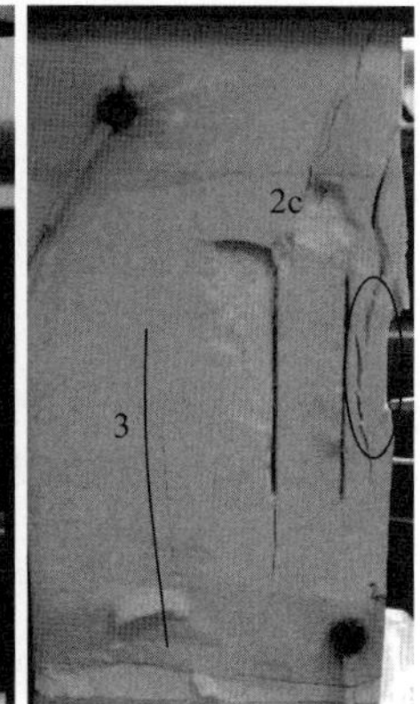

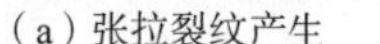

（a）张拉裂纹产生　（b）新的张拉裂纹产生　（c）岩板压折、岩片弹射　（d）最终破坏形态

图 6.20　含两条预制裂隙模型试样 2-1 典型破坏过程

此外，试验中发现：预制裂隙 1 和预制裂隙 2 其尖端张拉裂纹失稳扩展而形成的岩板 A 和岩板 B，其压折断裂顺序具有随机性，试样 2-1 中岩板 A 发生压折，而岩板 B 并未被压折；而试样 2-2 中却是岩板 B 先被压折断裂，之后岩板 A 才被压折并形成岩块弹射（图 6.21（c）和图 6.21（d)），当岩板 B 先于 A 压折断裂时，试样破坏时的侧向变形往往更大，容易超出侧向变形传感器的量程，图 6.22 为试样 2-2 荷载–侧向变形曲线。

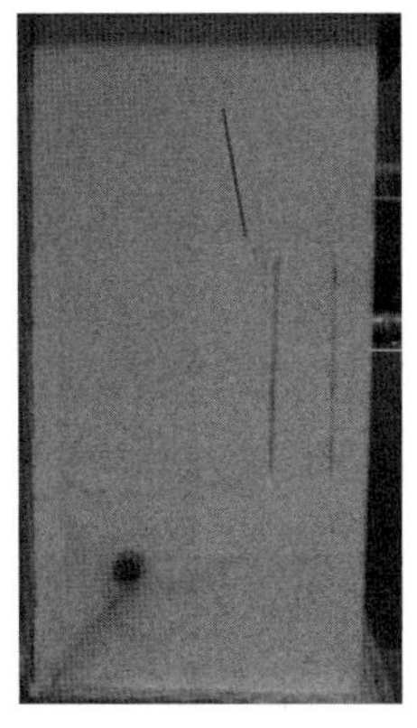
（a）张拉裂纹产生

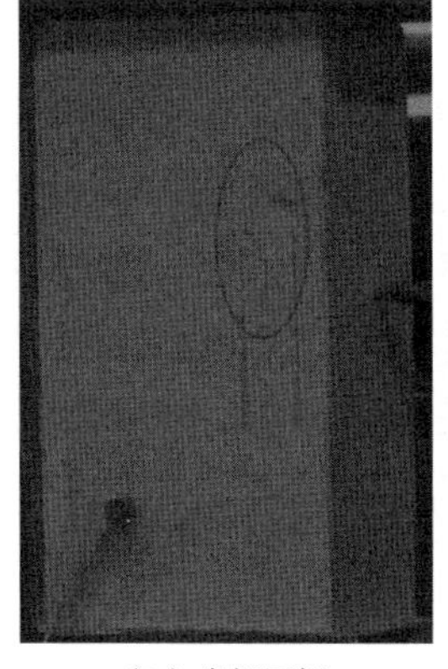
（b）岩板压折

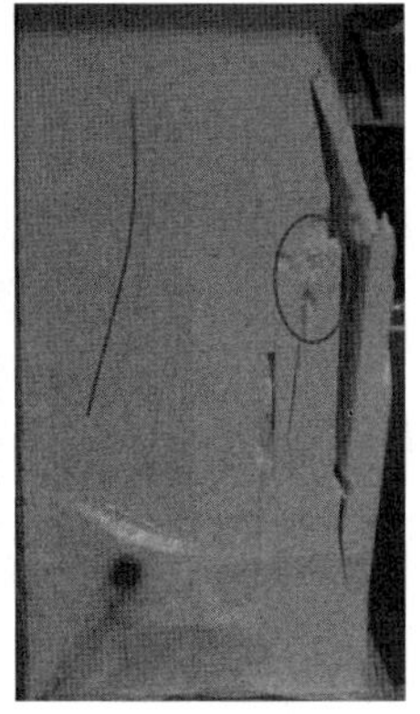
（c）新的岩板压折

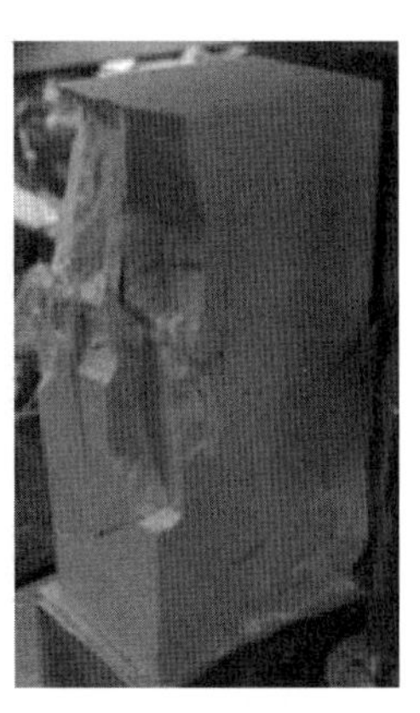
（d）最终破坏形态

图 6.21　含两条预制裂隙模型试样 2-2 典型破坏过程

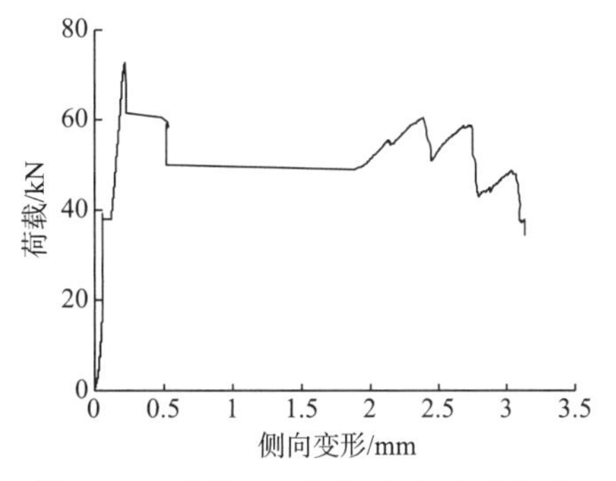

图 6.22　试样 2-2 荷载–侧向变形曲线

图 6.23 为含三条预制裂隙模型试样 3-1 破坏过程典型照片，结合其荷载–变形曲线（图 6.16（c）），试样破坏过程主要特征为：当压缩荷载值达到 53.47 kN 时，预制裂隙 3 的上、下尖端几乎同时产生张拉裂纹 3a 和 3b（图 6.23（a）），张拉裂纹 3a 和 3b 的产生导致试样侧向变形的突然增大（图 6.16（c）中 a 点所示），而荷载值未发生明显跌落；随着压缩荷载的继续增大，在峰值强度之前约 72.8 kN 左右时（图 6.16（c）中 b 点所示），预制裂隙 1 上尖端萌生拉伸裂纹 1a，并伴有微小岩片剥落现象（图 6.23（b））；而当压缩荷载值继续上升至峰值附近时，裂隙 1 下端形成拉伸裂纹 1b，此时裂纹 1a 和 1b 迅速扩展，而由裂纹 1a 和 1b 劈裂形成的岩板发生压折，并形成岩片弹射现象（图 6.23（c）），试样荷载值也迅速跌落至 41.41 kN，试样侧向变形先由−0.046 mm 变为−0.18 mm，之后又变为 0.36 mm，这是由于侧向位移传感器的端部陷入岩片弹射之后形成的坑中所至；荷载值第一次跌落之后，又缓缓增至 45.07kN，伴随这一过程，预制裂隙 2 尖端了产生张拉裂纹 2a 和 2b，裂纹 2a 和 2b 的扩展，导致荷载值由 45.07 kN 继续跌落；之后，在预制裂隙 3 上端产生次生压剪裂纹 3c（图 6.23（d）），压剪裂纹 3c 形成后朝向试样内部稳定扩展，并伴有微小的岩片剥落现象，而此时试样的荷载值也逐步趋于稳定。

综合以上含不同预制裂隙数目的板裂模型试样失稳破坏过程的分析不难看出：板裂化模型试样失稳破坏过程表现出应变型岩爆特征，其典型的破坏过程可概括描述为：预制裂隙尖端张拉裂纹的萌生与扩展–试样劈裂成板–岩板屈曲变形–

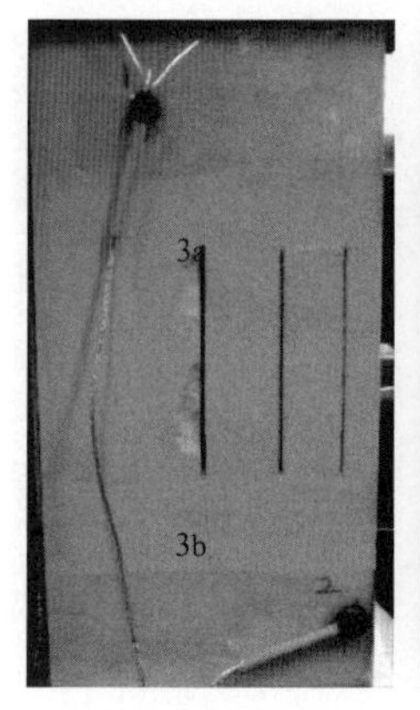

（a）张拉裂纹产生

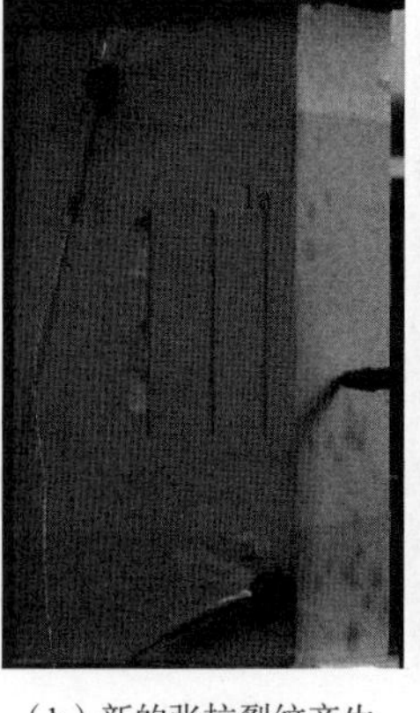

（b）新的张拉裂纹产生

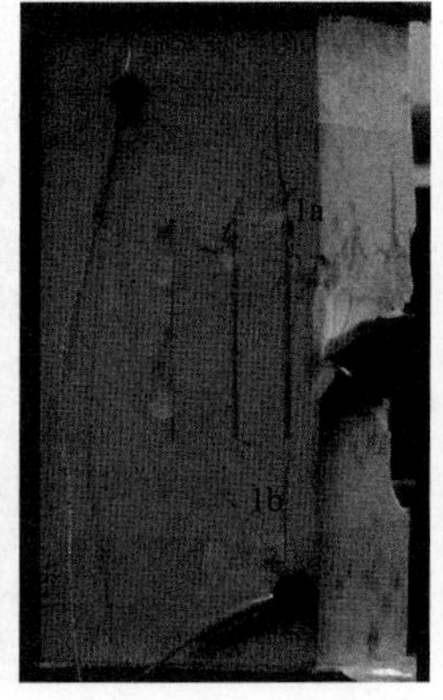

（c）岩板压折、岩片弹射

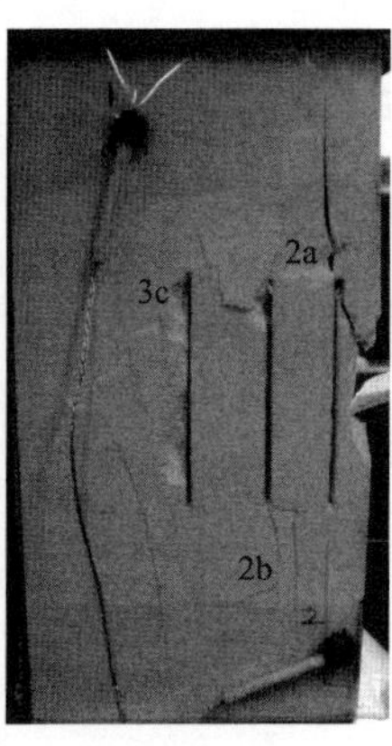

（d）张拉及压剪裂纹产生

图 6.23　含三条预制裂隙模型试样 3-1 典型破坏过程

岩板压折、岩片弹射；预制裂隙尖端产生的裂纹以张拉型为主，而含两条和三条预制裂隙的模型试样在残余强度阶段往往会有新的次生裂纹产生（主要为压剪裂纹）；模型试样内部的预制裂隙其尖端张拉裂纹的产生并不会导致试样荷载值的显著跌落，而会造成试样侧向变形的突增和侧向变形速率的显著增大。

4）声发射特性分析

压缩荷载作用下，试样内微裂隙的萌生、扩展及贯通，将造成试样内部的应力松弛，试样内储存的部分弹性能以应力波的形式释放出来，进而产生声发射现象。结合含不同预制裂隙数目模型试样的荷载–声发射–时间曲线（图 6.24）不难看出，模型试样在不同的变形破坏阶段（压密阶段、弹性变形阶段、屈服阶段、整体失稳阶段以及残余强度阶段）的声发射特性差异明显。具体来看，在压密阶段和弹性变形阶段，有少量的声发射撞击事件产生，主要是由于试件的非均质性，一些微裂隙被压密以及少量的微破裂产生，但由于这些声发射撞击所携带的能量值很低，因而声发射累计能量曲线保持在很低水平，并呈现整体缓慢上升趋势，需要说明的是，由于含两条预制裂隙试样 2-1 在弹性变形阶段便在预制裂隙尖端形成了张拉裂纹，因而相比试样 1-1 和 3-1 其声发射信号要活跃得多；在屈服阶段，预制裂隙尖端微裂纹的萌生与扩展导致声发射事件撞击率开始显著增大，而声发射累计能量曲线呈现非线性增加的趋势；在整体失稳阶段，试样内裂纹快速扩展，并迅速贯穿试样，形成宏观的破裂面，此时声发射撞击率达到最大值，而累计能量曲线几乎呈现竖直上升趋势，由前文分析可知，此阶段发生岩板的压折与岩片的弹射现象，由此可知岩板屈曲失稳过程伴随大量弹性应变的释放，这是形成岩块弹射现象的重要原因；残余强度阶段，含一条预制裂隙模型试样的声发射信号趋于稳定，而含两条和三条预制裂隙模型试样仍有少量声发射撞击事件产生。

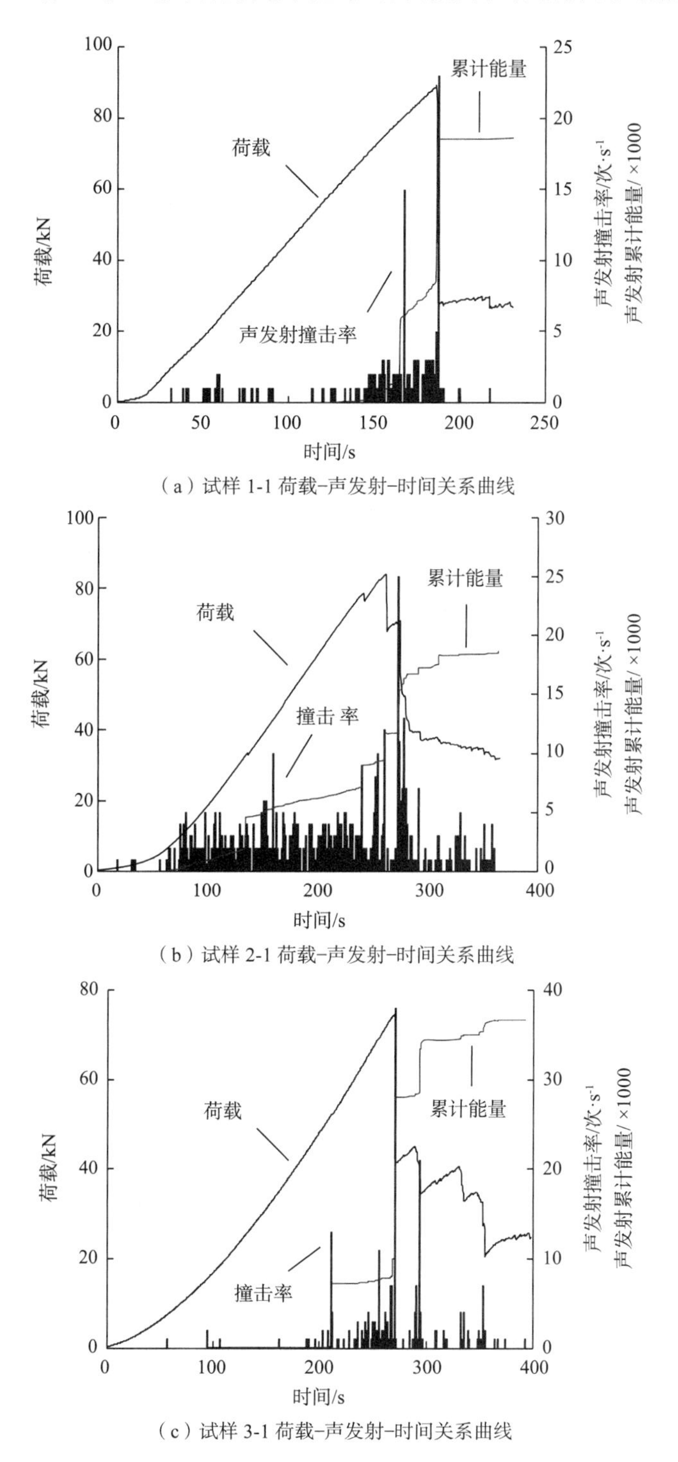

（a）试样 1-1 荷载-声发射-时间关系曲线

（b）试样 2-1 荷载-声发射-时间关系曲线

（c）试样 3-1 荷载-声发射-时间关系曲线

图 6.24　试样荷载-声发射-试件关系曲线

此外，含不同预制裂隙模型试样其整个破坏过程中的声发射特性有所差异：含两条和三条预制裂隙模型试样在残余强度阶段声发射信号仍然比较活跃，结合前文所述的试样破坏过程分析可知，残余强度阶段预制裂隙尖端压剪裂纹的萌生与扩展，是导致此阶段声发射信号活跃的原因所在。

图 6.25 为声发射累计能量统计图，由图可知随着预制裂隙数目增多，即岩板数目越多，声发射累计能量越大，而由前文分析可知，试样在岩板压折断裂、岩块弹射过程中声发射累计能量均会发生剧烈突增现象，这充分说明随着岩板数目的增多，试样失稳时能量释放越多、越剧烈。上述试验规律的认识对于深埋隧洞岩爆风险的定性评估具有一定指导意义，当围岩板裂化程度越高、板裂破坏形成的岩板组数越多则岩爆发生时岩爆强度可能越高。

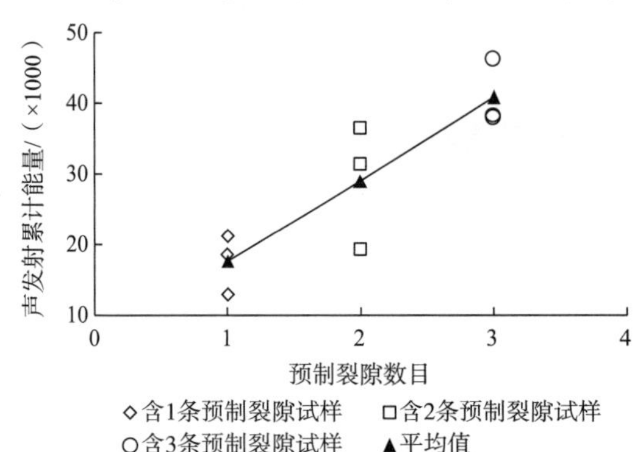

图 6.25　声发射累计能量与预制裂隙数目关系曲线

6.3.3　矿柱型岩爆机制和岩爆能量源的讨论

1）关于矿柱型岩爆机制

深部矿山开采中矿柱中的板裂化破坏现象也较为普遍。Martin 等[10]通过对加拿大硬岩矿山开采中，178 例矿柱破坏模式的现场案例统计研究表明：当硬岩矿柱的宽高比小于 2.5 时，其主导破坏模式为渐进的板裂化与剥落破坏，最终形成类似“漏斗状”或“沙漏状”的破坏形状，如图 6.26 所示。Wang 等[290]采用突变理论分析了矿柱型岩爆机制，并采用 RFPA2D 数值分析软件模拟了矿柱失稳破坏过程，如图 6.27 所示。

图 6.26　矿柱板裂化破坏现象

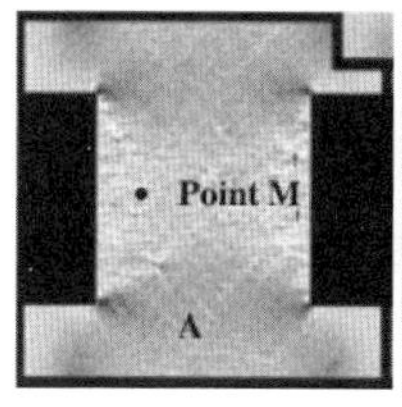

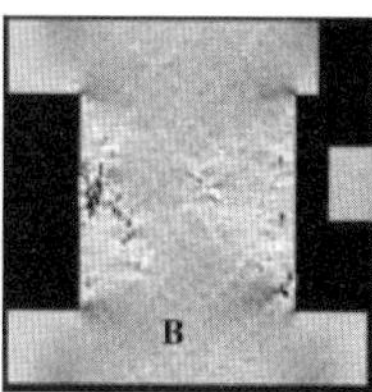

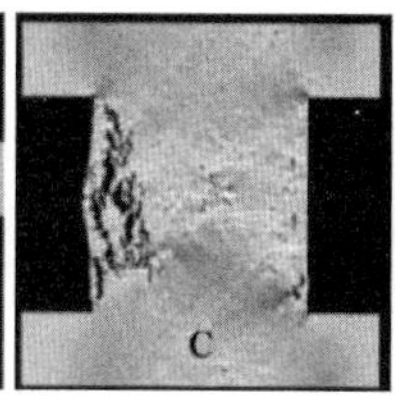

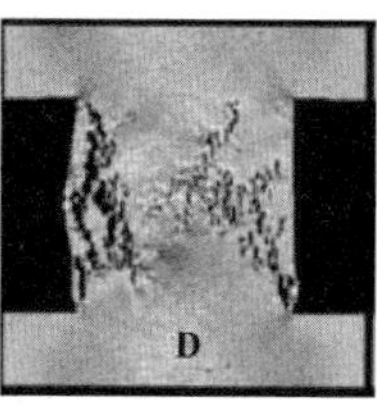

图 6.27　矿柱失稳破坏过程的数值模拟

从上述已有研究成果来看，矿柱失稳破坏过程也伴有板裂化破坏现象，矿柱型岩爆与本文所研究的岩爆破坏机制相类似，所不同的是矿柱受力状态为单轴受压。为此，本次试验进行了单轴压缩下板裂化模型试样失稳破坏的试验研究。

单轴压缩下试样 A-1 破坏过程如图 6.28 所示，其荷载–声发射–时间曲线如图 6.29 所示。由图 6.29 可知，试样加载初期经历了显著的压密和线弹性阶段，此阶段试样保持完整；当加载时间增至 150 s 左右时，试样声发射撞击率开始显著增大，而声发射累计能量曲线也开始呈现非线性增长趋势，且增长速率逐渐增大，这表明试样内预制裂隙尖端裂纹开始萌生并逐步扩展；伴随着荷载值的进一步增大，预制裂隙尖端张拉裂纹进一步扩展，并将试样沿着预制裂隙（竖直方向）劈裂成板；加载时间增至 233 s 时试样达到峰值强度，之后荷载值由 104 kN 迅速跌落至 25.1 kN，伴随着这一过程，试样左侧劈裂形成的岩板发生压折并弹射出去（图 6.28（b）），此时声发射撞击率达到了 34 次/s，而声发射累计能量由 4 000 突增至 11 000；此后，试样荷载值缓慢上升至 30.12 kN 时再一次发生跌落，试样左侧岩板则再次发生压折现象（图 6.28（c）中圆框所示）。由图 6.28（c）、6.28（e）可明显看出试样 A-1 岩板屈曲断裂形态。

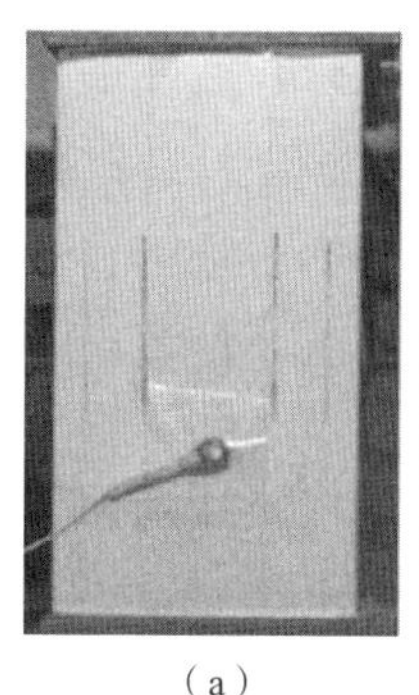
（a）
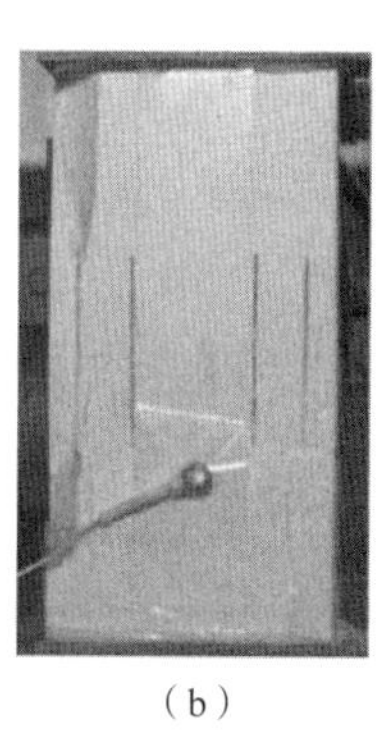
（b）
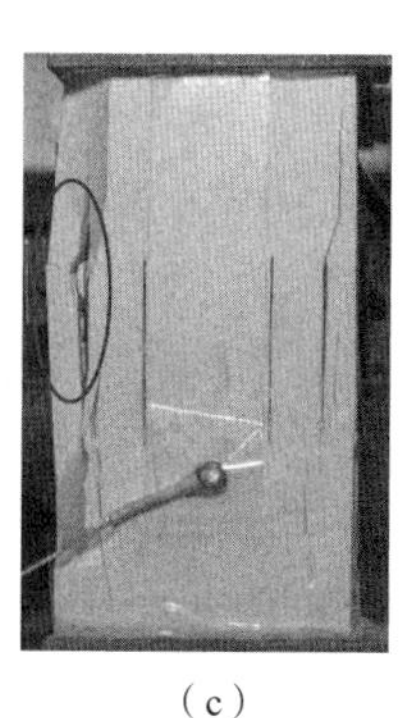
（c）
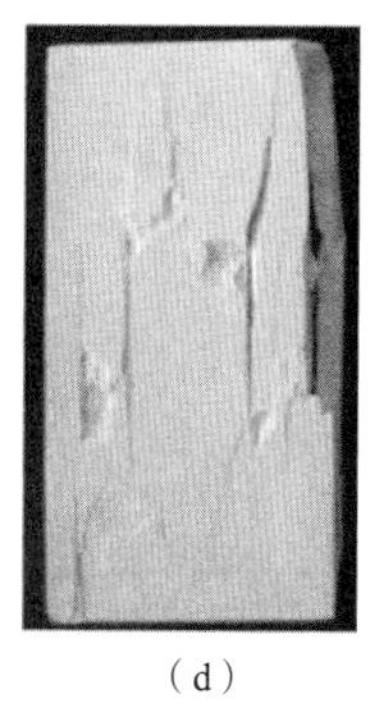
（d）
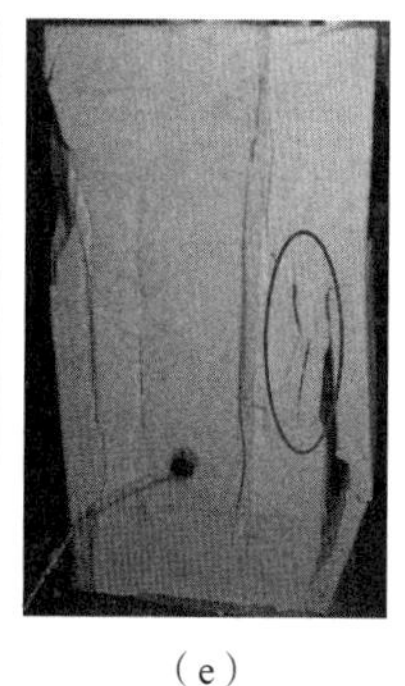
（e）

图 6.28　单轴压缩下模型试样破坏过程图

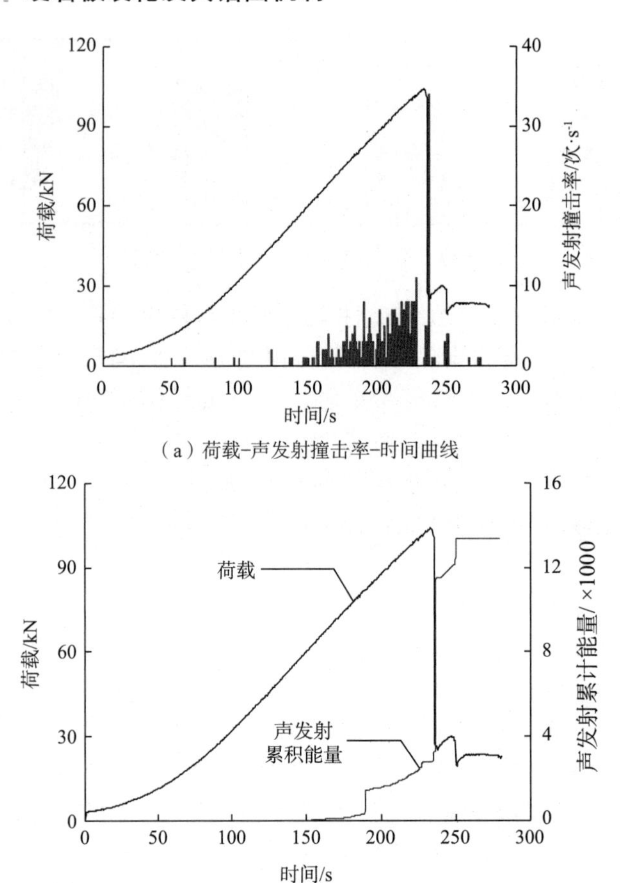

（a）荷载-声发射撞击率-时间曲线

（b）荷载-声发射累计能量-时间曲线

图 6.29　试样 A-1 荷载-声发射-时间曲线

由上述试验分析可知，单轴加载下板裂化模型试样失稳破坏过程与矿柱失稳破坏（矿柱型岩爆）具有较好一致性，这表明采用本试验方法模拟矿柱型岩爆的合理性。

2）关于岩爆能量源

顾金才等[291]采用单轴加载进行抛掷型岩爆模拟试验时（图 6.30（a）），“为了模拟岩爆体上的应力集中状态，在试件的上下表面左右两边各垫 1 条钢垫板（实际工程中只在洞壁一侧产生应力集中状态，试验中垫 2 块钢板（图 6.30（b）中圆框所示）是为了平衡试验装置）”。从其试验结果可以看出，钢垫板的施加可以较好地模拟洞壁围岩应力集中现象使得试样形成板状劈裂破坏，但在试样发生劈裂破坏后，并未形成岩块弹射的岩爆现象（图 6.30（b）），分析其原因不难发现试样劈裂成板后其承载力迅速下降（应力-应变曲线峰后阶段），也就是说劈裂形成的岩板不会经历本文试验中岩板屈曲积聚弹性应变能的阶段（图 6.30（c）），因而岩板在缺少能量来源情况下不会形成岩块弹射现象。

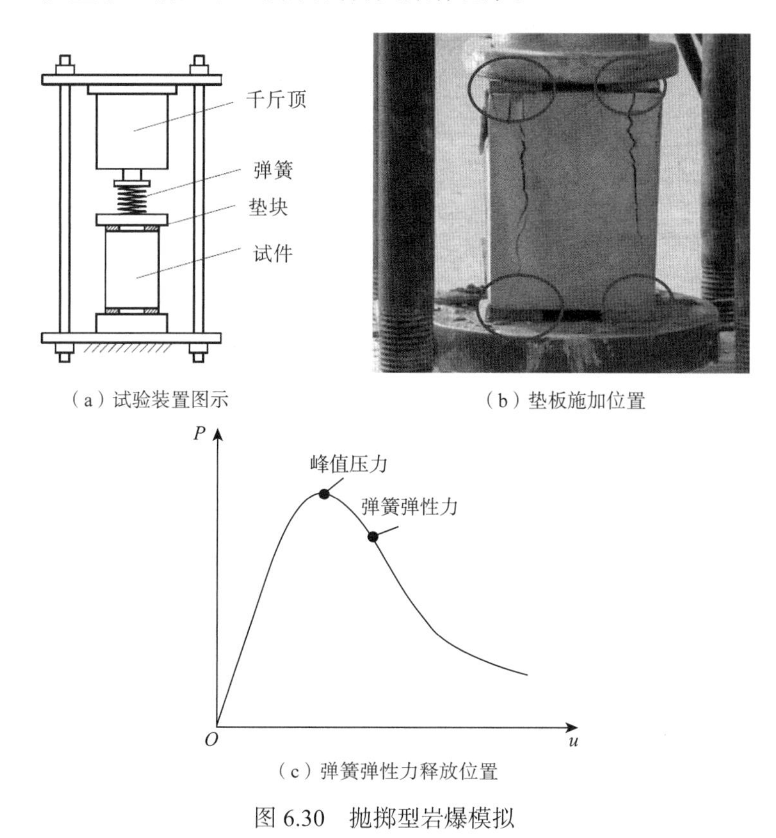

（a）试验装置图示

（b）垫板施加位置

（c）弹簧弹性力释放位置

图 6.30　抛掷型岩爆模拟

结合上述分析可知，板裂化破坏所形成的岩板向开挖空间内的屈曲变形是岩爆能量集聚的重要阶段，也是岩爆岩块弹射的重要能量来源，这与 Diederichs 等[84]的研究结果是一致的。

6.4　基于突变理论的板裂化岩爆倾向性分析

6.4.1　力学模型简化

隧洞开挖前，洞壁围岩处于三向应力状态，假定洞室开挖前围岩水平应力和竖直应力均匀分布，竖直应力为 P_0，水平应力为 λP_0。板裂化围岩结构中岩板尺寸与洞室尺寸相比为一较小量，为简化计算将岩板取为直壁薄板。取宽度为 h、高度为 a、厚度为 b_i 的板梁来分析，围岩力学模型简化为图 6.31 所示。

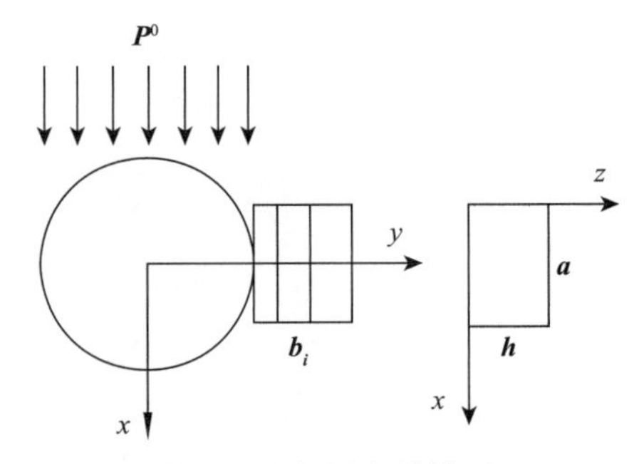

图 6.31　板梁力学模型

洞室开挖后围岩应力重分布，将圆形洞室二次应力状态的弹性解极坐标形式转换为直角坐标，由弹性力学解得到圆形洞室开挖后的二次应力状态，其水平应力及竖向应力表达式为

$$\sigma_y=\frac{P_0}{2}\left[(1+\lambda)\left(1-\frac{r_0^2}{y^2}\right)-(1-\lambda)\left(1-\frac{4r_0^2}{y^2}+\frac{3r_0^4}{y^4}\right)\right] \tag{6-1}$$

$$\begin{aligned}\sigma_x=&\frac{P_0a^2(1+\lambda)}{2(a^2+4y^2)}\left(1-\frac{4r_0^2}{a^2+4y^2}\right)-\frac{P_0a^2(1-\lambda)}{2(a^2+4y^2)}\left(1-\frac{16r_0^2}{a^2+4y^2}+\frac{48r_0^4}{(a^2+4y^2)^2}\right)\frac{4y^2-a^2}{4y^2+a^2}\\&+\frac{4P_0y^2}{2(a^2+4y^2)}\left[(1+\lambda)\left(1+\frac{4r_0^2}{a^2+4y^2}\right)+(1-\lambda)\left(1+\frac{48r_0^4}{(a^2+4y^2)^2}\right)\frac{4y^2-a^2}{4y^2+a^2}\right]\\&-\frac{8P_0a^2y^2}{(a^2+4y^2)^2}(1-\lambda)\left[1+\frac{8r_0^2}{a^2+4y^2}-\frac{48r_0^4}{(a^2+4y^2)^2}\right]\end{aligned} \tag{6-2}$$

式中：P_0为初始竖向应力，λ为侧压力系数，r_0为洞室半径。为简化计算，假定板梁挠度ω仅为x的函数，设板梁挠度曲线为

$$\omega=\omega_0\cos(\pi x/a) \tag{6-3}$$

式中：ω_0为板梁中点处挠度；a为板梁高度。

6.4.2　单块岩板的突变分析

1）突变方程的建立

首先以单独的劈裂岩板为研究对象，建立单块岩板的突变方程，分析单块岩板在应力作用下的最大突变破坏深度。

根据弹性理论，结构体系的总势能 V 可表示为应变能 U 和作用力势能的组合

$$V = U - \sum_{i=1}^{n} P_i \delta_i \tag{6-4}$$

式中：P_i 为作用于岩板上的力；δ_i 为与 P_i 相应的位移；n 为力的个数；U 为弹性应变能。考虑岩板竖向力和水平力的作用，总势能 V 表达式为

$$V = U - W_P + W_M \tag{6-5}$$

式中：W_P 为竖向力所做的功，W_M 为劈裂岩板上水平力所做的功。

根据梁弯曲理论的平截面假设，略去剪切应变能，其弯曲应变能为

$$U = \int_0^s \frac{M^2}{2EI} \mathrm{d}s \tag{6-6}$$

式中：s 为挠度曲线的弧长；M 为岩板弯矩；EI 为岩板的抗弯刚度，在小变形条件下式中略去了 $\left(\mathrm{d}y/\mathrm{d}x\right)^2$。

对于劈裂体，单位宽度的岩板的抗弯刚度为

$$D = \frac{Eb^3}{12(1-\mu^2)} \tag{6-7}$$

式中：E 为岩板弹性模量；b 为岩板厚度；μ 为岩板泊松比。

用 D 代替梁的抗弯刚度 EI 得板梁的应变能为

$$U = \frac{D}{2}\int_0^a \left(\frac{d^2\omega}{dx^2}\right)^2 \left[1 + \frac{1}{2}\left(\frac{\mathrm{d}\omega}{\mathrm{d}x}\right)^2\right] \mathrm{d}x = \frac{D\pi^4\omega_0^2}{4a^3} + \frac{D\pi^6\omega_0^4}{32a^5} \tag{6-8}$$

竖向力在加载过程中做功为

$$W_P = \frac{1}{2}\int_0^a \sigma_x f\left(b\right)\left(\frac{\mathrm{d}y}{\mathrm{d}x}\right)^2 \mathrm{d}x = \frac{\pi^2\sigma_x f\left(b\right)}{4a}\omega_0^2 \tag{6-9}$$

水平力做功为

$$W_M = \int_0^a \sigma_y a\omega \mathrm{d}x = \frac{2a^2\sigma_y}{\pi}\omega_0 \tag{6-10}$$

将式（6-8）、式（6-9）、式（6-10）代入式（6-5）可得

$$V = U - W_P + W_M = \frac{D\pi^6}{32a^5}\omega_0^4 + \left(\frac{D\pi^4}{4a^3} - \frac{\pi^2\sigma_x f(b)}{4a}\right)\omega_0^2 + \frac{2a^2\sigma_y}{\pi}\omega_0 \tag{6-11}$$

按突变理论标准形式，令

$$x = \left(\frac{D\pi^6}{32a^5}\right)^{\frac{1}{4}}\omega_0 \tag{6-12}$$

$$u = \left(\frac{D\pi^4}{4a^3} - \frac{\pi^2\sigma_x f(b)}{4a}\right)\left(\frac{D\pi^6}{32a^5}\right)^{-\frac{1}{2}} \tag{6-13}$$

$$v = \frac{2a^2\sigma_y}{\pi}\left(\frac{D\pi^6}{32a^5}\right)^{-\frac{1}{4}} \tag{6-14}$$

式中：x 为状态变量；u 、v 为控制变量。则式（6-11）可化为突变标准形式

$$V = x^4 + ux^2 + vx \tag{6-15}$$

令 $V'(x)=0$ 可得平衡曲面方程

$$4x^3 + 2ux + v = 0 \tag{6-16}$$

令 $V''(x)=0$，可得奇点集方程：

$$12x^2 + 2u = 0 \tag{6-17}$$

经过代换运算消去 x，可得分叉集方程为

$$\varDelta = 8u^3 + 27v^2 = 0 \tag{6-18}$$

分叉集方程为一半立方抛物线。

2）单块岩板岩爆的能量释放分析

突变的必要条件分叉集上的任一点（u，v）代表了系统的某个临界状态。从图 6.32 可以看出，$u>0$ 时系统状态平稳过渡，围岩系统没有发生突变；只有当 $u<0$ 时，平衡曲面上的点才可能跨越分叉集，此时系统由一种状态突变为另一种状态。

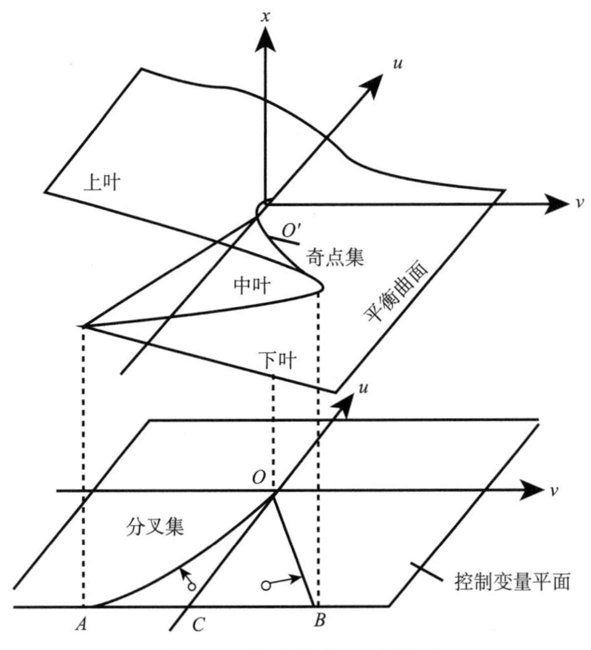

图 6.32　尖点突变理论模型

突变的充分条件由尖点突变模型可知，当控制轨迹越过分叉集时，平衡曲面

上的点必将跳跃到另一叶上引起 x 的突变，因此分叉集方程（6-18）即为突变的充分条件。将式（6-13）、式（6-14）代入式（6-18）可得

$$\Delta=8\left(\frac{D\pi^4}{4a^3}-\frac{\pi^2\sigma_x f(b)}{4a}\right)^3\left(\frac{D\pi^6}{32a^5}\right)^{-\frac{3}{2}}+27\frac{4a^4\sigma_y^2}{\pi^2}\left(\frac{D\pi^6}{32a^5}\right)^{-\frac{1}{2}}=0 \qquad (6\text{-}19)$$

由上式可以看出，随竖向应力的增大以及水平应力的减小，突变特征值 Δ 逐渐由正值变为负值致使系统发生突变。此外，除外部应力条件，岩体自身力学性质，如弹性模量以及岩板的尺寸也决定了系统状态能否发生突变。

当式（6-19）成立且 u=0 时，式（6-16）有三重零根，即 $x_1=x_2=x_3=0$；当 u<0 时，式（6-16）有三重实根

$$x_1=x_2=\frac{1}{2}\left(-\frac{2u}{3}\right)^{\frac{1}{2}} \qquad (6\text{-}20)$$

$$x_3=-\left(-\frac{2u}{3}\right)^{\frac{1}{2}} \qquad (6\text{-}21)$$

围岩系统跨越分叉集时状态变量 x 发生突跳，突跳值为

$$\Delta x=x_1-x_3=\frac{3}{2}\left(-\frac{2u}{3}\right)^{\frac{1}{2}} \qquad (6\text{-}22)$$

将上式代入（6-15）可求得围岩突变前后系统释放的能量，即

$$\Delta V=\Delta x^4+u\Delta x^2+v\Delta x \qquad (6\text{-}23)$$

利用式（6-22），上式可进一步表述为

$$\Delta V=\frac{3u^2}{4}+\frac{3v}{2}\left(-\frac{2u}{3}\right)^{\frac{1}{2}} \qquad (6\text{-}24)$$

取岩板宽度为 h，则发生岩爆时围岩释放的总能量为

$$\Delta E=h\Delta V=\frac{3hu^2}{4}+\frac{3hv}{2}\left(-\frac{2u}{3}\right)^{\frac{1}{2}} \qquad (6\text{-}25)$$

6.4.3　组合岩板的突变分析

1）组合岩板突变方程建立

以单块岩板为研究对象时考虑的是劈裂岩板在外部应力作用下逐个破坏崩出，岩板间互不影响。但在工程实际中劈裂岩板并不是相互独立的，而是相互间作用有水平力，单块岩板发生岩爆并不能真实反映围岩系统发生岩爆的状况。因此，按 6.4.2 节所述方法，以不同岩板组合为研究对象，分析在相同应力条件下岩板组合的岩爆倾向性。此时将岩板组合体视为一个系统，将岩板间的水平作用

力作为内部力来考虑。

对于岩板组合来说，单位宽度的单块板的抗弯刚度为

$$D_i = \frac{Eh_i^3}{12(1-\mu^2)} \tag{6-26}$$

岩板的应变能为

$$\sum U_i = \frac{\pi^4 \sum D_i}{4a^3}\omega_0^2 + \frac{\pi^6 \sum D_i}{32a^5}\omega_0^4 \tag{6-27}$$

竖向力对岩板做功为

$$\sum W_{P_i} = \frac{\pi^2 \sum \sigma_{x_i} f(b_i)}{4a}\omega_0^2 \tag{6-28}$$

水平力对岩板做功为

$$\sum W_{M_i} = \frac{2a^2\sigma_{y_i}}{\pi}\omega_0 \tag{6-29}$$

则围岩系统的总势能为

$$V = \sum U_i - \sum W_{P_i} + \sum W_{M_i} = \frac{\pi^6 \sum D_i}{32a^5}\omega_0^4 + \left(\frac{\pi^4 \sum D_i}{4a^3} - \frac{\pi^2 \sum \sigma_{x_i} f(b_i)}{4a}\right)\omega_0^2 + \frac{2a^2\sigma_{y_i}}{\pi}\omega_0 \tag{6-30}$$

为将上式化简为突变模型的标准形式，令

$$z = \left(\frac{\pi^6 \sum D_i}{32a^5}\right)^{\frac{1}{4}}\omega_0 \tag{6-31}$$

$$m = \left[\frac{\pi^4 \sum D_i}{4a^3} - \frac{\pi^2 \sum \sigma_{x_i} f(b_i)}{4a}\right]\left(\frac{\pi^6 \sum D_i}{32a^5}\right)^{-\frac{1}{2}} \tag{6-32}$$

$$n = \frac{2a^2\sigma_{y_i}}{\pi}\left(\frac{\pi^6 \sum D_i}{32a^5}\right)^{-\frac{1}{4}} \tag{6-33}$$

式中：z 为组合岩板条件下的状态变量，m、n 为组合岩板条件下的控制变量。则分叉集方程为

$$\Delta = 8m^3 + 27n^2 \tag{6-34}$$

2）组合岩板岩爆的能量释放分析

组合岩板系统发生突变的必要充分条件与单块岩板时相同：只有当状态变量 $z<0$ 时平衡曲面上的点才可能跨越分叉集，系统满足突变的必要条件；当控制轨迹越过分叉集时，平衡曲面上的点才会跳跃发生突变，即充分条件为：$\Delta = 8m^3 + 27n^2 < 0$。

其中，m、n 表达式为式（6-32）、式（6-33）。

借鉴单块岩板的能量释放推导，当岩板宽度为 h 时，组合岩板条件下的能量释放为

$$\Delta E = h\Delta V = \frac{3hm^2}{4} + \frac{3hn}{2}\left(-\frac{2m}{3}\right)^{\frac{1}{2}} \tag{6-35}$$

6.4.4　准静力条件下岩爆倾向性分析

由于岩爆突变模型所含参数较多，从表达式中难以直接看出各参数变化对岩爆的影响。为了确定外部作用力和岩板厚度对岩爆的影响，下面将针对具体参数对岩爆进行分析，其中假定岩板厚度服从等差数列分布。取岩板的参数为：a=1 m，b_i=0.01+（i−1）×0.005，h=1 m，r_0=5 m，E=12 GPa，υ=0.2，$\lambda=\upsilon/(1-\upsilon)$=0.25，$\gamma$=2.5×104 N/m^3，$H$=1 600 m，则初始竖向应力 $P_0=\gamma H$=40 MPa。

根据以上参数可分别计算出各岩板竖向和水平应力，由计算结果可知，岩板竖向应力随深度增加逐渐递减至初始应力 P_0，而水平应力在逐渐增大至峰值后递减至 λP_0。

1）单块岩板

代入相关参数，由式（6-13）、式（6-14）分别计算求出 u 和 v 并通过式（6-18）确定突变特征值 $\Delta=8u^3+27v^2$ 的符号，以此来判别系统是否发生突变，u 及 Δ 分别如图 6.33、图 6.34 所示。

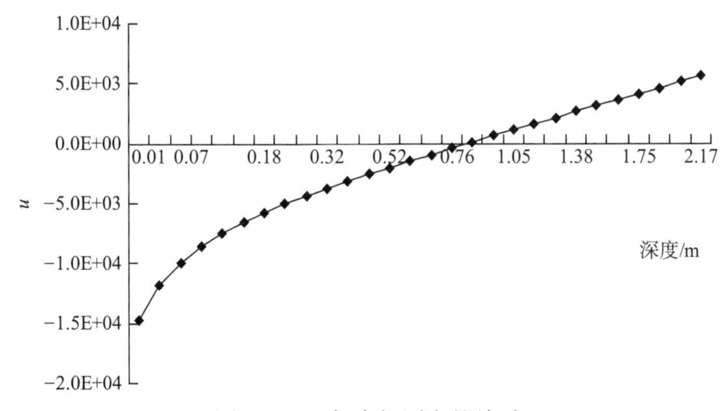

图 6.33　u 与岩板厚度的关系

由图 6.33 可以看出，随深度增大，岩板厚度和水平力逐渐增大，而竖向力逐渐减小，u 值逐渐由负值变为正值，说明岩板发生突变的必要条件不再满足；u 值保持为负值的最大深度为 0.76 m。

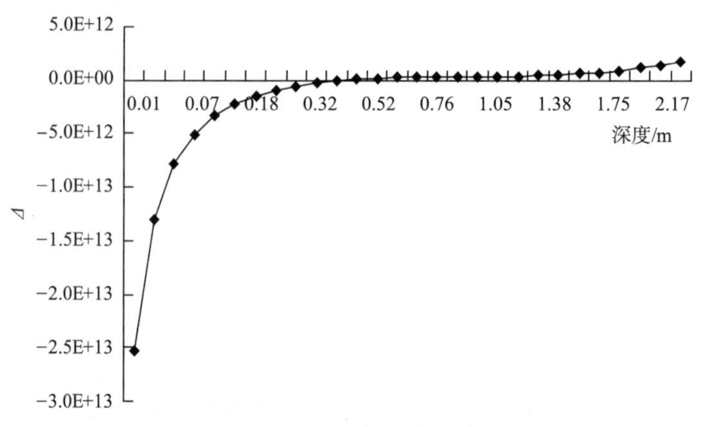

图 6.34　Δ 与岩板厚度的关系

由图 6.34 可知，自洞壁临空面处随深度增加，突变特征值的绝对值|Δ|急剧减小，深度继续增大时|Δ|变化趋于平缓，在 0.385 m 处保持为负值，即发生岩爆深度为 0.385 m。在深度为 0.45 m 处 Δ 变为正值，不再满足发生突变的充分条件，但此时 Δ 值较小，Δ 增大趋势平缓，施加较小竖向力即可满足系统发生突变的条件。

2）板裂组合岩板

代入已知具体参数，由式（6-32）、式（6-33）计算出岩板组合条件下控制变量 m、n 的值，并利用式（6-34）确定突变特征值的符合以此来判别岩板组合的岩爆倾向性，m 及 Δ 值分别如图 6.35、图 6.36 所示。

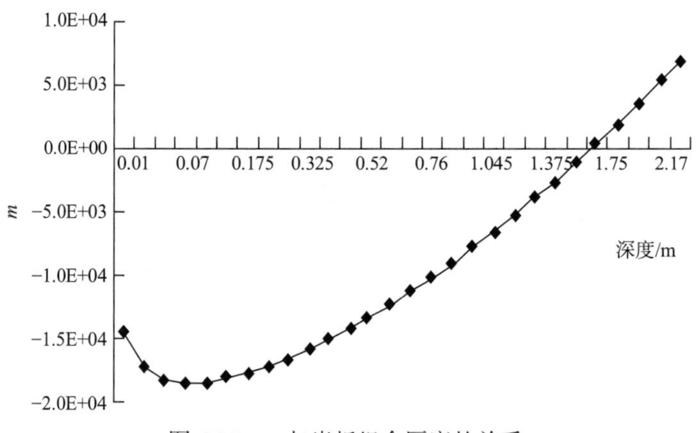

图 6.35　m 与岩板组合厚度的关系

由图 6.35 可以看出，同等条件下岩板组合的 m 值变化规律与图 6.33 相似，但 m 值增长速率高于单块岩板条件下。岩板组合条件下 m 值保持为负值的深度变大，达到 1.495 m。

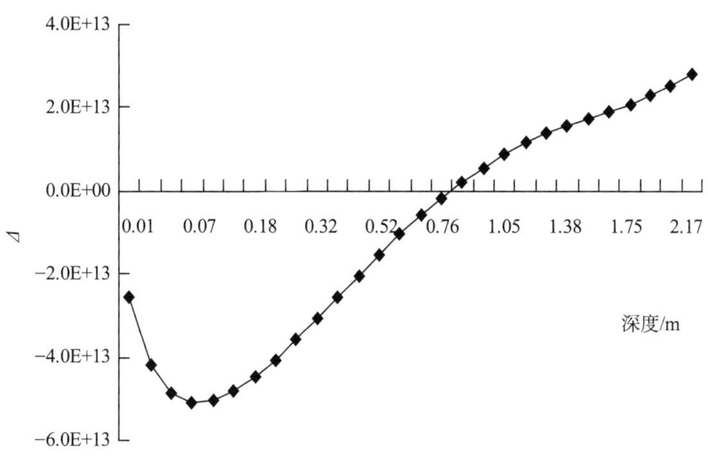

图 6.36　Δ 与岩板组合厚度的关系

与图 6.34 所示情况相比，图 6.36 中 Δ 值的变化趋势明显，说明随组合岩板厚度增大导致组合岩板等效抗弯刚度急剧增大，Δ 值迅速增大，岩爆逐渐变得难以发生，但由于考虑了内部水平作用力，岩爆深度仍然大于单块岩板条件下，岩爆最大深度达到 0.76 m。

从上述计算可以看出，岩板组合条件下竖向和水平作用力均增加，但 m 值增长幅度大于 v 值增长幅度，致使 $\Delta=0$ 时的深度值增大。对比单块岩板及组合岩板两种情况可知，单块岩板的条件下岩爆深度为 0.385 m，而岩板组合条件下岩爆深度达到 0.76 m，验证了上述结论。

6.4.5　动力扰动下岩爆倾向性分析

在工程实际中掌子面处的爆破震动、地震等对岩爆均有不可忽视的激励作用，为此，本节将在上节讨论的基础上在纵向方向施加一动力扰动，探讨以下各情况中岩板发生岩爆所需外部扰动应力。

1）动力扰动下单块岩板岩爆分析

在水平力保持不变的情况下，在纵向方向对岩板施加外部绕动力，使突变特征值重新变为负值而满足岩爆的充要条件。对单块岩板，由式（6-18）可得

$$u' = -\left(\frac{8v^2}{27}\right)^{\frac{1}{3}} \tag{6-36}$$

由式（6-13）可得

$$\sigma_x^{'} = \frac{P'}{f(b)} = \frac{D\pi^2}{a^2} - \frac{u'\pi}{a}\left(\frac{D}{2a}\right)^{\frac{1}{2}} \tag{6-37}$$

根据上文参数计算所得 v 值以及式（6-35），反推 $\Delta>0$ 时的 u'，并由式（6-36）计算得出发生岩爆时所需外部扰动应力，所得结果如图 6.37 所示。

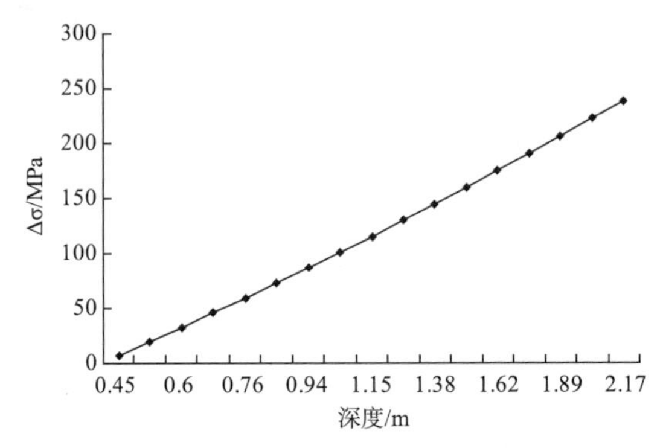

图 6.37　单块岩板时岩爆所需扰动应力

由图 6.34 可知深度为 0.45 m 时 Δ 为正值，不满足岩爆发生的条件，而由图 6.37 可知，对岩板施加 7.7 MPa 竖向应力即可使岩板发生岩爆。随深度继续增加，岩板发生岩爆所需竖向应力呈线性增长，所需应力达到几十兆帕，发生岩爆的难度逐渐增加。

2）动力扰动下板裂组合岩板岩爆分析

类比式（6-36）、式（6-37），可得岩板组合条件下发生岩爆所需竖向应力为

$$\sigma_x' = \frac{\sum P'}{f(b)} = \frac{\pi^2 \sum D_i}{a^2} - \frac{m'\pi}{a}\left(\frac{\sum D_i}{2a}\right)^{\frac{1}{2}} \tag{6-38}$$

由上式计算组合条件下岩板发生岩爆所需竖向扰动应力，所得结果示于图 6.38。

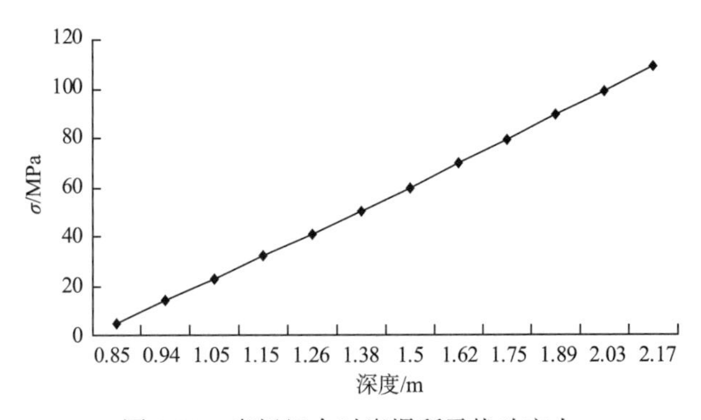

图 6.38　岩板组合时岩爆所需扰动应力

可见岩板组合时所需外部扰动应力与单块岩板时变化规律相似。由图 6.36 可知，岩板组合深度为 0.85 m 时 Δ 为正值，不满足岩爆发生条件，而从图 6.38 可

见，施加 5.1 MPa 竖向应力即可使系统重新满足岩爆发生的条件。此后随岩体厚度增加，发生岩爆所需竖向应力迅速增加，由 13.83 MPa 增加至几十兆帕，岩板保持较高稳定性。

6.5　小　　结

深埋完整硬脆性岩体开挖后，洞壁围岩一般发生脆性破坏。脆性破坏表现形式根据岩性、应力场、外界扰动、开挖顺序等分成稳定的板裂化破坏和非稳定的剧烈的岩爆破坏，且两者密切相关。本章基于锦屏二级水电站深埋隧洞板裂化岩爆统计结果和典型案例，分析板裂化形态特征与板裂化岩爆的关系，探讨了板裂化岩爆的发生机制和类型；在此基础上，采用高强石膏配制了满足板裂化围岩结构特征的硬脆性模型试样，研究模型试样的失稳破坏过程、强度和变形特性、裂纹扩展和声发射特征，揭示板裂化岩爆的发生过程及破坏机制；基于突变理论，分别计算对比了单块岩板及板裂组合岩板在准静力及动力扰动两种条件下的岩爆倾向性。

第 7 章　板裂化锚杆锚固机制

由于岩体结构本身及其受力状态的复杂性，隧洞开挖卸荷后，围岩将表现出迥然不同的破坏特征，这也决定了支护结构将体现出不同的锚固效应。尽管锚杆支护技术早已广泛应用于工程实践并取得长足发展，但目前锚固机制的研究远落后于工程实践，这是导致锚固工程设计仍然停留在工程类比、半理论半经验阶段的重要原因之一[292]。

板裂化破坏不仅包含了围岩应力路径演化、岩爆倾向性等信息，更为重要的是对岩爆的防治支护具有重要的启发意义。板裂化岩爆的孕育阶段（板裂化围岩结构形成），其实质是裂隙扩展贯通、宏观破裂面切割围岩的过程，因此，为抑制板裂化围岩结构的形成，支护结构应具备显著的止裂作用，并能够及时地给予围岩较高的支护围压以提高岩板的稳定性。全长黏结式锚杆和预应力锚杆是岩土工程最为常用的支护结构，也是在深部岩体工程围岩支护应用最为广泛的岩爆防治锚杆。对于岩爆防治锚固系统而言，全长黏结式锚杆属于典型的刚性支护结构，预应力锚杆则是柔性支护结构的代表。两种不同类型的支护结构其止裂效应及其差异性如何，这都是需要深入开展研究的问题。此外，根据板裂化围岩形成机制及其失稳特征，探究其合理的支护控制策略，对于丰富锚固理论及岩爆灾害下支护系统的设计具有重要意义。为此，本章首先开展了不同锚固形式锚杆锚固止裂效应的试验研究，并基于断裂力学相关理论分析其锚固机制；然后以预应力锚杆为研究对象，在第 6 章模拟试验的基础之上，对比无锚及加锚条件下试样破坏模式，研究预应力锚杆的锚固效应。

7.1　不同锚固形式锚杆锚固止裂机制

7.1.1　试验概况

1）试件制作及试验系统

试样配制采用原材料及其配比为水：高强石膏：石英砂=1：3：0.5。按照上述配比将原材料混合并调凝至无气泡后倒入预制钢模具中，并将试样上表面用钢片刮平。与文献[293-294]类似，预制闭合裂隙采用预埋树脂薄片的方法，即在试样凝固前将厚度为 0.2 mm 的树脂薄片插入预定位置，如图 7.1 所示，树脂薄片保留在试样内以形成闭合裂隙，预制裂隙为贯穿裂隙。待试样具有较高的强度后拆模，并在自然状态下养护 28 天左右。本次试验制作了裂隙倾角分别为 0°、30°、45°、60°、75°、90°共 6 种含不同预制裂隙倾角试样，试样为 120 mm × 60 mm × 40 mm 的立方块，如图 7.2 所示。为获取试样基本物理力学参数，制作了直径 50 mm、高度 100 mm 的标准圆柱试样，进行单轴压缩试验，制作直径 50 mm、高度 50 mm 的圆柱试样进行巴西劈裂试验，如图 7.3 所示。

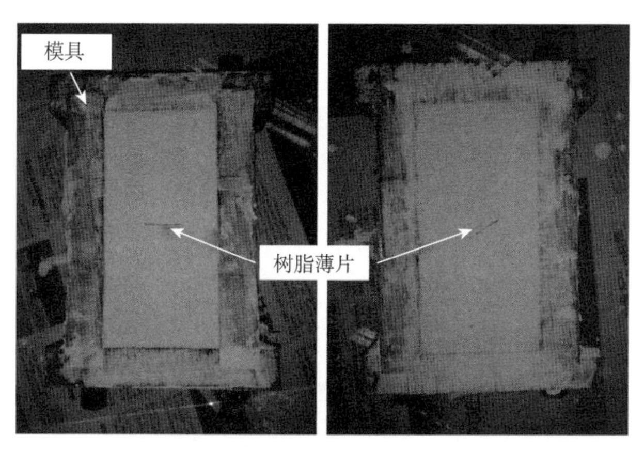

图 7.1　含不同倾角预制裂隙试样制作

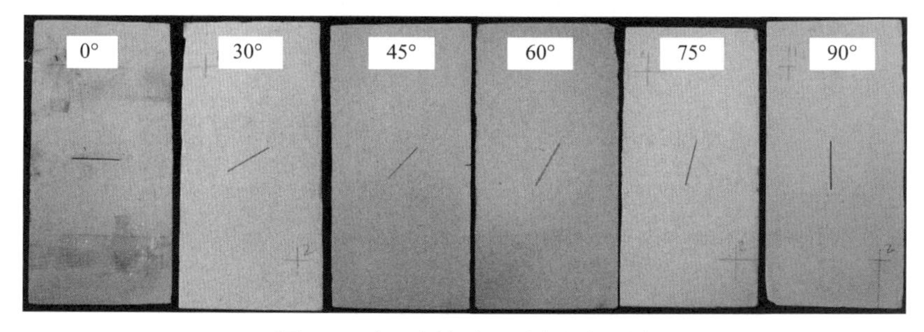

图 7.2　含不同倾角预制裂隙试样

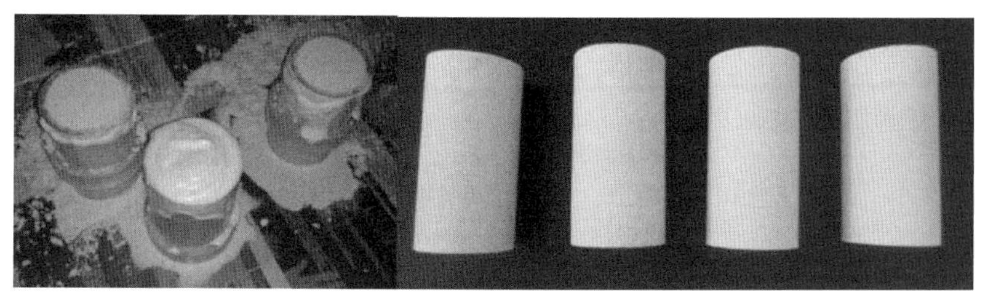

图 7.3　圆柱试样浇筑

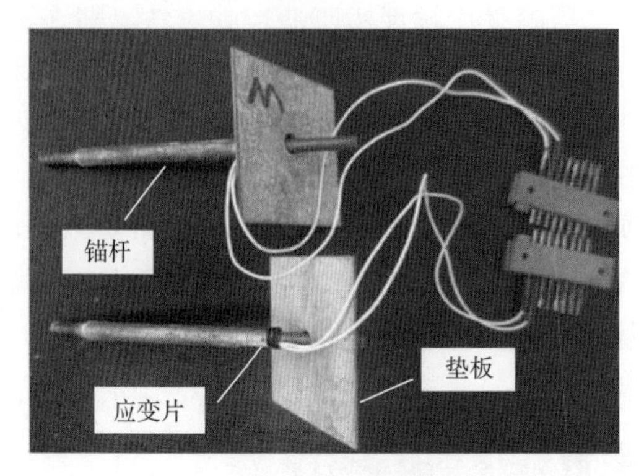

图 7.4　试验所用锚杆

待试样养护完成后，通过钻孔的方法制作锚杆钻孔，钻孔直径约为 4.0 mm。如图 7.4 所示，试验所用锚杆采用直径 3.6 mm、长度 70 mm 的钢棒，经测量标定杆体弹性模量约为 200 GPa，锚杆沿水平方向垂直于试样中部施加。锚杆垫板则采用厚度为 2 mm、边长 35 mm 正方形钢板，锚杆杆体上靠近垫板的位置处粘贴有型号为 BE-120-2AA 的应变片，应变片通过导线与静态应变采集仪相连，用于准确施加不同大小的预应力，并可实时获取锚杆在试样加载变形过程中的轴向应力变化情况。对于预应力锚杆，锚杆杆体不与钻孔直接接触，而全长黏结式锚杆则是通过锚固剂与钻孔孔壁紧密接触(为便于锚固剂向钻孔内灌注，锚固剂采用石膏与水的混合液模拟)。

试验系统如图 7.5 所示，采用位移控制方式加载，加载速率为 0.002 mm/s(巴西劈裂采用力控制加载，加载速率为 0.2 kN/s)。

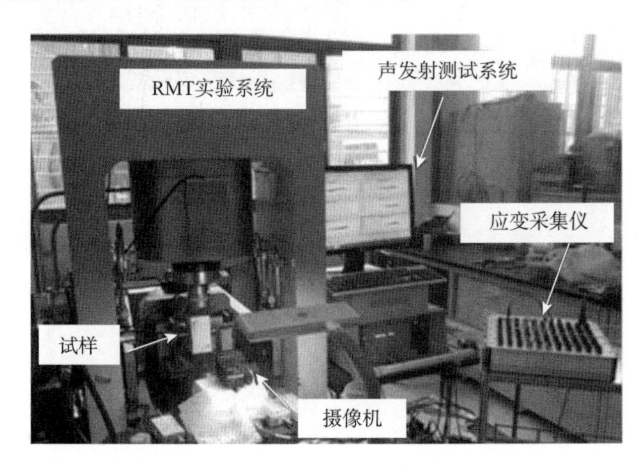

图 7.5　试验系统

2）试验方案

本次试验共包括 3 个试验项目：①试样基本物理力学参数测试试验；②单轴压缩条件下含不同倾角预制裂隙类岩石试样变形破坏及声发射特性试验；③不同锚固形式锚杆(预应力锚杆及黏结式锚杆)锚固止裂效应试验。试样基本物理力学参数测试试验包括：纵波波速测试、密度测试、单轴压缩试验及巴西劈裂试验。

含不同倾角预制裂隙类岩石试样变形破坏及声发射特性试验，根据预制裂隙倾角的不同共计分为 6 组试样，含 0°、30°、45°、60°、75°、90°预制裂隙倾角试样每组 3 块。以含 30°、45°、60°预制裂隙倾角试样为对象，分别施加预应力锚杆及全长黏结式锚杆，锚杆均沿着水平方向在试样中心部位施加，锚杆施加方式如图 7.6 所示。同时，为探究不同预应力条件下含预制裂隙试样的锚固效应，锚杆施加预应力值分别设定为 36 MPa 和 60 MPa（对应的轴向力分别为 452.2 N 和 753.6 N），因此，本项试验共计 9 组试样，每组 3 块。

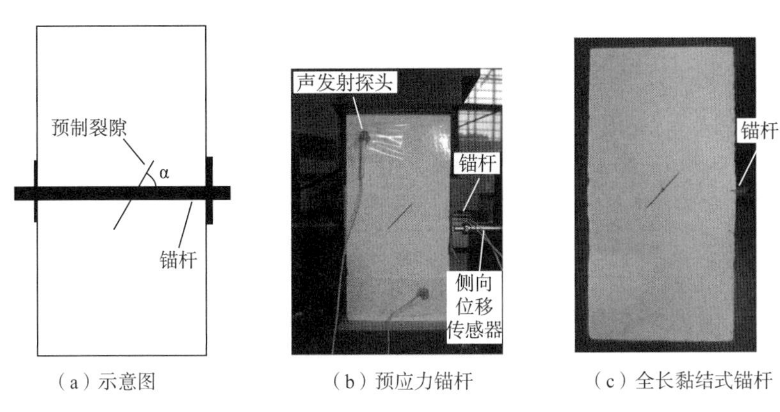

（a）示意图　　（b）预应力锚杆　　（c）全长黏结式锚杆

图 7.6　试样锚杆施加方式

3）试样基本物理力学参数

标准试样单轴压缩特性曲线如图 7.7（a）所示，巴西劈裂试验曲线如图 7.7（b）所示，统计每组试样试验结果平均值，得到试样基本物理力学参数测试统计平均值如表 7.1 所示。结合图 7.7 及表 7.1 可知，本次试验配制试样具有很好的脆性特征，能够满足试验对模拟真实岩石的要求，且试验结果离散性小，如单轴抗压强度分布在 40 MPa 左右、弹模 13.6 GPa 左右、抗拉强度在 1.3~1.5 MPa。此外，仔细观察试验后圆柱试样破坏面基本没有由于气泡的存在而造成的试样内部缺陷现象，这表明本次试验原材料选择及其配比、试样配制及其养护过程取得了良好的效果。

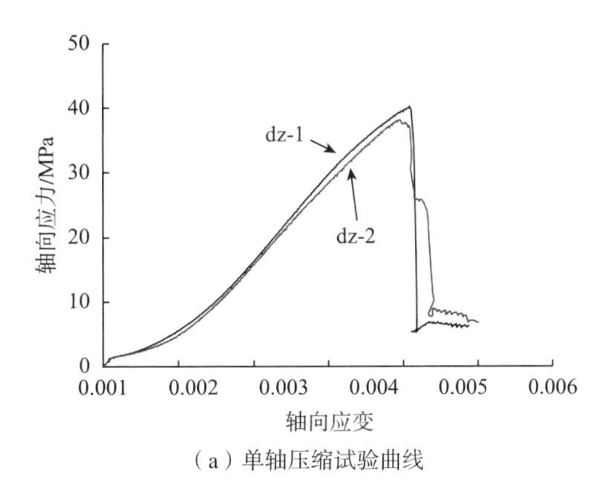

（a）单轴压缩试验曲线

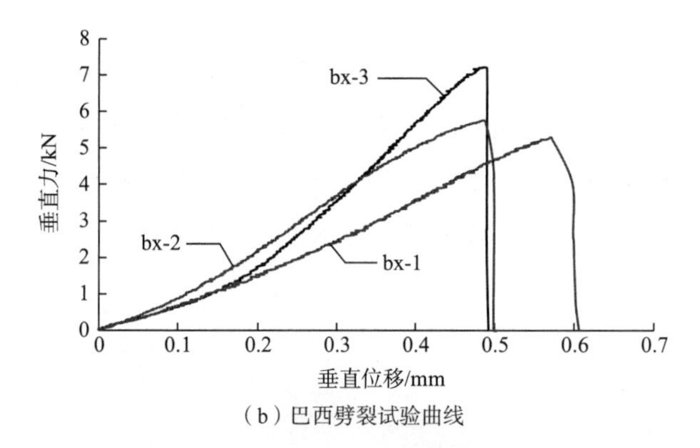

（b）巴西劈裂试验曲线

图 7.7　试样基本力学参数测试曲线

表 7.1　试样基本物理力学参数

单轴抗压强度/Mpa	39.27	干密度/（g·cm^{-3}）	1.83
弹性模量/GPa	13.46	泊松比	0.23
抗拉强度/MPa	1.48	纵波波速/m·s^{-1}	3 100

7.1.2　含不同倾角预制裂隙试样变形破坏特性

1. 变形和强度特性

图 7.8 为含不同倾角预制裂隙试样典型的应力-应变曲线图。分析图 7.8 中 6 条曲线可知，单轴压缩荷载作用下，含不同倾角预制裂隙试样的应力-应变曲线具有如下基本特征：

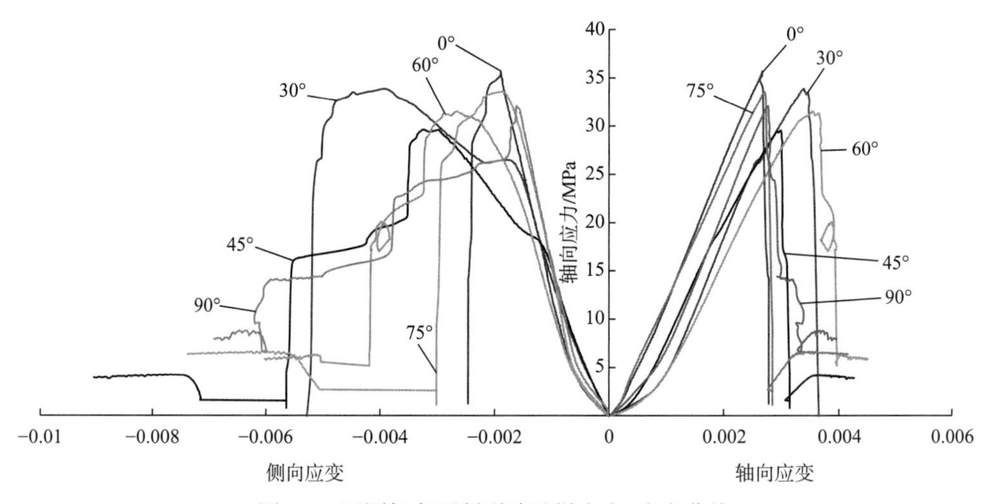

图 7.8　不同倾角预制裂隙试样应力-应变曲线

（1）含不同倾角预制裂隙试样均经历了压密阶段、线弹性阶段、屈服阶段、应力跌落及残余强度阶段，压密阶段不明显，说明配制的石膏试样结构致密、内部缺陷很少，屈服阶段特征不明显且峰值强度后均发生较大的应力跌落现象，表现出显著的脆性破坏特征；

（2）除了 0°及 90°试样之外，试样轴向应力曲线在峰值强度前均会发生不同程度的应力跌落现象，而在轴向应力跌落的同时，试样侧向应变也会出现不同程度的突增，此后试样侧向应变速率显著增大（含 30°倾角预制裂隙试样这一特征最为明显），这显然与试样预制裂隙尖端裂纹的萌生与扩展现象密切相关；

（3）预制裂隙倾角对试样主要力学参数如弹性模量、峰值强度、残余强度等有显著影响。

表 7.2 为含不同倾角预制裂隙试样主要力学参数统计表（结果中剔除了试验误差偏大的值），图 7.9 为试样峰值强度、残余强度、弹性模量、起裂强度及起裂强度与峰值强度之比随裂隙倾角变化曲线。

表 7.2　试样主要力学参数统计表

裂隙倾角/（°）	试样编号	弹性模量/GPa	平均值/GPa	起裂强度/MPa	平均值/MPa	峰值强度/MPa	平均值/MPa	起裂/峰值/%	均值	残余强度/MPa	平均值/MPa
0	0-1	14.03	14.51	—	—	36.45	36.10	—	—	0	0.64
	0-2	14.99		—		35.75		—		1.27	
30	30-1	13.49	13.30	24.88	25.69	33.21	33.54	74.92	76.58	0	1.82
	30-2	13.11		26.49		33.86		78.23		3.64	
45	45-1	12.42	12.83	17.38	17.49	28.01	28.80	62.07	60.78	4.71	4.34
	45-2	13.24		17.60		29.59		59.48		3.98	
60	60-1	12.73	13.06	29.41	28.93	31.58	31.28	93.13	92.46	5.98	6.94
	60-2	13.39		28.44		30.98		91.80		7.89	
75	75-1	14.07	13.53	31.64	31.85	32.08	32.85	98.63	96.99	7.51	7.19
	75-2	12.99		32.06		33.62		95.36		6.87	
90	90-1	14.63	14.93	—	—	34.51	33.31	—	—	9.43	8.77
	90-2	15.22		—		32.11		—		8.11	

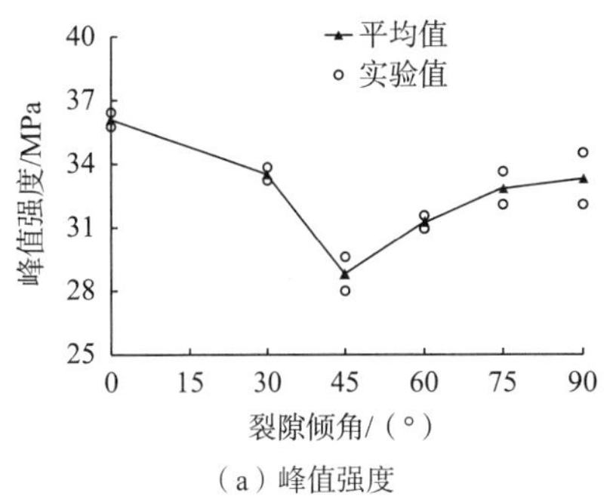

（a）峰值强度

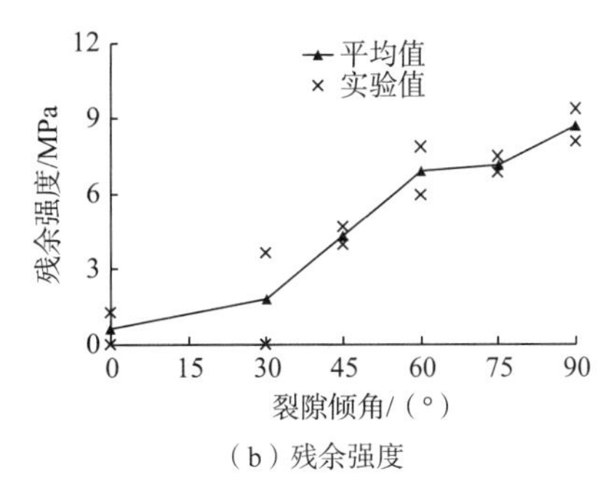

（b）残余强度

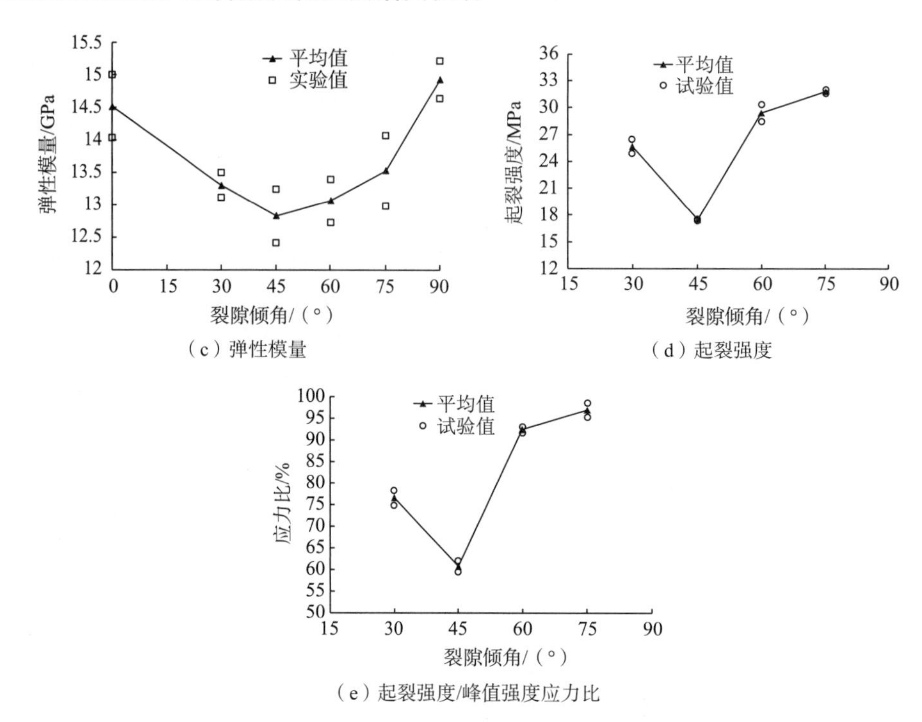

（c）弹性模量

（d）起裂强度

（e）起裂强度/峰值强度应力比

图 7.9 含不同倾角预制裂隙试样力学参数变化曲线

需要指出的是，本次试验中试样预制裂隙尖端翼裂纹的起裂强度依据试样加载过程中应力–应变–声发射特性曲线及摄像观察相结合的方法综合确定。以含30°倾角预制裂隙试样 30-2 为例，说明试样起裂强度的确定。图 7.10 所示为试样30-2 应力–应变–声发射特性曲线图，由图 7.10 可知，试样在压密及线弹性阶段声发射信号均不明显，而当轴向应力增长至 26.49 MPa 时，声发射撞击率呈现迅速上升趋势，之后轴向应力出现小幅度跌落，同时试样侧向变形速率显著增大；分析同步摄像可观察到预制裂隙尖端萌生了张拉型翼裂纹并开始稳定扩展，据此可知试样 30-2 起裂强度为 26.49 MPa。需要特别指出的是，试验过程中含 0°及 90°试样未观察到预制裂隙尖端裂纹的起裂与扩展，因而表 7.2 中未给出其起裂强度。

结合表 7-2 及图 7.9 分析可知，预制裂隙倾角对试样强度及变形参数具有显著影响。预制裂隙倾角由 0°变化为 90°时：

（1）试样峰值强度呈现先降低后升高的“雁形”变化趋势，含 45°倾角试样强度最低，平均为 28.80 MPa，而含 0°倾角试样最高，平均为 36.10 MPa；

（2）试样残余强度呈现稳定升高变化趋势，含 0°倾角试样强度最低，平均为 0.64 MPa，而含 90°倾角试样最高，平均为 8.77 MPa；

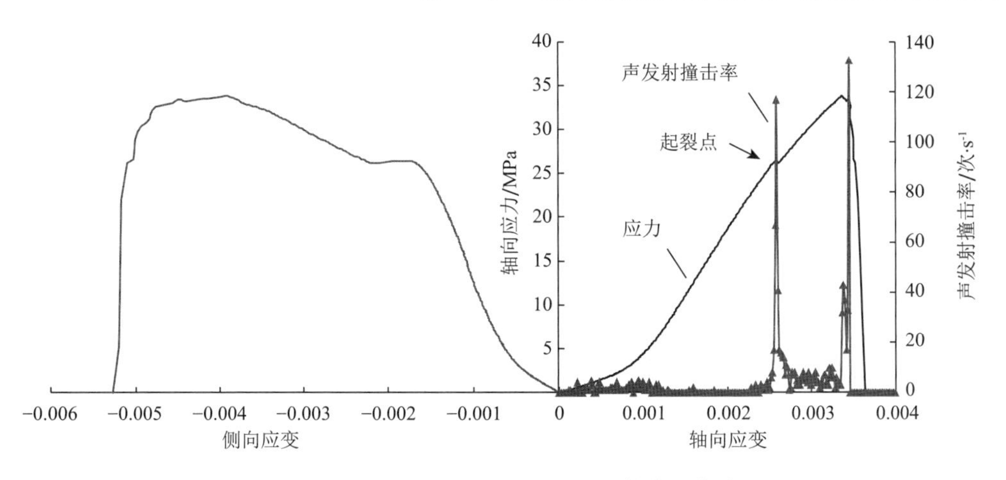

图 7.10　试样 30-2 应力-应变-声发射特性曲线

（3）试样弹性模量先降低后升高，呈现二次抛物线变化趋势，除了 0°和 90°试样偏高之外，其余倾角试样弹性模量相差不大。

此外，预制裂隙倾角由 30°增长至 75°时：

（1）试样起裂强度先减小后增大，45°试样最容易起裂，平均起裂应力为 17.49 MPa，30°和 60°次之，平均起裂应力分别为 25.69 MPa 和 28.93 MPa，而 75°试样起裂最困难，平均起裂应力为 31.85 MPa；

（2）起裂强度与峰值强度之比也呈现先减小后增大的趋势，45°时强度应力比最低，平均值为 64.01%，75°强度应力比最高，平均值为 96.96%，这表明 75°试样起裂后很快便整体失稳。

2. 裂纹扩展特征及破坏模式

如图 7.11 所示，岩石类脆性材料单轴压缩破坏过程中主要有两种裂纹的产生[57]，即翼裂纹和次生裂纹，翼裂纹常发启于预制裂隙的尖端并朝着最大压应力方向发展，次生裂纹也发启于预制裂纹的尖端，其方向主要有两个：①沿预制裂纹方向；②垂直于预制裂纹方向并与翼裂纹方向相反。

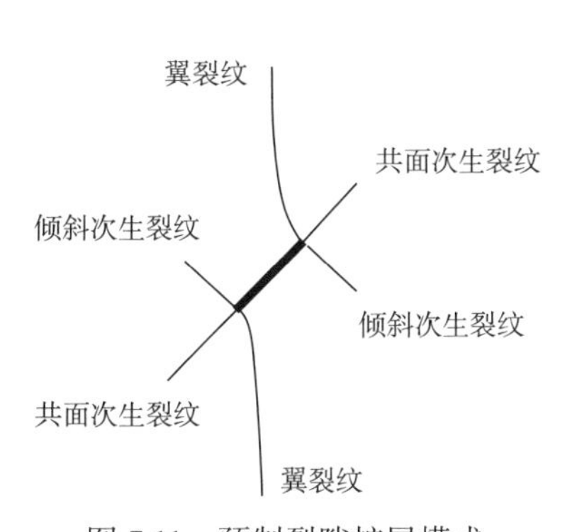

图 7.11　预制裂隙扩展模式

以含 30°预制裂隙试样为例，结合图 7.10 及图 7.12 描述其裂纹扩展特征及试样破坏过程。当试样加载应力达到 26.49 MPa 时，预制裂隙上下尖端几乎同时产生了张拉型翼裂纹（翼型裂纹表面平整，无粉末产生，为张拉型），翼裂纹的产生导致应力跌落至 26.20 MPa；翼裂纹萌生时最初与预制裂隙夹角为75°左右，之后伴随着加载应力增大，向着最大主应力方向稳定扩展，而裂隙面之间逐步发生张开位移；与此同时，试样侧向应变增长速率变大，这显然与翼裂纹的扩展并发生张开位移有关。当翼裂纹扩展到一定程度时，预制裂隙尖端沿着预制裂隙所在平面产生了次生裂纹，次生裂纹最初为剪切型裂纹（图中用S表示）沿着预制裂隙所在平面方向稳定缓慢扩展，并伴有岩片剥落现象（图7.12（c）中灰色部分），当次生裂纹扩展至一定长度时，次生裂纹转变为张拉型（图中用T表示）迅速朝向试件上下端面失稳扩展，并造成试样整体沿着预制裂隙与压剪裂纹形成破裂面方向发生剪切错动（图7.12（c）中粗体箭头），轴向应力迅速跌落。此外，由于试样上、下加载端部的约束作用，试样左下端部出现了局部折断现象。含45°预制裂隙试样裂隙扩展过程如图7.13所示，其特征与30°类似，这里不再赘述。

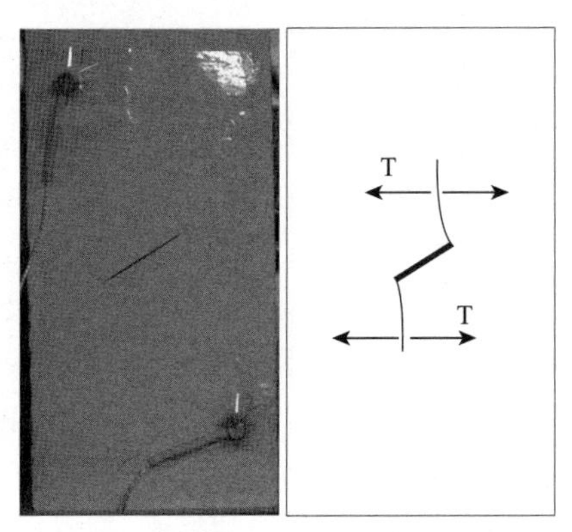

（a）翼裂纹萌生与扩展

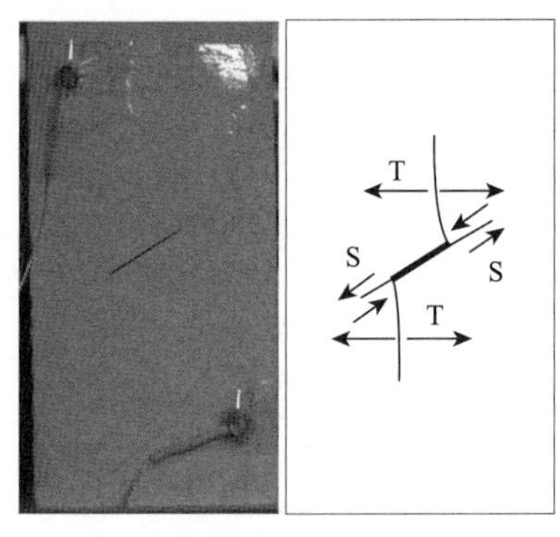

（b）次生裂纹萌生与扩展

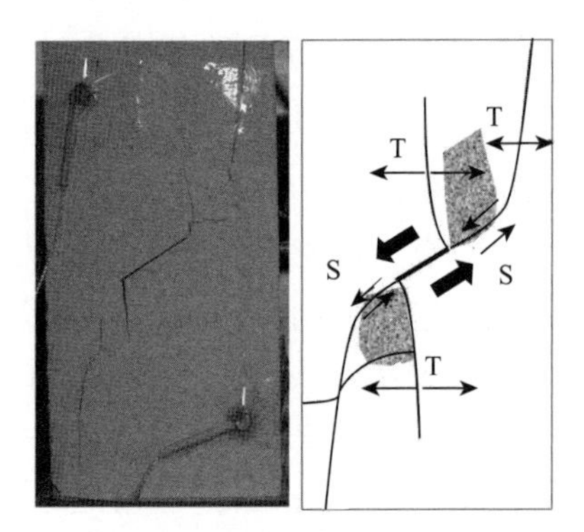

（c）失稳破坏

图7.12 含30°预制裂隙倾角试样30-2裂纹扩展过程

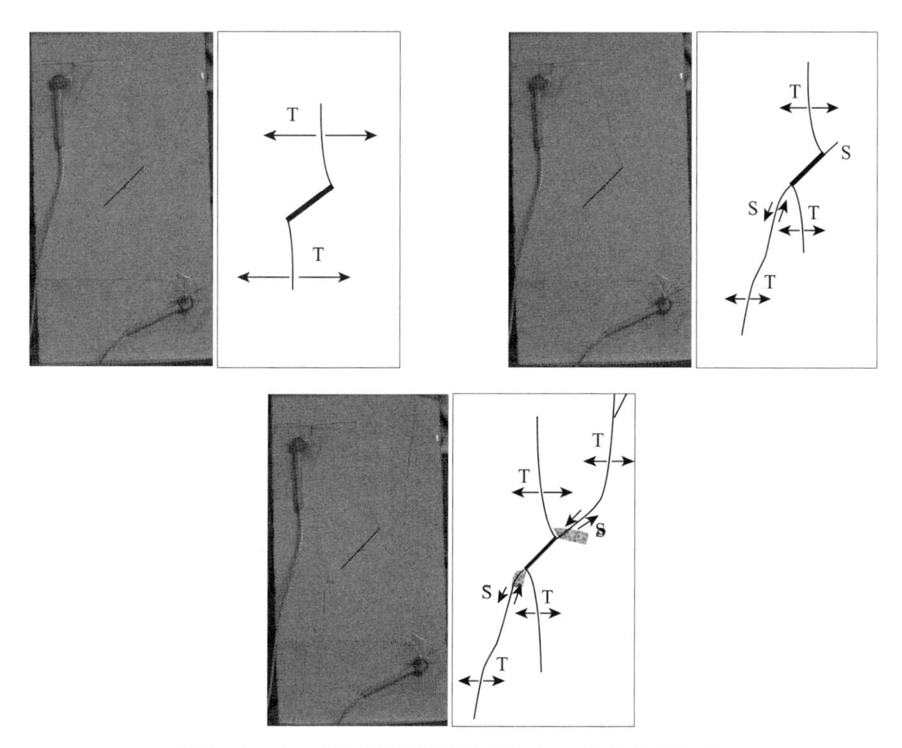

图 7.13　含 45°预制裂隙倾角试样 45-1 裂纹扩展过程

含不同倾角预制裂隙试样单轴压缩条件下破坏模式如图 7.14 所示，需要指出的是，由于试样具有一定厚度，试样正面与背面裂纹扩展形态不尽相同（如正面翼裂纹对称扩展而背面只在预制裂隙一端形成翼裂纹扩展现象），为准确描述试样破裂特征，图 7.14 中选取了包含更丰富的裂纹扩展特征的一面进行描述，如图 7.14（d）中选取了 60°试样背面进行分析，图 7.14（e）中也是选取了 75°试样背面。分析图 7.14 可知，0°及 90°预制裂隙对试样破坏模式基本无影响，试样均是沿着厚度方向发生劈裂破坏，预制裂隙未发生起裂现象；除 0°及 90°试样外，不同倾角裂隙试样破坏模式类似，轴向压缩荷载作用下，翼裂纹在预制裂隙尖端萌生后最初沿着与预制裂隙夹角约 70°~80°方向扩展，之后迅速转变为朝着轴向加载方向稳定扩展，次生剪切裂纹转变为张拉裂纹后发生的不稳定扩展是试样发生整体失稳破坏的重要原因。

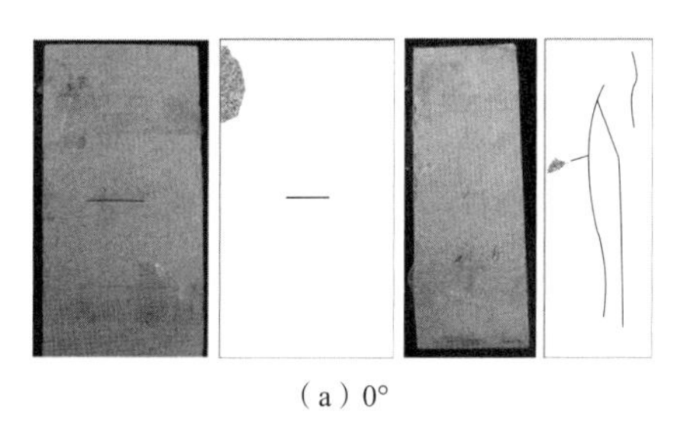

（a）0°

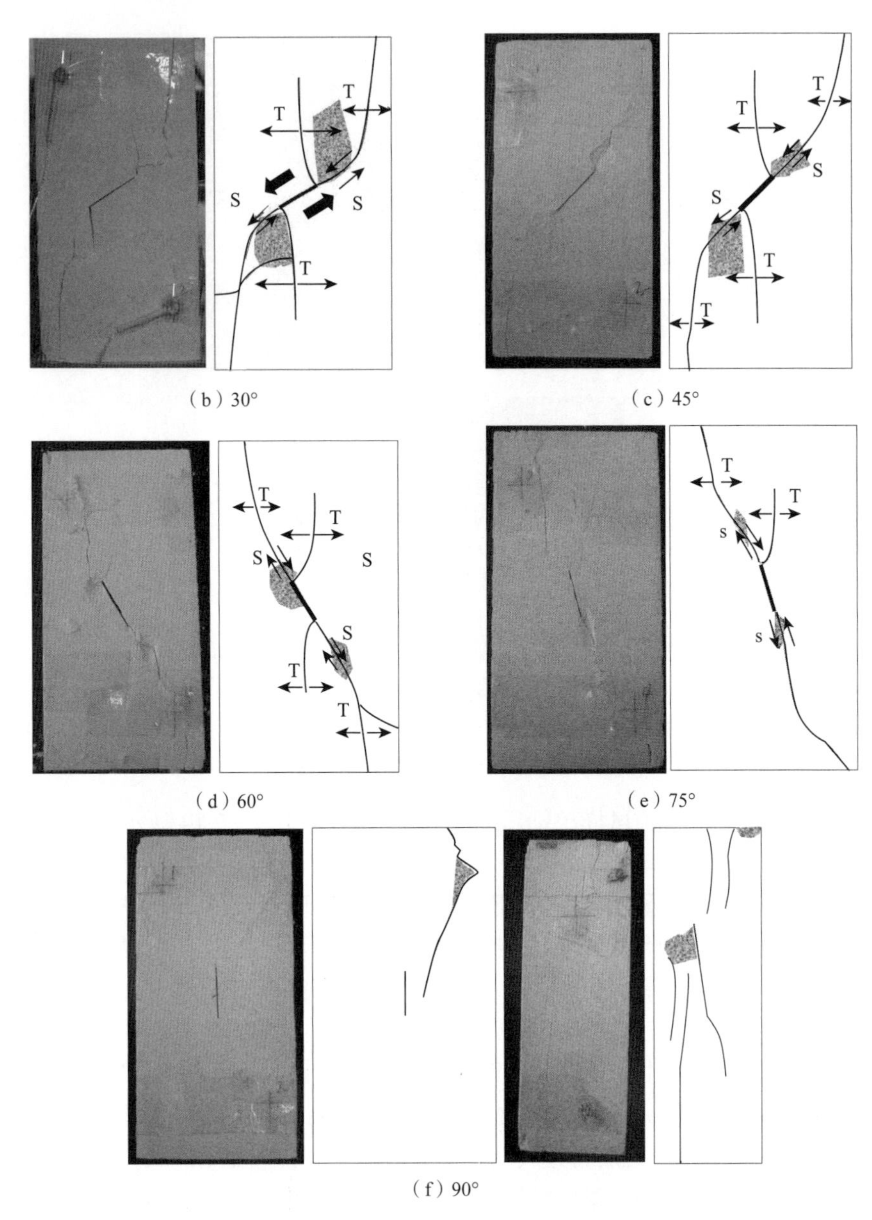

（b）30°　　（c）45°

（d）60°　　（e）75°

（f）90°

图 7.14　含不同倾角预制裂隙倾角试样破坏模式

试样到达残余强度时，整体呈现沿着预制裂隙方向的剪切破坏，试验结束后将试样轻轻掰开可观察到，次生裂纹扩展形成的弧形破裂面将试样整体分成两大块，如图 7.15 所示。

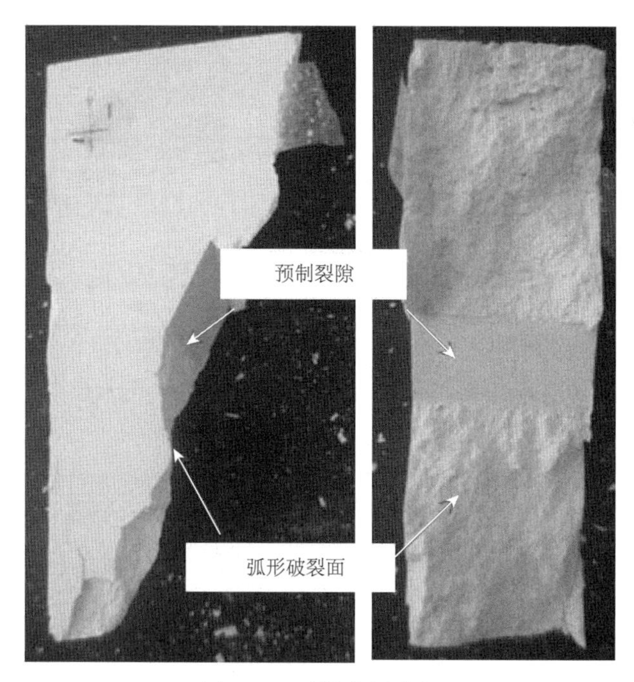

图 7.15　试样分割形态

7.1.3　预应力锚杆及全长黏结式锚杆锚固止裂效应

本节以含 30°、45°、60°预制裂隙试样为对象，分别施加预应力及全长黏结式锚杆研究两种不同锚固形式锚杆锚固止裂效应。

1. 变形和强度特性

图 7.16 为含不同倾角预制裂隙无锚及加锚试样典型的应力–应变曲线。综合对比分析图 7.16 可知，含不同倾角预制裂隙加锚试样应力–应变曲线具有以下基本特征。

（1）与无锚试样相比，加锚试样峰值强度体现出不同程度的提高，并且对于预应力锚杆而言，在预制裂隙倾角相同条件下，锚杆初始预应力值越大试样峰值强度则越大；

（2）无锚试样峰值强度过后轴向应力迅速跌落，试样残余强度较低，表现出显著的脆性破坏特征，而加锚试样峰值强度后，应力–应变曲线呈现出“阶梯状”下降趋势，轴向应力跌落速率显著降低，残余强度显著增大；

（3）峰值强度前及峰值强度后，不同锚固形式的加锚试样其侧向变形得到显著抑制，含 30°及 60°倾角预制裂隙加锚试样尤为显著。

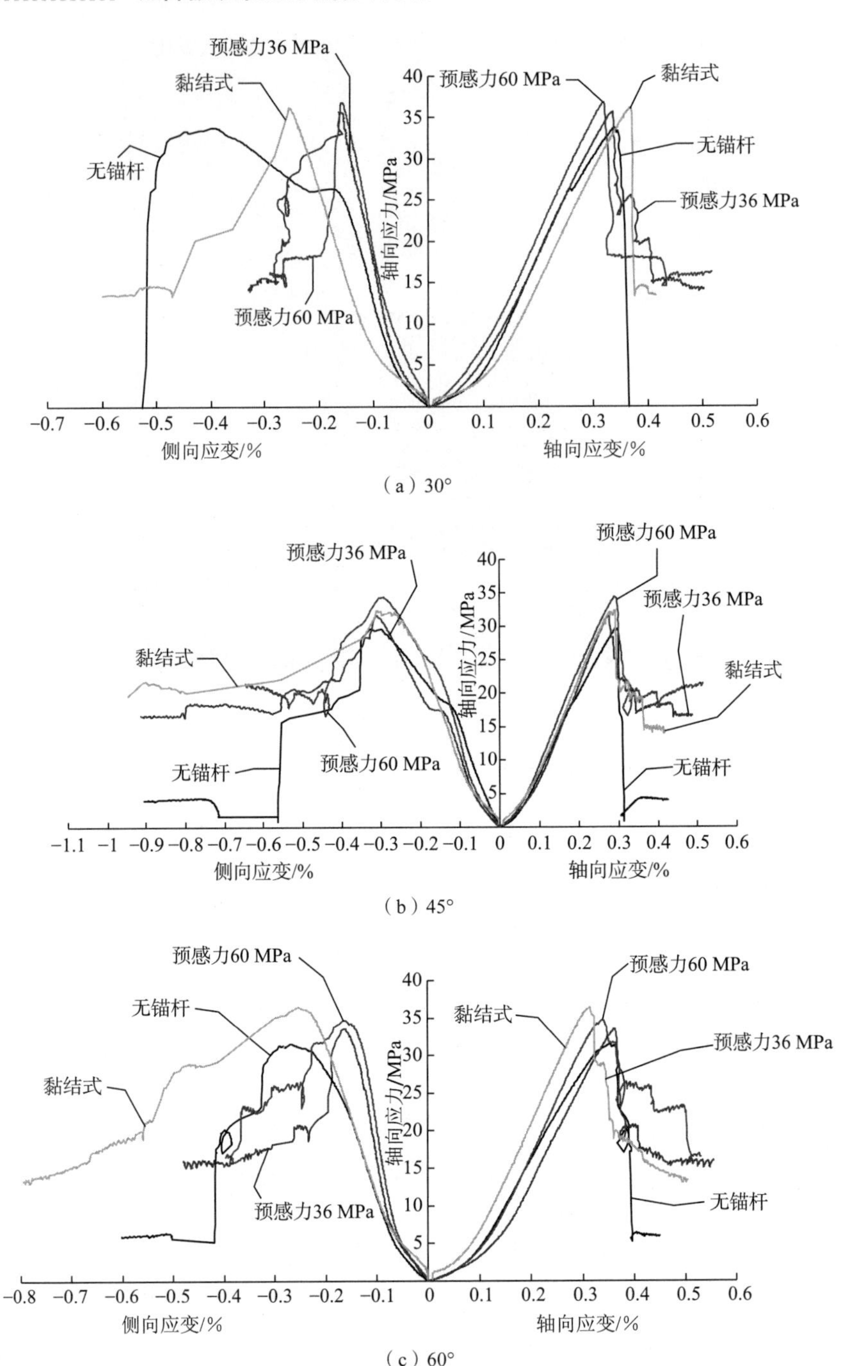

（a）30°

（b）45°

（c）60°

图 7.16　含不同倾角预制裂隙无锚及加锚试样应力-应变曲线

需要特别指出的是：与黏结式锚杆相比，预应力锚杆加锚试样峰值强度前及峰值强度后试样侧向变形更小，由图 7.16（a）及 7.16（c）可知峰后侧向变形表现地更为显著，这表明预应力锚杆更有利于抑制试样的变形。

表 7.3 为试样力学参数统计表，图 7.17 为试样主要力学参数变化曲线，由图 7.17 及表 7.3 中数据可知。

表 7.3　试样力学参数统计表

倾角	预应力/MPa	弹性模量/GPa	起裂强度/MPa	峰值强度/MPa	残余强度/MPa
30°	无锚	13.30	25.69	33.54	1.82
	36	13.67	28.23	35.97	13.75
	60	14.38	30.01	36.26	14.60
	黏结式	13.81	31.00	35.99	11.70
45°	无锚	12.83	17.49	28.80	4.34
	36	13.65	20.60	32.22	17.17
	60	14.20	23.51	33.66	18.47
	黏结式	14.05	29.12	33.85	12.35
60°	无锚	13.06	28.93	31.28	6.94
	36	13.96	31.31	33.75	15.85
	60	14.63	32.14	34.27	16.76
	黏结式	14.58	33.03	36.40	11.91

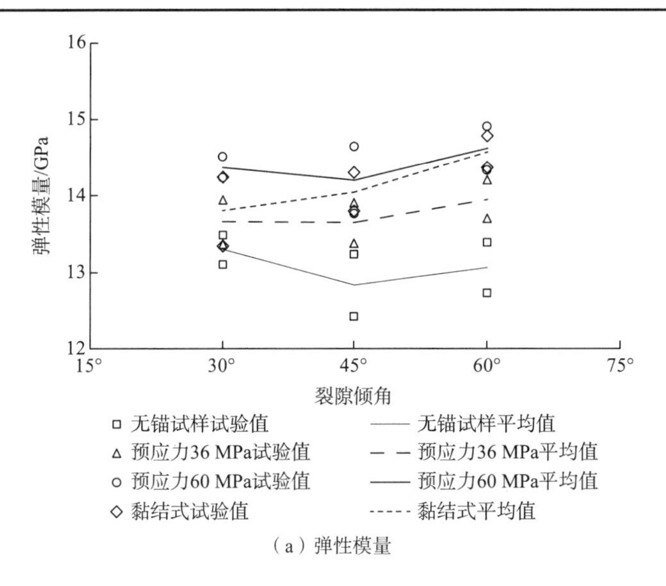

（a）弹性模量

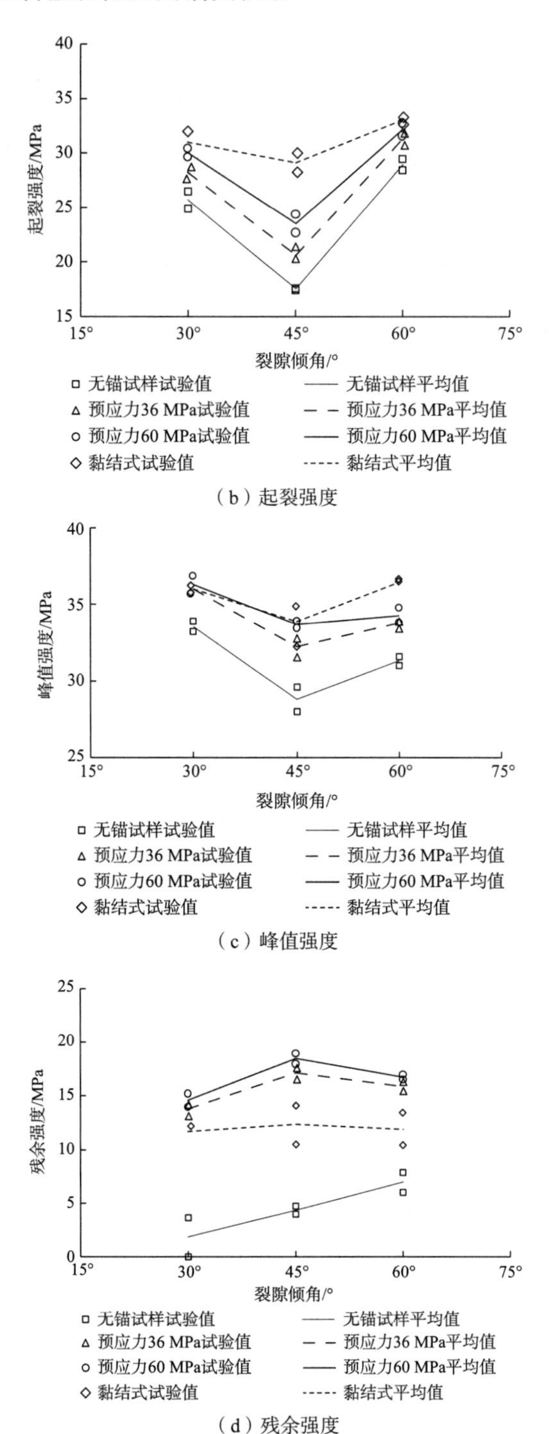

（b）起裂强度

（c）峰值强度

（d）残余强度

图 7.17　含不同预制裂隙倾角试样力学参数变化曲线

（1）预制裂隙倾角由 30°变化至 60°时，无锚试样弹性模量、起裂强度、峰值强度先减小后增大，残余强度则呈现稳定增大的趋势，45°试样起裂最容易、60°试样起裂最困难；

（2）不同倾角加锚试样弹性模量、起裂强度、峰值强度均有不同程度提高，预应力为 36 MPa 的加锚试样其弹性模量分别比无锚试样提高了 2.78%（30°倾角）、6.39%（45°倾角）、6.89%（60°倾角），起裂强度分别提高了 9.89%（30°倾角）、17.78%（45°倾角）、8.23%（60°倾角），而峰值强度分别提高了 7.25%（30°倾角）、11.88%（45°倾角）、7.90%（60°倾角），可见含 45°倾角预制裂隙试样加锚效应最为显著；

（3）对于预应力锚杆而言，锚杆预应力由 36 MPa 增至 60 MPa 时，试样弹性模量、起裂强度、峰值强度也随之增大，但 30°及 60°加锚试样增幅较低，而 45°试样较为显著，这同样表明 45°倾角预制裂隙试样加锚效应最为显著；

（4）由图 7.17（b）可知，黏结式锚杆对于试样起裂强度的提高幅值要高于预应力锚杆（在本试验所施加的预应力值大小范围内），而弹性模量及峰值强度则无此规律；

（5）加锚试样残余强度显著提高，并且由图 7.17（d）可知，预应力锚杆对试样残余强度的提高效应要明显优于黏结式锚杆，如预应力为 36 MPa 的加锚试样其残余强度分别为无锚试样的 7.55 倍（30°倾角）、3.96 倍（45°倾角）、2.28 倍（60°倾角），而黏结式锚杆分别为 6.43 倍（30°倾角）、2.85 倍（45°倾角）、1.72 倍（60°倾角），但当预应力由 36 MPa 增大至 60 MPa 时，试样残余强度增长不明显，增幅分别为 6.18%（30°倾角）、7.57%（45°倾角）、5.74%（60°倾角）。

2. 裂纹扩展特征及破坏模式

与无锚试样相比，加锚试样表现出不同的破裂特征（图 7.18 及 7.19 所示）：

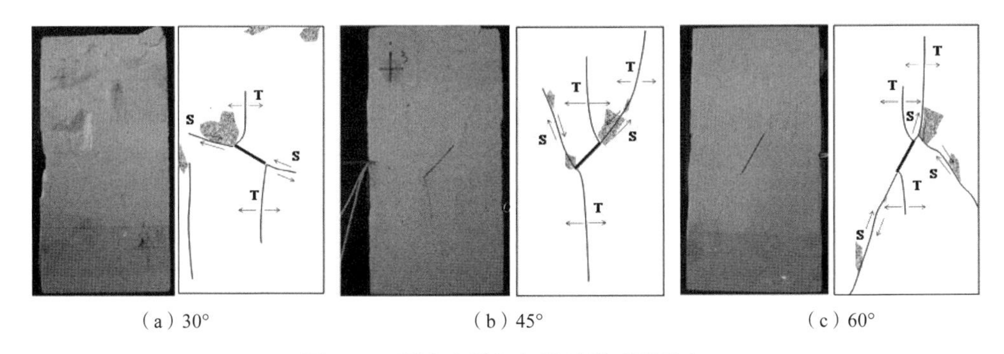

（a）30°　　（b）45°　　（c）60°

图 7.18　预应力锚杆加锚试样破裂形态

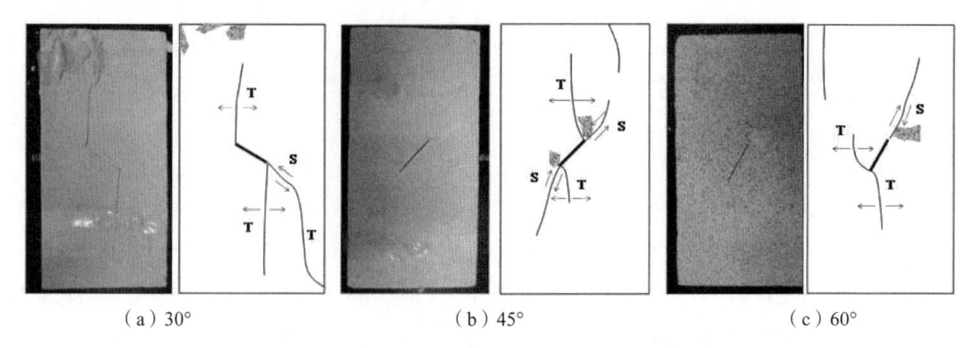

（a）30°　　（b）45°　　（c）60°

图 7.19　全长黏结式锚杆加锚试样破裂形态

（1）由于锚杆的止裂作用，加锚试样中张拉型翼裂纹起裂时间推迟（起裂强度增大），并且翼裂纹扩展所形成的裂隙面之间的张开分离变形受到了极大抑制，从图中可以看出 30°及 60°加锚试样中翼裂纹的扩展路径甚至难以分辨，此外翼裂纹扩展长度有所减小，翼裂纹并未像无锚试样中那样扩展至试样上下边界，这表明锚杆的存在有效地抑制了翼裂纹的扩展速度；

（2）30°预应力锚杆加锚试样中次生剪切裂纹产生后始终沿着预制裂隙所在平面扩展，并未朝向试样上、下端失稳扩展，但黏结式锚杆抑制次生裂纹失稳扩展的作用不如预应力锚杆显著，这可能是造成黏结式锚杆加锚试样残余强度低于预应力锚杆加锚试样的原因；

（3）45°预应力锚杆加锚试样及 60°黏结式锚杆加锚试样中预制裂隙一端并未形成与之共面的次生裂纹，而是在预制裂隙尖端产生了与翼裂纹方向相反的次生剪切裂纹；

（4）60°预应力锚杆加锚试样预制裂隙下端的次生裂纹始终以剪切裂纹的形式沿着预制裂隙方向向下稳定扩展，预制裂隙上端同样形成了与翼裂纹方向相反的次生剪切裂纹。

由此可见，加锚试样中锚杆对试样裂纹扩展及破坏模式的影响主要体现在两个方面：一是有效抑制了试样张拉型翼裂纹的扩展速度、扩展长度及破裂面的张开分离变形，预制裂隙尖端甚至不再产生翼裂纹，使得试样加载变形过程中保持了较好的整体性，这对加锚试样极限承载力及弹性模量的提高起到至关重要的作用；二是使得试样次生裂纹扩展模式发生变化，不仅有效抑制了次生裂纹的失稳扩展、降低宏观破裂面贯通速度，从而大大降低了试样轴向应力跌落的突然性，而且有的加锚试样产生了新的反向翼裂纹，这可能是试样峰后曲线呈现阶梯状跌落的主要原因。

3. 预应力锚杆轴力变化规律

试样变形破坏过程中锚杆轴向应力的分析对于锚杆的工作机制及试样锚固效

应的认识具有重要意义。

图 7.20 为含不同倾角预制裂隙加锚试样变形破坏过程中锚杆轴向应力变化曲线。总体而言，锚杆轴力变化曲线可分为 4 个不同的阶段，以含 45°预制裂隙加锚试样为例（图 7.20（b）所示），具体分析各个阶段锚杆轴力变化规律。

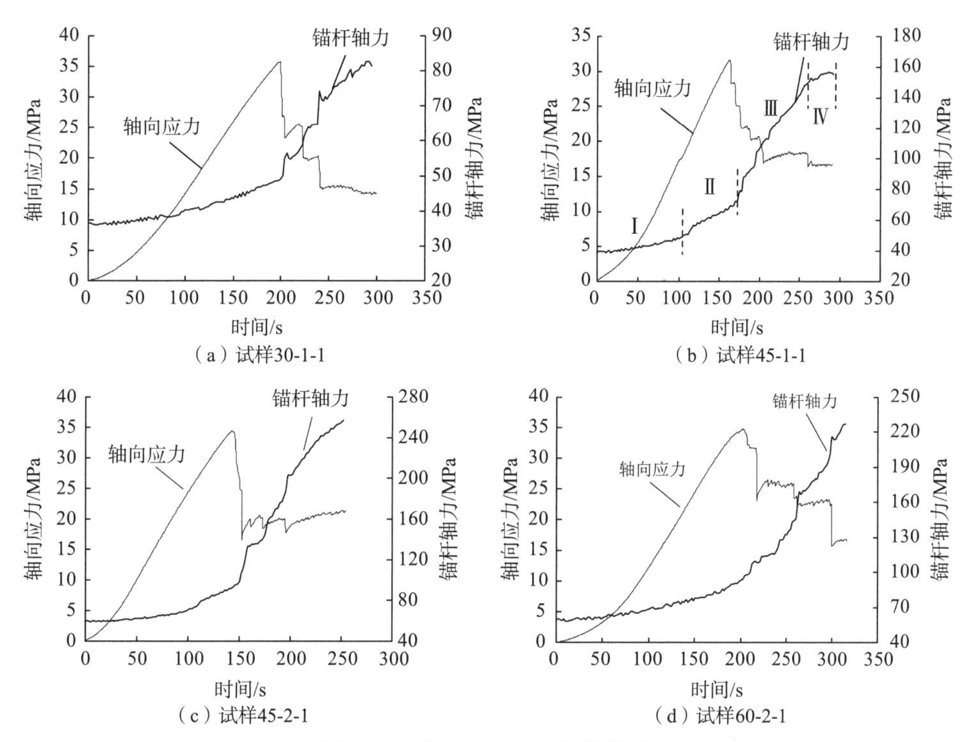

（a）试样30-1-1

（b）试样45-1-1

（c）试样45-2-1

（d）试样60-2-1

图 7.20　锚杆轴向应力变化曲线

第 I 阶段：缓慢增长期；由试样应力-时间曲线可知，在第 I 阶段试样经历了压密及线弹性变形阶段，试样中预制裂隙尖端未发生裂纹的萌生与扩展，试样侧向变形量及变形速率小，因而此阶段锚杆轴力呈现近似线性缓慢增长趋势，增长速率很小，如试样 45-1-1 中锚杆轴力在第 I 阶段的平均增长速率为 0.107 MPa/s。

第 II 阶段：快速增长期；伴随着试样预制裂隙尖端张拉型翼裂纹的形成，锚杆轴力产生较为明显的突增现象，此后轴向荷载继续增大，伴随翼裂纹的稳定扩展，裂隙面将逐步张开、产生分离变形，这导致锚杆轴力增长速率显著增大，与第 I 阶段相比，此阶段锚杆轴力增长迅速，试样 45-1-1 中锚杆轴力在此阶段的平均增长速率为 0.295 MPa/s。

第 III 阶段：急剧上升期；峰值强度过后，试样轴向应力显著跌落，锚杆轴力产生第二次突增，此后锚杆轴力进入急剧上升期；在此阶段试样轴向加载应力出现阶梯状稳定下降趋势，而锚杆轴力则呈现出波动上升趋势，与第 II 阶段相比，锚杆轴力增长速率继续增大，试样 45-1-1 中锚杆轴力在此阶段的平均增长速率为 0.863 MPa/s。

第 IV 阶段：减速增长期；试样变形来到残余强度阶段，试样内宏观破裂面已经形成，只在试样表面发生微小岩片的剥落现象；此时，锚杆轴力已增长至很大的数值，预应力锚杆的作用下，破裂面分割的岩块被紧密串联在一起并形成一个整体，岩块之间不再产生分离变形，试样承载力趋于稳定，而锚杆轴力增长速率显著降低并趋于平缓，试样 45-1-1 中锚杆轴力在此阶段的平均增长速率为 0.178 MPa/s。

需要指出的是，含不同倾角预制裂隙加锚试样锚杆轴力变化规律基本一致，但由于试样破坏特征不尽相同（突出表现在峰后曲线形态上），因而锚杆轴力 4 个阶段所经历时间长短不同且有的阶段特征并不十分明显，如 60°预制裂隙试样 60-2-1 锚杆轴力第 III 阶段与第 IV 阶段区分不明显。

此外，由图 7.20 可以看出试样变形到达残余强度阶段时，锚杆轴力峰值大小不同。表 7.4 为锚杆轴力峰值统计表，为直观反映含不同倾角预制裂隙加锚试样、不同初始预应力条件下锚杆轴力峰值变化规律，将表 7.4 中数据绘制成图 7.21。结合图 7.21 及表 7.4 可知。

（1）预制裂隙倾角由 30°增至 60°时，加锚试样锚杆轴力峰值呈现先增大后减小的变化趋势，初始预应力均为 36 MPa 条件下，裂隙倾角由 30°增至 60°时，锚杆轴力峰值平均值分别为 82.14 MPa、153.68 MPa、138.79 MPa；

（2）预制裂隙倾角相同情况下，随着初始预应力值的增大，锚杆轴力峰值也随之增大，如含 30°预制裂隙试样，锚杆预应力由 36 MPa 增至 60 MPa 时，锚杆轴力峰值平均值由 82.14 MPa 增大至 126.26 MPa。

表 7.4　锚杆轴力峰值统计表

裂隙倾角/（°）	预应力/MPa	试样编号	轴力峰值/MPa	平均峰值/MPa
30	36	30-1-1	82.68	82.14
		30-1-2	81.61	
	60	30-2-1	108.31	126.26
		30-2-2	144.21	
45	36	45-1-1	156.97	153.68
		45-1-2	150.38	
	60	45-2-1	257.29	245.82
		45-2-2	234.36	

续表

裂隙倾角/（°）	预应力/MPa	试样编号	轴力峰值/MPa	平均峰值/MPa
60	36	60-1-1	135.53	138.79
		60-1-2	142.04	
	60	60-2-1	227.26	198.06
		60-2-2	168.86	

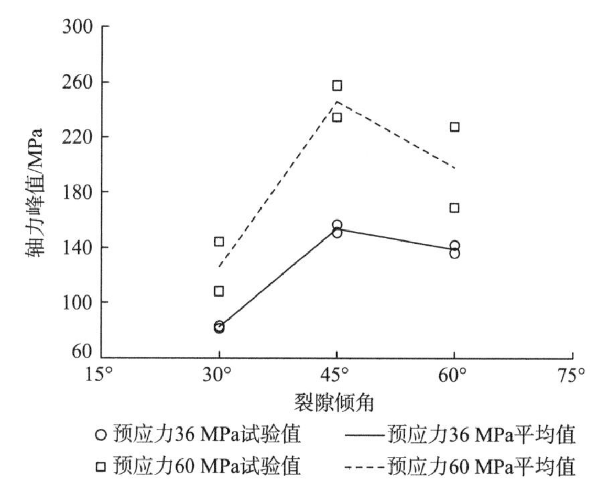

图 7.21　锚杆轴力峰值变化曲线

应当指出的是，锚杆极限承载力是地下工程锚喷支护设计中的锚杆选型的重要参考内容之一，由上述两点分析可知，含不同倾角裂隙岩体的变形破坏特征不同，决定了锚杆轴力峰值大小不尽相同（45°倾角明显高于 30°和 60°），工程锚杆支护设计中应充分考虑到裂隙倾角对岩体变形破坏的重要影响，进而选用具有适当强度的锚杆材料。尽管锚杆预应力值的提高有利于试样变形破坏的控制，但由本文锚杆轴力峰值变化规律可知，随着预应力的提高，锚杆轴力峰值也相应地不同程度的增大，因而工程设计中应考虑到锚杆材料本身的强度特性，锚杆初始预应力设置不宜过高，避免因杆体轴力超过其极限强度而造成杆体断裂的锚固失效现象。

7.1.4　锚固止裂机制

锚杆受力主要分为受拉、受剪及两种方式的组合，因而锚杆的锚固效应也可从锚杆受拉伸作用产生的轴向锚固效应及受剪切作用产生的切向锚固效应来分析。本节应用断裂力学相关理论对锚杆的锚固止裂效应进行分析。

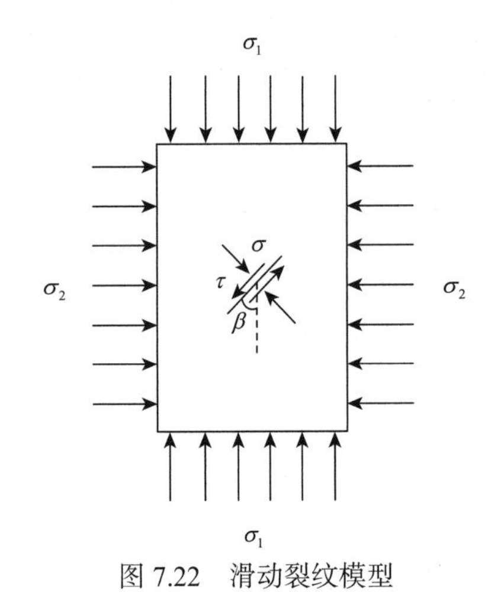

图 7.22　滑动裂纹模型

1）预应力锚杆

本次试验中采用预置树脂薄片的方法在石膏试件中制作了不同倾角裂隙，由于树脂薄片并未拔出并且石膏材料具有硬化膨胀的特性，因而可以认为在石膏试件中形成了厚度很薄的闭合裂隙，对于闭合裂隙而言裂隙尖端裂纹的起裂及扩展可应用传统滑动裂纹模型（sliding crack model）[55-56]进行分析。

如图 7.22，滑动裂纹模型假设受压材料内压剪裂纹的裂隙面之间存在摩擦力，摩擦力和裂隙面间正应力满足莫尔–库仑定律。裂隙面间的有效剪应力为[55, 56, 295]

$$\tau_{\text{eff}} = \tau_{xy} - \tau_f = \tau_{xy} - \mu_f \sigma_{\text{n}} \tag{7-1}$$

式中：τ_{eff} 为有效剪应力；σ_{n} 、τ_{xy} 分别为裂隙面上的正应力和剪应力；μ_f 为库伦摩擦系数。其中，正应力 σ_{n} 和剪应力 τ_{xy} 的表达式为

$$\begin{cases} \sigma_{\text{n}} = \dfrac{1}{2}\left[(\sigma_1 + \sigma_2) - (\sigma_1 - \sigma_2)\cos 2\beta\right] \\ \tau_{xy} = \dfrac{1}{2}(\sigma_1 - \sigma_2)\sin 2\beta \end{cases} \tag{7-2}$$

将式（7-2）带入式（7-1）可得

$$\tau_{\text{eff}} = \frac{1}{2}(\sigma_1 - \sigma_2)(\sin 2\beta + \mu_f \cos 2\beta) - \frac{1}{2}\mu_f(\sigma_1 + \sigma_2) \tag{7-3}$$

滑动裂纹模型认为，当远场应力在裂纹面上引起的剪应力超过裂隙面间最大抗剪强度 τ_{c} ，即：$\tau_{\text{eff}} > \tau_{\text{c}}$ 时，裂隙面将相互滑动并导致裂尖附近翼型裂纹的萌生和扩展。

本次试验中由于采用预留锚杆钻孔的方式，而不是将锚杆直接浇注在试样内部（锚杆与钻孔孔壁有微小间隙），因而对于预应力锚杆加锚试样而言，在试样整体失稳前，锚杆与试样钻孔孔壁之间接触力可以忽略不计，即锚杆不产生切向锚固效应，仅发挥了其轴向锚固效应，即在试样失稳破坏前，预应力锚杆的轴向锚固效应其实质上是对试样提供了一个沿着杆体轴向方向的侧向应力 σ_2 ，且由图 7.20 中锚杆轴力变化曲线可知，σ_2 随着试样的变形而逐步增大。由式（7-3）可知 σ_2 的施加将降低 τ_{eff} 的大小，即裂隙面间有效剪应力降低，因而试样起裂强度会有所提高，且随着锚杆初始施加的预应力的增大（σ_2 初始值增大），起裂强度也随之增大。

翼裂纹为 I 型张拉裂纹，在翼裂纹起裂扩展后，当裂纹扩展较长 $L/c \geqslant 1$ 时（c 为主裂纹半长），则可采用图 7.23 所示的等效裂纹系统代替[295]，即两条翼型裂纹作为一条平行于最大压应力 σ_1 方向的共线裂纹来考虑；主裂纹的影响通过作用在等效裂纹中心的一对共线集中力 $F=2c\tau_{\mathrm{eff}}$ 反映，等效裂纹在远场应力 σ_1、σ_2 及剪切驱动力 F 作用下，裂纹尖端 I 型应力强度因子 K_{I} 为[292, 295]

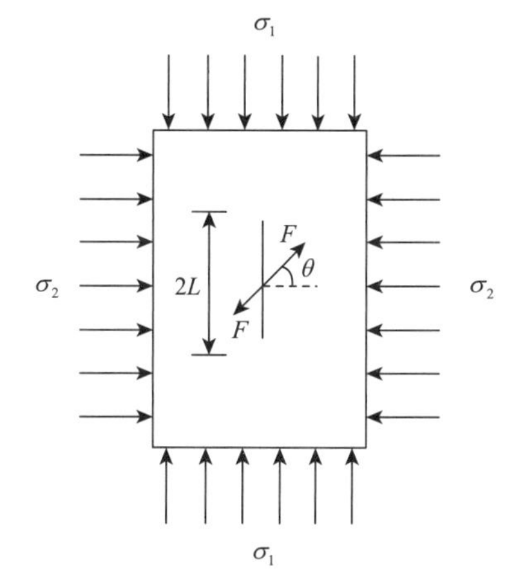

图 7.23　等效裂纹系统

$$K_{\mathrm{I}} = \frac{F\cos\theta}{\sqrt{\pi L}} - \sigma_2\sqrt{\pi L} \tag{7-4}$$

由式（7-4）可知，预应力锚杆的存在（即 σ_2 的施加）降低了裂纹尖端应力强度因子，延缓了翼裂纹的扩展速率，使得翼裂纹继续扩展需要试验机提供更高的轴向应力 σ_1；此外，翼裂纹扩展的同时，裂隙面之间不断产生张开位移，这将导致锚杆轴力加速增大（图 7.20 中锚杆轴力变化曲线证明了这一点），锚杆轴力的增大将进一步促进锚杆止裂效应的发挥。

峰值强度后，试样整体沿着预制裂隙方向产生剪切滑动位移，此时锚杆的存在一方面发挥了类似于文献[292]中所述的“销钉作用”，即利用锚杆杆体本身的抗剪特性，抑制试样相对错动位移的发生；另一方面，由于锚杆在峰值强度前已经产生了较大的轴向应力（如加锚试样 45-1-1 中，试样峰值强度时锚杆轴力为 72.4 MPa），轴向应力的作用提高了剪切滑动面上的摩擦阻力，因而加锚试样峰值强度后，应力–应变曲线呈现阶梯状下降趋势，而残余强度显著增大。

2）黏结式锚杆

由前文采用滑动裂纹模型所进行的分析可知，预制裂隙端部翼裂纹的扩展主要是裂隙面受力后产生剪切错动趋势，裂隙尖端受拉而起裂扩展。对于黏结式锚杆加锚试样而言，其与预应力锚杆不同，由于黏结式锚杆穿过裂隙面且与试样通过凝固的浆液紧密黏结在一起，因而锚杆将对裂隙面的变形起到很大的约束作用，并承担了沿裂隙面方向变形力的作用，锚杆因此而产生了轴向方向拉伸变形及切向方向剪切变形，锚杆变形产生的内力作为附加力作用在裂纹面上，对于裂隙面而言，可将锚杆的作用力分解为水平和竖直两个方向上的分力图 7.24（c）所示。对于图 7.24（a）所示的模型，由叠加原理可知，其等效为图 7.24（b）与图 7.24（c）

叠加，对于图 7.24（b）所示应力状态，由断裂力学相关理论可知，裂隙尖端应力强度因子为

$$K_{\Pi} = \tau_{\text{eff}}\sqrt{\pi c} \tag{7-5}$$

式中：

$$\tau_{\text{eff}} = \frac{1}{2}\sigma_1(\sin 2\beta + \mu_f \cos 2\beta) - \frac{1}{2}\mu_f \sigma_1 \tag{7-6}$$

这里需要指出，本次试验中预制裂隙为闭合裂隙，裂隙尖端 I 型应力分量奇异性不复存在，K_{I}失去原来的物理意义，因而不再考虑 I 型应力强度因子。

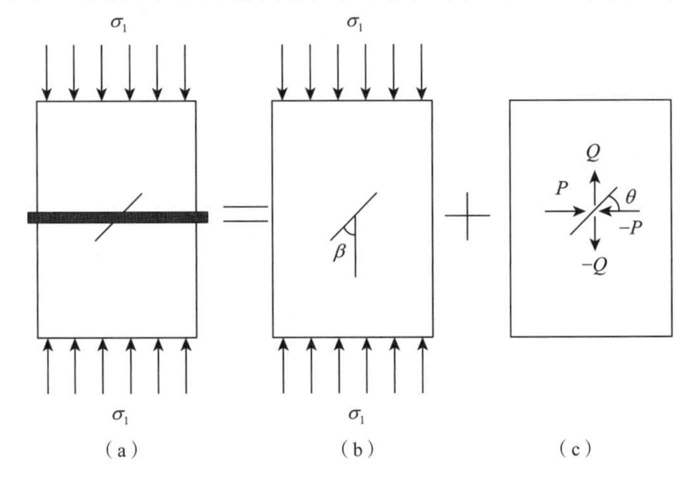

图 7.24　黏结式锚杆加锚试样模型

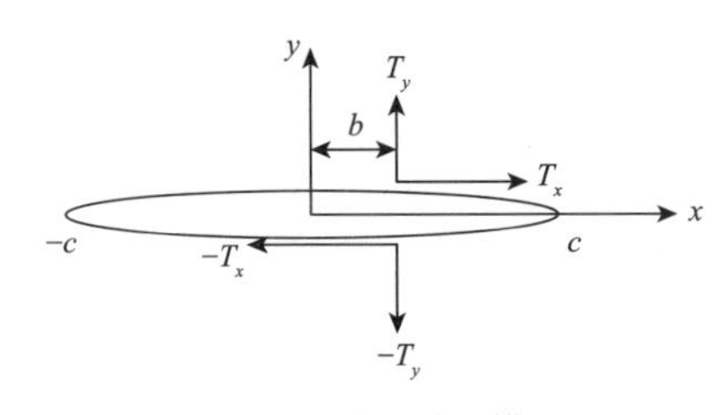

图 7.25　裂纹受力模型

对于图 7.24（c）所示应力状态，将裂隙面受力 P、Q 分解成裂隙面切向力 T_x 及法向力 T_y 做进一步分析，其等效为图 7.25 所示模型：

对于图 7.25 所示模型，裂隙端部应力强度因子为

$$K_{\Pi\pm c} = \frac{1}{\sqrt{\pi c}} T_x \sqrt{\frac{c \pm b}{c \mp b}} \tag{7-7}$$

式中：

$$T_x = P\cos\theta + Q\sin\theta \tag{7-8}$$

由于锚杆从预制裂隙中部穿过，因而 b=0，则裂隙端部应力强度因子为

$$K_{\Pi\pm c} = \frac{1}{\sqrt{\pi c}}(P\cos\theta + Q\sin\theta) \tag{7-9}$$

综合式（7-5）和式（7-9）可得黏结式锚杆裂隙尖端应力强度因子为

$$K_{\Pi\pm c}=\left[\frac{1}{2}\sigma_1(\sin 2\beta+\mu_f\cos 2\beta)-\frac{1}{2}\mu_f\sigma_1)\right]\sqrt{\pi c}-\frac{1}{\sqrt{\pi c}}(P\cos\theta+Q\sin\theta) \tag{7-10}$$

由式（7-10）可知，黏结式锚杆对于裂隙面产生的作用力 P、Q 使得裂隙尖端应力强度因子显著降低，因而试样起裂强度显著提高，需要指出的是黏结式锚杆对于裂隙面的作用力是随着试样变形而变化的，并且与预应力锚杆不同，黏结式锚杆对于裂隙起裂抑制作用的产生是轴向和切向锚固效应共同作用的结果，这可能是试验结果中黏结式锚杆对于试样起裂强度的提高显著优于预应力锚杆的原因所在。

翼裂纹起裂后随着裂纹的扩展，试样变形加大，锚杆受力进一步增大，进而通过其周围锚固剂产生作用抑制试样进一步变形，而试样峰后整体剪切滑移变形在锚杆杆体本身抗剪作用下得到有效抑制，试样峰后曲线阶梯状的下降趋势说明了锚杆这一作用过程。

7.2　板裂化预应力锚杆锚固机制

本次试验采用含 3 条预制裂隙的板裂化模型试样，与第 6 章模拟试验中试样同一批浇筑，如图 7.26（a）所示。

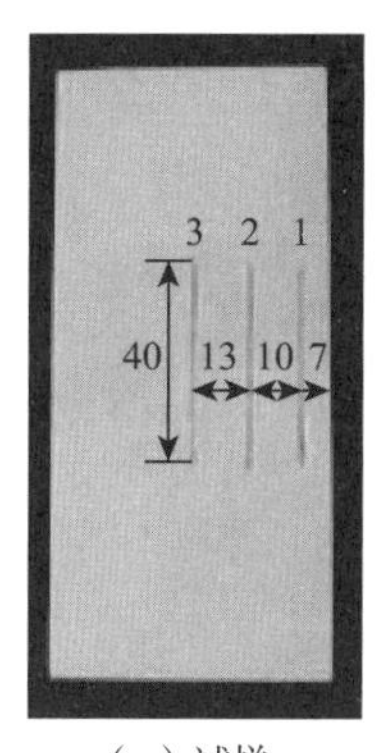

（a）试样

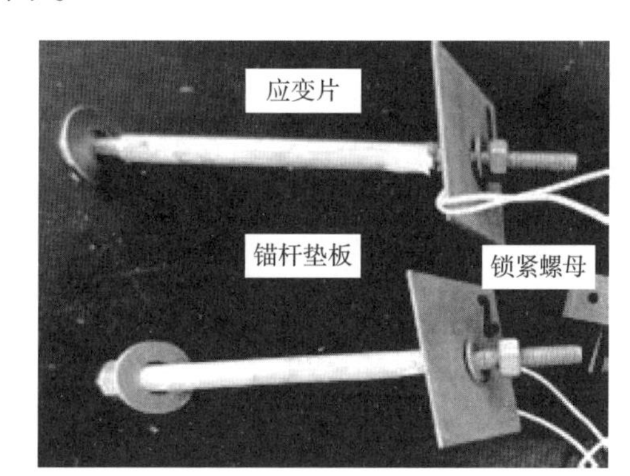

（b）锚杆

图 7.26　试验所用试样及预应力锚杆

预应力锚杆模型采用直径 5 mm 的铝棒制作，其弹性模量约为 70 GPa，锚杆长度为 75 mm 左右，两端加工螺纹，以便于安装锁紧螺母、施加预应力。锚杆杆体上靠近垫板的位置处粘贴有应变片，应变片通过导线与静态应变采集仪相连，用于准确施加不同大小的预应力，并可实时获取锚杆在试样加载变形过程中的轴向应力变化情况，预应力锚杆模型如图 7.26（b）所示。

7.2.1 试验方案

如表 7.5 所示，根据锚杆施加位置的不同，本次试验设计了两种不同的锚杆施加方案：方案 1，在试样中部、贯穿 3 条预制裂隙，施加 1 根锚杆，图 7.27（a）所示；方案 2，在试样端部、3 条预制裂隙上边界和下边界各施加一根锚杆，锚杆钻孔中心距离裂隙尖端约 15 mm，图 7.27（b）所示，为方便下文描述，上部锚杆标记为锚杆 1，下部锚杆标记为锚杆 2。需要说明的是，2 种锚杆施加方案中都考虑了锚杆初始预应力值的影响，预应力值分别为：7 MPa，14 MPa，21 MPa（对应的轴向力分别为 137.4 N，274.8 N，412.2 N）。

表 7.5 预应力锚杆施加方案

加锚方案	锚杆数量/根	锚杆作用位置	预应力值/MPa		
方案 1	1	中部	7	14	21
方案 2	2	端部	7	14	21

（a）方案 1

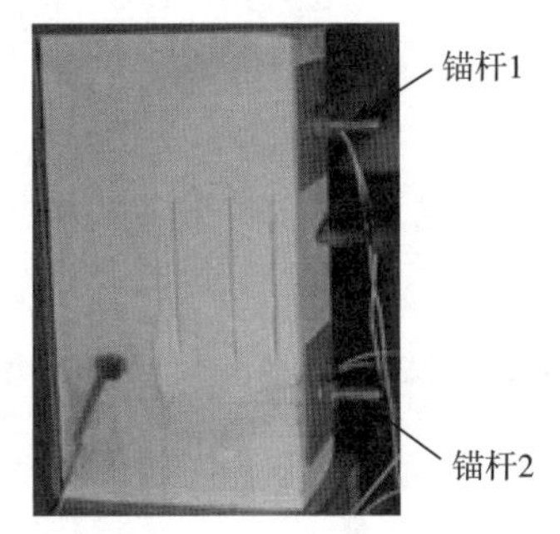

（b）方案 2

图 7.27 加锚方案图

7.2.2 试验结果分析

1. 试样变形与强度特性

图 7.28、图 7.29、图 7.30 分别为无锚条件下、锚杆施加方案 1 及锚杆施加方案 2 模型试样典型的荷载–位移曲线图。不同的加锚方案及锚杆预应力值的不同，试样将体现出不同的破坏特征，这决定了试样荷载–变形曲线也会表现出不同的形态。对比图 7.28 至图 7.30 试样荷载–轴向位移曲线不难看出，无锚杆作用情况下，试样在峰值强度过后压缩荷载值迅速跌落，跌落幅值大；加锚方案 1 试样峰后荷载值跌落幅值较小，且经历一个明显的上升阶段（图 7.29（b）所示）或者稳定平台阶段（图 7.29（a）和图 7.29（c）所示）；与加锚方案 1 相比，加锚方案 2 试样峰

值过后荷载值呈现缓慢跌落趋势（图 7.30 所示）。对比图 7.28 至图 7.30 试样荷载-侧向位移曲线可知，无锚杆作用情况下，峰值强度过后试样侧向位移急剧增大，而加锚试样的侧向位移速率显著降低，且峰值后侧向位移并不会产生突增现象，而是随着压缩荷载的降低缓慢增大，当试样达到残余强度时，侧向位移趋于稳定。

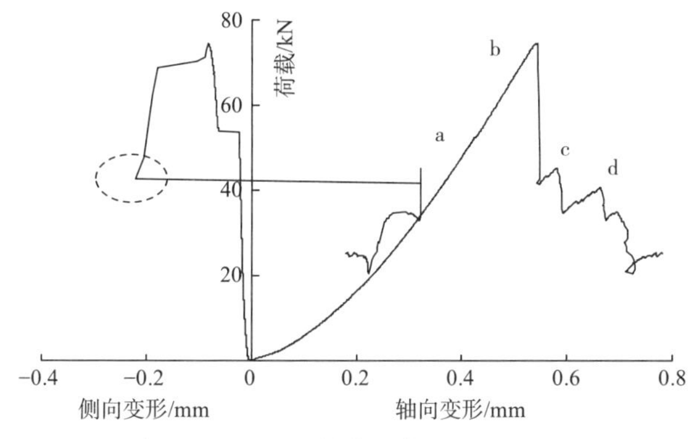

图 7.28　无锚试样典型荷载-位移曲线

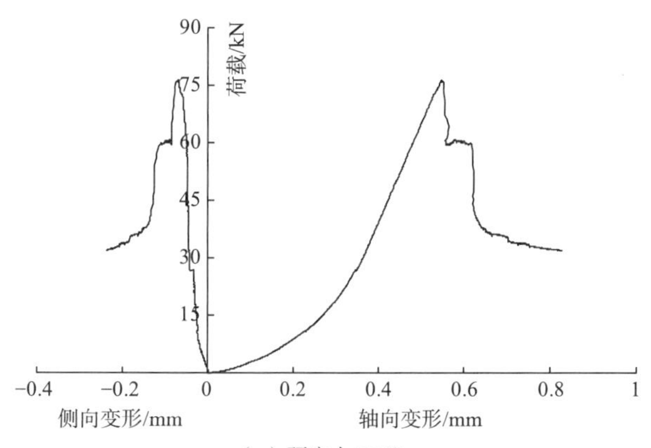

（a）预应力 7 MPa

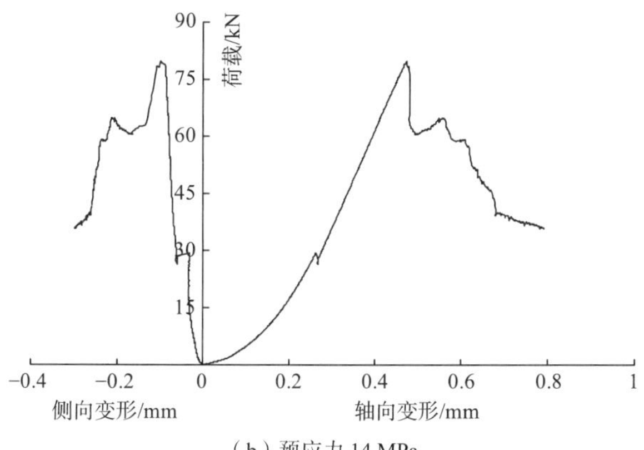

（b）预应力 14 MPa

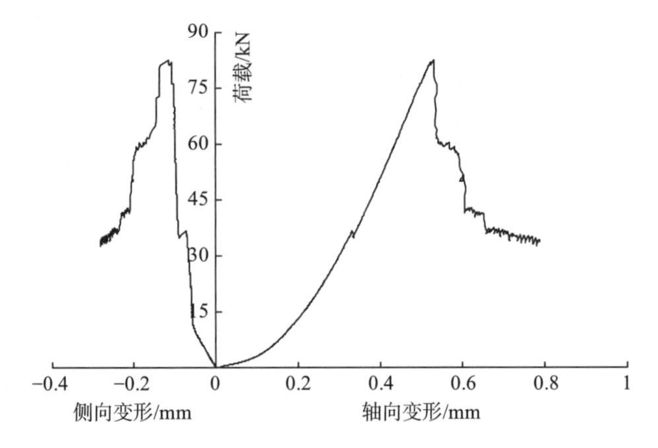

（c）预应力 21 MPa

图 7.29 加锚方案 1 试样荷载-位移曲线

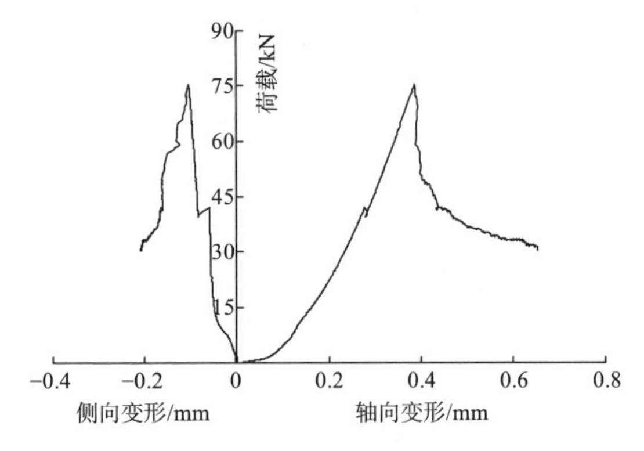

（a）预应力 7 MPa

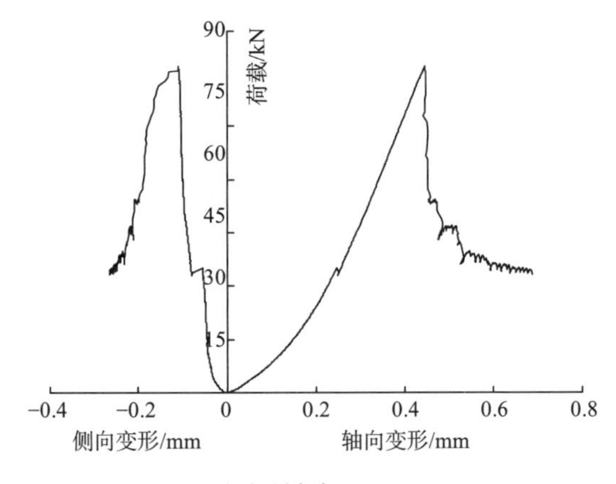

（b）预应力 14 Mpa

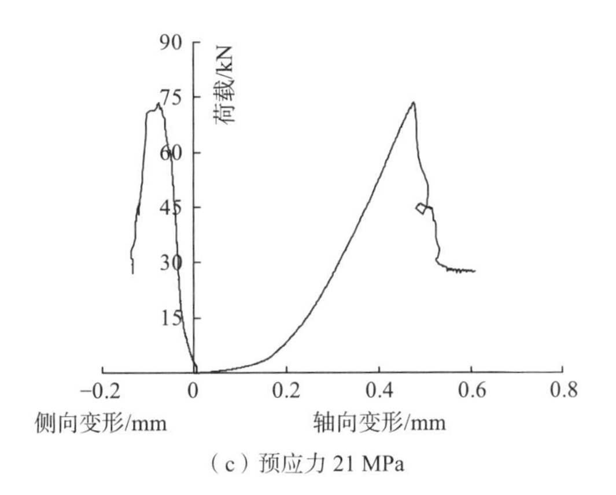

（c）预应力 21 MPa

图 7.30　加锚方案 2 试样荷载–位移曲线

表 7.6 和表 7.7 分别为加锚方案 1 和加锚方案 2 试样主要力学参数统计平均值，其中预应力为 0 时，表示无锚试样。为便于直观分析不同加锚杆方案试样力学参数对比情况，将表 7.6 和表 7.7 数据绘制成图 7.31 加锚试样力学参数变化曲线图。

表 7.6　加锚方案 1 试样力学参数统计表

预应力/MPa	峰值强度/MPa	残余强度/MPa	弹性模量/GPa
0（无锚）	28.04	11.73	8.81
7	30.63	13.4	11.36
14	31.98	14.18	12.1
21	32.75	15.24	12.48

表 7.7　加锚方案 2 试样力学参数统计表

预应力/MPa	峰值强度/MPa	残余强度/MPa	弹性模量/GPa
0（无锚）	28.04	11.73	8.81
7	31.69	12.56	11.67
14	32.92	13.2	12.54
21	33.61	14.61	13.3

图 7.31（a）~图 7.31（c）分别为加锚试样峰值强度、残余强度及弹性模量统计值曲线图，同样的预应力为 0 时表示无锚试样。综合分析图 7.31 可知，与无锚试样相比，加锚试样峰值强度、残余强度及弹性模量均有所提高，且随着预应力值的增大呈现上升趋势；如加锚方案 1 中锚杆预应力值为 7 MPa 时，试样峰值强度、残余强度及弹性模量分别提高了 9.24%、14.24%、28.94%，而当锚杆预应力值为 14 MPa 时上述力学参数分别提高了 14.05%、20.89%、37.34%。相同预应力条件下，加锚方案 2 试样峰值强度、弹性模量均略高于加锚方案 1，但试样残余强度低于后者，如锚杆预应力值为 7 MPa 时，加锚方案 1 试样峰值强度、残余强

度及弹性模量分别提高了 9.24%、14.24%、28.94%，而加锚方案 2 分别提高了 13.02%、7.08%、32.46%。此外，对比图 7.31 中三幅图不难看出，与峰值强度及残余强度相比，加锚试样弹性模量的提高更为显著。

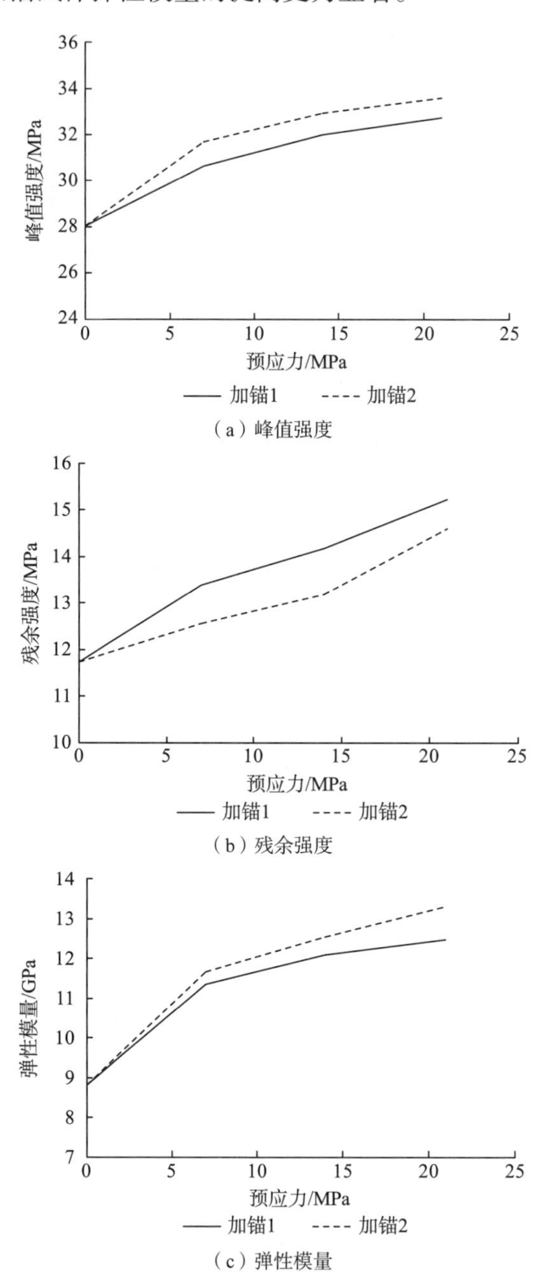

（a）峰值强度

（b）残余强度

（c）弹性模量

图 7.31　加锚试样力学参数变化曲线

2. 试样破坏模式分析

图 7.32（a）所示为板裂化模型试样在无锚条件下的破坏形态，由第 6 章中板裂化模型试样的破坏过程分析可知，试样沿着预制裂隙劈裂成板后，在轴向压缩荷载进一步作用下发生了岩板整体压折断裂、岩块弹射现象，试样破坏过程具有典型的应变型岩爆的特征。图 7.32（b）为锚杆施加方案 1 试样典型破坏形态，图 7.32（c）为锚杆施加方案 2 试样典型破坏形态。综合图 7.32（b）和图 7.32（c）来看，加锚条件下，试样尽管也会沿着预制裂隙发生劈裂破坏，但仍保持了较好的完整性，预应力锚杆作用下，试样劈裂形成的岩板紧密串联在一起，岩板之间并未发生明显分离变形，试验结束后，试样劈裂的岩板很难用手掰开，也未发生如图 7.32（a）所示的岩板压折、岩块弹射等剧烈的脆性破坏现象。

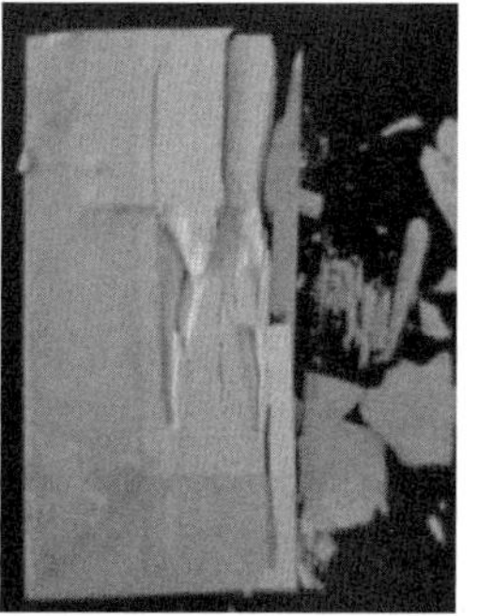

（a）无锚

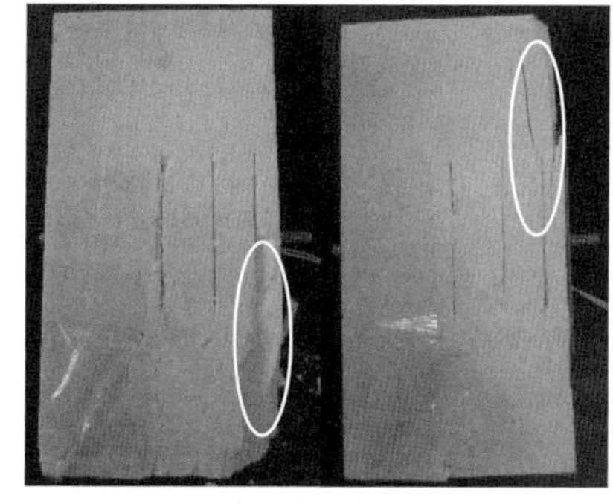

（b）加锚方案 1

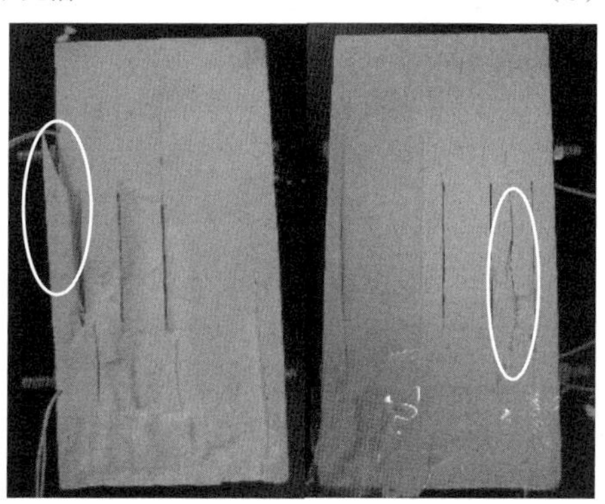

（c）加锚方案 2

图 7.32　试样典型破坏模式图

加锚杆条件下，两种锚杆施加方案试样破坏形态有所不同。由图 7.32（b）可以看出，由于模型试样中部预应力锚杆的作用，试样在预制裂隙向两端扩展、试样劈裂成板之后，主要是靠近临空面的岩板其端部发生小块折断、脱落现象。具体来看分为两种类型，第一类是在试样临空面岩板的下部发生断裂（图 7.32（b）左图图框所示），第二类是在试样临空面岩板的上部（图 7.32（b）右图图框所示）发生断裂。形成这种破坏现象的原因在于，由于试样中部锚杆的作用，试样劈裂形成的岩板向临空面的屈曲变形受到了极大的限制，在轴向压缩荷载及锚杆轴向作用力共同作用下，容易在试样与锚杆垫板接触边界形成应力集中现象，因而随着加载试验的进行，岩板逐步发生断裂并随之脱落。

加锚方案 2 模型试样破坏模式如图 7.32（c）所示。试样在劈裂成板之后，岩板断裂位置集中发生在试样中部，具体来看也可分为两种类型：第一类是图 7.32（c）左图所示的，靠近临空面的岩板其处于两根锚杆钻孔之间的部分，沿着试样厚度方向劈开之后发生断裂折断，随着加载的进行逐步发生翘起，并与试样分离、脱落下来；第二类是图 7.32（c）右图所示的，试样内部第二块岩板形成新的劈裂后，岩板中部发生断裂。与加锚方案 1 不同，试样上、下端部同时施加锚杆，一方面增大了岩板水平方向的作用力，试样侧向变形得到进一步的限制，轴向压缩荷载作用下，试样容易沿着厚度方向产生膨胀变形，加之锚杆垫板边界应力集中的作用，导致岩板形成图 7.32（c）左图所示的破坏形态；另一方面，试样上、下端部锚杆的施加，会导致试样岩板上、下端及中部向临空面发生不均匀的屈曲变形（岩板中部变形大于上、下端部），当这种不均匀变形发展到一定程度时便会造成岩板发生断裂，即图 7.32（c）右图所示。

3. 锚杆轴向应力变化规律及分析

试样在轴向压缩荷载作用下产生一定的侧向变形，由于锚杆的作用，试样的变形压力将通过锚杆垫板传递给锚杆杆体，因而试样变形破坏过程中，锚杆轴向应力会随着试样变形的增加而逐步增大；锚杆轴力的增大一方面会进一步抑制试样的变形，另一方面也改善了试样内部的应力状态，因而试样在锚杆作用下的力学响应，如峰值强度、弹性模量等力学参数及试样破坏模式也会发生相应的变化。

本次试验在锚杆端部粘贴应变片，通过静态应变自动采集系统同步获取试样变形破坏过程中锚杆轴向应力变化情况。

图 7.33（a）为加锚方案 1 试样 1-2-1（预应力为 14 MPa）荷载–锚杆轴力–时间变化曲线，图 7.33（b）为加锚方案 1 试样 1-3-1（预应力为 21 MPa）荷载–锚杆轴力–时间变化曲线，图 7.33（c）为加锚方案 2 试样 2-1-1（预应力为 7 MPa）荷载–锚杆轴力–时间变化曲线，图 7.33（d）为加锚方案 2 试样 2-2-1（预应力为 14 MPa）荷载–锚杆轴力–时间变化曲线。

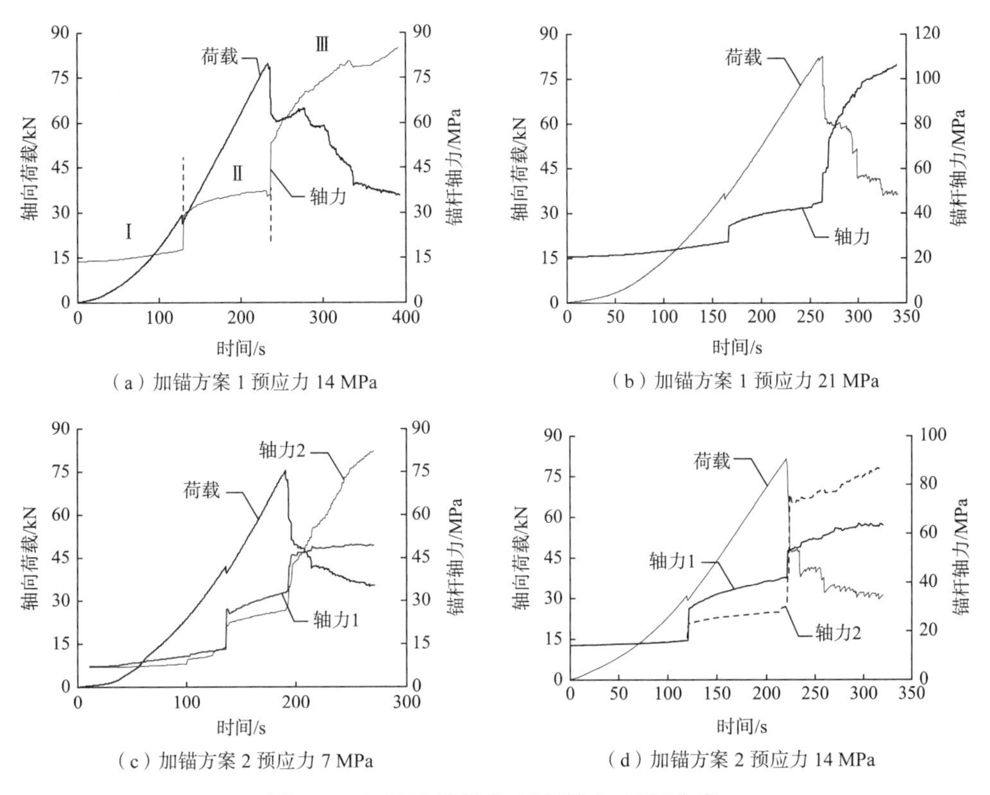

（a）加锚方案 1 预应力 14 MPa

（b）加锚方案 1 预应力 21 MPa

（c）加锚方案 2 预应力 7 MPa

（d）加锚方案 2 预应力 14 MPa

图 7.33　加锚试样荷载-锚杆轴力-时间曲线

综合分析图 7.33 给出的试样荷载-锚杆轴力-时间变化曲线不难看出：伴随着试样荷载值的快速跌落，锚杆轴向应力都会发生不同程度的突增，试样整个加载变形破坏过程，锚杆轴力变化分为三个显著不同的阶段，如图 7.33（a）所示。

（1）第 I 阶段——线性缓慢上升期。此阶段由于试样处于压密和线弹性阶段，试样侧向变形增长缓慢，因而锚杆轴力也呈现近似线性缓慢增加趋势。

（2）第 II 阶段——非线性增长期。伴随着试样内部预制裂隙尖端张拉裂纹的产生，试样荷载值发生一定的跌落、试样侧向变形产生突增，锚杆轴力也随之相应的产生突增，此后锚杆轴力进入非线性增长期；此阶段特征在于锚杆轴力呈现非线性增长趋势，且增长速率逐步减小。造成这一现象的原因在于：压缩荷载作用下，伴随着预制裂隙尖端张拉裂纹的扩展，裂隙面会不断地发生张开位移，且劈裂形成的岩板也会向临空面产生屈曲变形，进而导致试样侧向变形速率的增大，因而锚杆轴力呈现非线性增大趋势，但是伴随着锚杆轴力的增大，锚杆对于裂隙面张开位移及岩板屈曲变形的控制效果显著增强，因而对试样侧向变形的控制作用变得更加显著，当锚杆对于试样变形的控制作用占据优势时，试样侧向变形速率将得到较好的控制，而此时锚杆轴力增长速率也会随之降低，由此可见预应力锚杆的施加有效抑制了岩板的屈曲变形，这也是预应力锚杆对于板裂化控制的重要机制之一。

（3）第 III 阶段——急剧上升期。峰值强度过后，尽管试样并未发生无锚杆作用的情况下岩板压折、岩片弹射等剧烈的脆性破坏现象，但压缩荷载的作用将导致岩板之间发生进一步的分离变形，加之试样内新生裂纹的萌生、扩展及贯通，试样变形具有迅速增大的趋势，进而导致锚杆轴力急剧上升。

7.2.3 锚固机制

轴向压缩荷载的作用将导致板裂化模型试样内部预制裂隙尖端拉应力集中现象的产生，由于岩石类材料抗压不抗拉的特性，因而伴随着压缩荷载值的逐步增大，张拉裂纹会在预制裂隙尖端、垂直于拉应力方向萌生并扩展。预应力锚杆的施加（尤其是方案 2 中预制裂隙尖端附近的预应力锚杆）可有效降低预制裂隙尖端拉应力集中程度，改善试样内部应力状态，体现出抑制预制裂隙扩展的作用。锚杆的止裂效应在硬岩锚固工程中尤为显著。下文通过试验验证以上锚固机制分析的合理性。

通过预制裂隙尖端横向方向粘贴应变片的方法，对比分析压缩荷载作用下，模型试样在无锚杆及有锚杆作用的情况下，预制裂隙尖端拉应变值变化情况。应变片的粘贴如图 7.34 所示，试验过程中轴向压缩荷载以 0.2 kN/s 加载速率加载至 40 kN 后卸载，改变锚杆预应力值再以相同方式重新加载，采用静态应变仪自动采集试验加载过程中预制裂隙尖端横向应变值的变化。

图 7.34 试样预制裂隙尖端应变片粘贴图

以临空面附近预制裂隙上端的应变值 1（如图 7.34 所示）为例，分析其变化规律（其他 5 个应变值具有类似规律）。图 7.35 为应变值 1 在无锚及加锚方案 2（预应力分别为 7 MPa、14 MPa、21 MPa）条件下的变化曲线。由图 7.35 可知，当压缩荷载值小于 12 kN 时，无锚及有锚条件下应变值 1 变化不大，而当压缩荷载值超过 12 kN 时，预应力锚杆作用的情况下，预制裂隙尖端拉应变值显著降低，且随着预应力值的增大，效果更为显著。

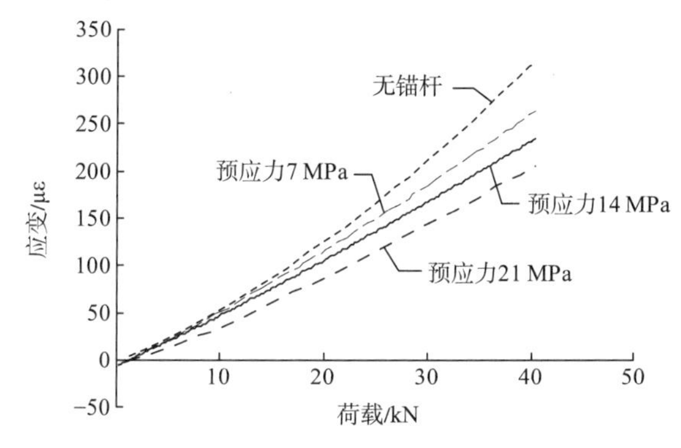

图 7.35　加锚方案 2 预制裂隙尖端拉应变值变化曲线

试样沿着预制裂隙方向劈裂之后，压缩荷载的进一步作用下，岩板将朝向临空面发生屈曲变形，当岩板屈曲变形达到一定程度时，便会发生屈曲失稳破坏，进而造成岩板压折、岩块弹射现象的发生，如图 7.36（a）所示。预应力锚杆的施加，不仅可以将劈裂形成的岩板组合为整体提高其抗弯刚度，并能够有效抑制岩板向临空面的屈曲变形，如图 7.36（b）所示，进而提高试样的失稳荷载值；而锚杆初始预应力值的提高，使得试样岩板之间的分离变形及岩板的屈曲变形得到进一步的抑制，试样整体变形模量进一步增大。

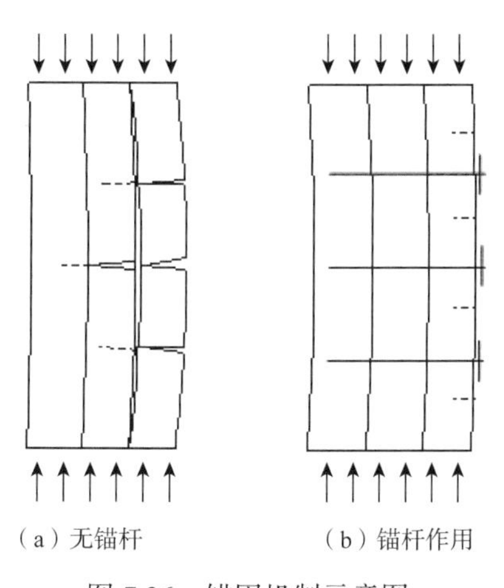

图 7.36　锚固机制示意图

7.3 小　　结

本章采用高强石膏制作含 0°、30°、45°、60°、75°、90°不同倾角的预制单裂隙试样，通过室内单轴压缩试验对比分析其裂隙扩展特征、变形破坏及声发射特性，在此基础上以含 30°、45°、60°预制裂隙试样为对象，分别施加预应力及全长黏结式锚杆，通过分析加锚试样主要力学参数及试样破坏模式的变化，研究其锚固止裂效应，最后基于断裂力学相关理论初步分析两种不同锚固形式锚杆的锚固机制。锚杆对试样裂纹扩展及破坏模式的影响主要体现在两个方面：一是有效抑制了试样张拉型翼裂纹的扩展速度、扩展长度及破裂面的张开分离变形，使得试样加载变形过程中保持了较好的整体性；二是使得试样次生裂纹扩展模式发生变化，不仅有效抑制了次生裂纹的失稳扩展、降低宏观破裂面贯通速度，从而大大降低了试样轴向应力跌落的突然性，而且有的加锚试样产生了新的反向翼裂纹。

选用铝棒制作预应力锚杆模型，通过一侧约束条件下的单轴压缩试验，研究了两种不同的预应力锚杆施加方案下板裂化模型试样的锚固效应，分析了板裂化模型试样的锚固机制。预应力锚杆对板裂化模型试样的锚固机制主要体现在两个方面：一是有效降低了预制裂隙尖端拉应力集中程度，改善了试样内部应力状态，体现出抑制预制裂隙扩展的止裂作用；二是将试样劈裂形成的岩板组合为整体，增大其整体抗弯刚度，并能够有效抑制岩板向临空面的屈曲变形，进而提高了试样的临界失稳荷载值。

参考文献

[1] 姚成林. 深埋长隧洞岩爆灾害机理及判据研究[D]. 北京：中国地质大学（北京），2014.

[2] 刘国锋，冯夏庭，江权，等. 白鹤滩大型地下厂房开挖围岩片帮破坏特征、规律及机制研究[J]. 岩石力学与工程学报，2016，35（05）：865-878.

[3] 孙广忠，张文彬. 一种常见的岩体结构—板裂结构及其力学模型[J]. 地质科学，1985，3：275-282.

[4] 孙广忠. 岩体结构力学[M]. 北京：科学出版社，1988.

[5] FAIRHURST C，COOK N G W. The phenomenon of rock splitting parallel to the direction of maximum compression in the neighborhood of a surface[C] //Proceedings of the First Congress on the International Society of Rock Mechanics. 1966，1：687-692.

[6] 孙广忠. 论岩体结构力学原理[J]. 岩体工程地质力学研究，1982.

[7] 孙广忠，黄运飞. 高边墙地下洞室洞壁围岩板裂化实例及其力学分析[J]. 岩石力学与工程学报，1988，7（1）：15-24.

[8] ORTLEPP W D，STACEY T R. Rockburst mechanisms in tunnels and shafts[J]. Tunnelling & underground space technology，1994，9（1）：59-65.

[9] ORTLEPP W D. Rock fracture and rockbursts：an illustrative study[M]. Johannesburg：The South African Institute of Mining and Metallurgy，1997.

[10] MARTIN C D，MAYBEE W G. The strength of hard-rock pillars[J]. International journal of rock mechanics & mining sciences，2000，37（8）：1239-1246.

[11] CAI M. Influence of intermediate principal stress on rock fracturing and strength near excavation boundaries—Insight from numerical modeling[J]. International journal of rock mechanics & mining sciences，2008，45（5）：763-772.

[12] 张传庆，冯夏庭，周辉，等. 深部试验隧洞围岩脆性破坏及数值模拟[J]. 岩石力学与工程学报，2010，29（10）：2063-2068.

[13] 周辉. 深埋隧洞围岩破裂结构特征及其与岩爆的关系[C] //新观点新学说学术沙龙文集 51：岩爆机理探索，北京：中国科学技术出版社，2011：106-114.

[14] READ R S. 20 years of excavation response studies at AECL's Underground Research Laboratory[J]. International journal of rock mechanics & mining sciences，2004，41（8）：1251-1275.

[15] MARTINI C D，READ R S，MARTINO J B. Observations of brittle failure around a circular test tunnel[J]. International journal of rock mechanics & mining sciences，1997，34（7）：1065-1073.

[16] LEE M，HAIMSON B. Laboratory study of borehole breakouts in Lac du Bonnet granite：a case of extensile failure mechanism[J]. International journal of rock mechanics & mining science & geomechanics abstracts，1993，30（7）：1039-1045.

[17] 吴文平，冯夏庭，张传庆，等. 深埋硬岩隧洞围岩的破坏模式分类与调控策略[J]. 岩石力学与工程学报，2011，30（9）：1782-1802.

[18] 左宇军，朱万成，唐春安，等. 非均匀介质中应力波反射诱发层裂过程的数值模拟[J]. 中南大学学报（自然科学版），2006，37（6）：1177-1182.
[19] 李秀地，郑颖人，徐干成. 爆炸荷载作用下地下结构的局部层裂分析[J]. 地下空间与工程学报，2005，1（6）：853-855.
[20] POTYONDY D O，CUNDALL P A. A bonded-particle model for rock[J]. International journal of rock mechanics & mining sciences，2004，41（8）：1329-1364.
[21] 张晓春，卢爱红，王军强. 动力扰动导致巷道围岩层裂结构及冲击矿压的数值模拟[J]. 岩石力学与工程学报，2006，25（增1）：3110-3114.
[22] TILERT D，SVEDBJÖRK G，OUCHTERLONY F，et al. Measurement of explosively induced movement and spalling of granite model blocks[J]. International journal of impact engineering，2007，34（12）：1936-1952.
[23] MEYERS M A，TAYLOR AIMONE C. Dynamic fracture（spalling）of metals[J]. Progress in materials science，1983，28（1）：1-96.
[24] 谭以安. 岩爆岩石断口扫描电镜分析及岩爆渐进破坏过程[J]. 电子显微学报，1989，2：41-48.
[25] DYSKIN A V，L N GERMANOVICH.. Model of rockburst caused by cracks growing near free surface[C] // Rockbursts and Seismicity in Mines，Rotterdam：Balkema，1993：169-174.
[26] 侯哲生，龚秋明，孙卓恒. 锦屏二级水电站深埋完整大理岩基本破坏方式及其发生机制[J]. 岩石力学与工程学报，2011，30（4）：727-732.
[27] CARTER B J. Size and stress gradient effects on fracture around cavities[J]. Rock mechanics and rock engineering，1992，25（3）：167-186.
[28] EWY R T，COOK N G W. Deformation and fracture around cylindrical openings in rock—I. Observations and analysis of deformations[J]. International journal of rock mechanics & mining sciences & geomechanics abstracts，1990，27（5）：387-407.
[29] EWY R T，COOK N G W. Deformation and fracture around cylindrical openings in rock—II. Initiation，growth and interaction of fractures[J]. International journal of rock mechanics & mining sciences & geomechanics abstracts，1990，27（5）：409-427.
[30] 李地元，李夕兵，李春林，等. 单轴压缩下含预制孔洞板状花岗岩试样力学响应的试验和数值研究[J]. 岩石力学与工程学报，2011，30（6）：1198-1206.
[31] HOEK E，KAISER P K，BAWDEN W F. Support of underground excavations in hard rock[M]. Boca Raton：CRC Press，1995.
[32] EDELBRO C. Numerical modelling of observed fallouts in hard rock masses using an instantaneous cohesion-softening friction-hardening model[J]. Tunnelling and underground space technology，2009，24（4）：398-409.
[33] SAHOURYEH E，DYSKIN A V，GERMANOVICH L N. Crack growth under biaxial compression[J]. Engineering fracture mechanics，2002，69（18）：2187-2198.
[34] 李地元. 高应力硬岩脆性板裂破坏和应变型岩爆机理研究[D]. 长沙：中南大学，2010.
[35] 潘岳，王志强. 岩体动力失稳的功能增量—突变理论研究方法[J]. 岩石力学与工程学报，2004，23（9）：1433-1438.
[36] 王敏强，侯发亮. 板状破坏的岩体岩爆判别的一种方法[J]. 岩土力学，1993，14（3）：53-60.
[37] M C HE，J L MIAO，J L FENG. Rock burst process of limestone and its acoustic emission characteristics under true-triaxial unloading condition[J]. International journal of rock mechanics &

mining sciences，2010，47：286-298.
[38] 左宇军，李夕兵，赵国彦. 硐室层裂屈曲岩爆的突变模型[J]. 中南大学学报（自然科学版），2005，36（2）：311-316.
[39] LI D，LI C C，LI X. Influence of Sample Height-to-Width Ratios on Failure Mode for Rectangular Prism Samples of Hard Rock Loaded In Uniaxial Compression[J]. Rock mechanics & rock engineering，2011，44（3）：253-267.
[40] EBERHARDT E. Numerical modelling of three-dimension stress rotation ahead of an advancing tunnel face[J]. International journal of rock mechanics & mining sciences，2001，38（4）：499-518.
[41] ZHANG C Q，ZHOU H，FENG X T，et al. Layered fractures induced by the principle stress axes rotation in hard rock during tunneling[J]. Materials research innovations，2011，15：S527-S530.
[42] 贾蓬，唐春安，张国联. 深埋垂直板裂结构岩体中硐室失稳破坏机制[J]. 东北大学学报（自然科学版），2008，29（6）：893-896.
[43] 王学滨，伍小林，潘一山. 圆形巷道围岩层裂或板裂化的等效连续介质模型及侧压系数的影响[J]. 岩土力学，2012，33（8）：2395-2402.
[44] 雷光宇，卢爱红，茅献彪. 应力波作用下巷道层裂破坏的数值模拟研究[J]. 岩土力学，2005，26（9）：1477-1480.
[45] 石露，李小春. 真三轴试验中的端部摩擦效应分析[J]. 岩土力学，2009，30（4）：1159-1164.
[46] HUDSON J A，TANG C. Rock Failure Mechanisms：Explained and Illustrated[M]. Baca Raton：CRC Press，2010.
[47] 潘鹏志，冯夏庭，邱士利，等. 多轴应力对深埋硬岩破裂行为的影响研究[J]. 岩石力学与工程学报，2011，30（6）：1116-1125.
[48] FELICE J J，BEATTIE T A，SPATHIS A T. Face velocity measurements using a microwave radar technique[C]//Proceedings of the conference on explosives and blasting technique，1991：71-77.
[49] 石磊. 不同加、卸荷条件下大理岩力学及声发射特性试验及理论研究[D]. 青岛：青岛理工大学，2011.
[50] 周维超. 不同施工条件下围岩变形破坏机制研究[D]. 成都：成都理工大学，2011.
[51] BRACE W F，BOMBOLAKIS E G. A note on brittle crack growth in compression[J]. Journal of geophysical research，1963，68（12）：3709-3713.
[52] BRACE W F. Brittle fracture of rocks：State of Stress in the Earth's[J]. Crust WR Judd，1964：110-178.
[53] HOEK E. Rock fracture around mining excavations[C]//4th International Conference on Stratigraphic Control & Rock Mechanics，Columbia university，New York. 1964：334-348.
[54] NEMAT-NASSER S，HORII H. Compression-induced nonplanar crack extension with application to splitting，exfoliation，and rockburst[J]. Journal of geophysical research：solid earth（1978－2012），1982，87（B8）：6805-6821.
[55] HORII H，NEMAT-NASSER S. Compression - induced microcrack growth in brittle solids：Axial splitting and shear failure[J]. Journal of geophysical research：solid earth（1978－2012），1985，90（B4）：3105-3125.
[56] HORII H，NEMAT-NASSER S. Brittle failure in compression：splitting，faulting and brittle-ductile transition[J]. Philosophical transactions for the royal society of London：Series A，mathematical and physical sciences，1986：337-374.

[57] LAJTAI E Z. Brittle fracture in compression[J]. International journal of fracture，1974，10（4）：525-536.

[58] LAJTAI E Z，CARTER B J，AYARI M L. Criteria for brittle fracture in compression[J]. Engineering fracture mechanics，1990，37（1）：59-74.

[59] HOLCOMB D J. A quantitative model of dilatancy in dry rock and its application to Westerly granite[J]. Journal of geophysical research：solid earth（1978－2012），1978，83（B10）：4941-4950.

[60] MOSS W C，GUPTA Y M. A constitutive model describing dilatancy and cracking in brittle rocks[J]. Journal of geophysical research：solid earth（1978－2012），1982，87（B4）：2985-2998.

[61] WANG E Z，SHRIVE N G. Brittle fracture in compression：mechanisms，models and criteria[J]. Engineering fracture mechanics，1995，52（6）：1107-1126.

[62] LAUTERBACH B，GROSS D. Crack growth in brittle solids under compression[J]. Mechanics of materials，1998，29（2）：81-92.

[63] WONG R H C，TANG C A，CHAU K T，et al. Splitting failure in brittle rocks containing pre-existing flaws under uniaxial compression[J]. Engineering fracture mechanics，2002，69（17）：1853-1871.

[64] 刘宁，朱维申，于广明，等. 高地应力条件下围岩劈裂破坏的判据及薄板力学模型研究[J]. 岩石力学与工程学报，2008，27（s1）：3173-3179.

[65] MARTIN C D，CHRISTIANSSON R. Estimating the potential for spalling around a deep nuclear waste repository in crystalline rock[J]. International journal of rock mechanics & mining sciences，2009，46（2）：219-228.

[66] ORTLEPP W D，O'FERRAL R C，WILSON J W. Support methods in tunnels[J]. Association of mine managers of South Africa，papers and discussion，1972：167-195.

[67] HOEK E，BROWN E T. Underground Excavations in Rock[M]. London：The Institution of Mining and Metallurgy，1980.

[68] WISEMAN N. Factors affecting the design and condition of mine tunnels[J]. Chamb mines S Afr，Pretoria，1979，22.

[69] BRIDGMAN P W. The effect of hydrostatic pressure on the fracture of brittle substances[J]. Journal of applied physics，2004，18（2）：246-258.

[70] BRIDGMAN P W V. Breaking tests under hydrostatic pressure and conditions of rupture[J]. The London，Edinburgh，and Dublin philosophical magazine and journal of science，1912，24（139）：63-80.

[71] JAEGER J C，COOK N G W. Pinching - off and disking of rocks[J]. Journal of geophysical research，1963，68（6）：1759-1765.

[72] JAEGER J C. Extension failures in rocks subject to fluid pressure[J]. Journal of geophysical research，1963，68（21）：6066-6067.

[73] GRIGGS D，HANDIN J. Observations on fracture and a hypothesis of earthquakes[J]. Geological society of America memoirs，1960，79：347-364.

[74] STACEY T R，JONGH C L D. Stress fracturing around a deep level bored tunnel[J]. Journal of the South African institute of mining and metallurgy，1977，78（5）：124-133.

[75] STACEY T R. A simple extension strain criterion for fracture of brittle rock[J]. International journal of rock mechanics & mining sciences & geomechanics abstracts，1981，18（6）：469-474.

[76] STACEY T R，HARTE N D. Deep level raise boring prediction of rock problems[C]//International Symposium：Rock at Great Depth. Rotterdam：AABalkema，1989：583-588.

[77] SANTARELLI F J，BROWN E T. Performance of Deep Well Bores In Rock With a Confining Pressure-dependent Elastic Modulus[C] //6th ISRM Congress. International Society for Rock Mechanics，1987：1217-1222.

[78] EWY R T，COOK N G W，MYER L R. Hollow cylinder tests for studying fracture around underground openings[J]. Veterinary clinical pathology，1988，44（1）：37-46.

[79] MARTIN C D. Seventeenth Canadian geotechnical colloquium：the effect of cohesion loss and stress path on brittle rock strength[J]. Canadian geotechnical journal，1997，34（5）：698-725.

[80] HAJIABDOLMAJID V，KAISER P K，MARTIN C D. Modelling brittle failure of rock[J]. International journal of rock mechanics & mining sciences，2002，39（6）：731-741.

[81] DIEDERICHS M S. The 2003 Canadian Geotechnical Colloquium：Mechanistic interpretation and practical application of damage and spalling prediction criteria for deep tunnelling[J]. Canadian geotechnical journal，2007，44（9）：1082-1116.

[82] MARTIN C D，KAISER P K，MCCREATH D R. Hoek-Brown parameters for predicting the depth of brittle failure around tunnels[J]. Canadian geotechnical journal，1999，36（1）：136-151.

[83] SCHMERTMANN J H，OSTERBERG J O. An experimental study of the development of cohesion and friction with axial strain in saturated cohesive soils[C]//Research Conference on Shear Strength of Cohesive Soils. ASCE，1960：643-694.

[84] DIEDERICHS M S，KAISER P K，EBERHARDT E. Damage initiation and propagation in hard rock during tunnelling and the influence of near-face stress rotation[J]. International journal of rock mechanics & mining sciences，2004，41（5）：785-812.

[85] WAGNER H. Design and support of underground excavationsin highly stressed rock[C] //In Proceedings of the 6th ISRM International Congress on Rock Mechanics，1987：1443-1457.

[86] PELLI F，KAISER P K，MORGENSTERN N R. An interpretation of ground movements recorded during construction of the Donkin-Morien tunnel[J]. Canadian geotechnical journal，1991，28（2）：239-254.

[87] CASTRO L A M，MCCREATH D R，OLIVER P. Rockmass damage initiation around the Sudbury Neutrino Observatory cavern[C] //2nd North American Rock Mechanics Symposium. American Rock Mechanics Association，1996.

[88] HOEK E，BIENIAWSKI Z T. Brittle fracture propagation in rock under compression[J]. International journal of fracture mechanics，1965，1（3）：137-155.

[89] GRAMBERG J. The axial cleavage fracture 1 Axial cleavage fracturing，a significant process in mining and geology[J]. Engineering geology，1965，1（1）：31-72.

[90] HANDIN J，HEARD H C，MAGOUIRK J N. Effects of the intermediate principal stress on the failure of limestone，dolomite，and glass at different temperatures and strain rates[J]. Journal of geophysical research，1967，72（2）：611-640.

[91] NOTLEY K R. Interim Report on Closure Measurements and Associated Rock Mechanics Studies in the Falconbridge Mine[R]. Internal falconbridge report，1966.

[92] HASEGAWA H S，WETMILLER R J，GENDZWILL D J，et al. Induced seismicity in mines in Canada：An overview[J]. Pure & Applied Geophysics，1989，129（3-4）：423-453.

[93] RYDER J A. Excess shear stresses in the assessment of geologically hazardous situations[J].

Journal- South African institute of mining and metallurgy，1988，88（1）：27-39.
[94] 汪泽斌. 岩爆实例、岩爆术语及分类的建议[J]. 工程地质，1988，（3）：145-162.
[95] 谭以安. 岩爆类型及其防治[J]. 现代地质，1991，5（4）：450-456.
[96] 张倬元，王士天，王兰生. 工程地质分析原理（2 版）[M]. 北京：北京地质出版社，1994：397-403.
[97] 王兰生，李天斌，徐进等. 二郎山公路隧道岩爆及岩爆烈度分级[J]. 公路，1999，（2）：241-245.
[98] 徐林生，王兰生. 岩爆类型划分研究[J]. 地质灾害与环境保护，2000，3（11）：245-262.
[99] 张可诚，曾金富，张杰，等. 秦岭隧道掘进机通过岩爆地段的对策[J]. 世界隧道，2000，（4）：34-38.
[100] 赵伟. 岩爆的发生机理及防治措施[J]. 企业技术开发，2007，26（3）：9-11.
[101] 冯涛，王文星，潘长良. 岩石应力松弛试验及两类岩爆研究[J]. 湘潭矿业学院学报，2000，15（1）：27-31.
[102] 李忠，汪俊民. 重庆陆家岭隧道岩爆工程地质特征分析与防治措施研究[J]. 岩石力学与工程学报，2005，24（18）：3398-3402.
[103] 苗金丽. 岩爆的能量特征实验分析[D]. 北京：中国矿业大学（北京），2008.
[104] 冯夏庭，陈炳瑞，明华军，等. 深埋隧洞岩爆孕育规律与机制：即时型岩爆[J]. 岩石力学与工程学报，2012，31（3）：433-444.
[105] 陈炳瑞，冯夏庭，明华军，等. 深埋隧洞岩爆孕育规律与机制：时滞型岩爆[J]. 岩石力学与工程学报，2012，31（3）：561-569.
[106] 吴世勇，龚秋明，王鸽，等. 锦屏 II 级水电站深部大理岩板裂化破坏试验研究及其对 TBM 开挖的影响[J]. 岩石力学与工程学报，2010，29（6）：1089-1095.
[107] HOEK E，BROWN E T. 岩石地下工程[M]. 北京：冶金工业出版社，1986.
[108] MUHLHAS H B，VARDOLAKIS I. The thickness of shear bands in granular materials[J]. Geotechnique，1987，37（3）：271-283.
[109] ZUBELEWICZ A，MROZ Z. Numerical simulation of rock burst process treated as problems of dynamic instability[J]. Rock mechanics and rock engineering，1983，16：253-274.
[110] MUELLER W. Numerical simulation of rock bursts[J]. Mining science & technology，1991，12：27-42.
[111] 杨淑清. 隧洞岩爆机制物理模型试验研究[J]. 武汉水利电力大学学报，1993，26（2）：160-166.
[112] 谭以安. 岩爆形成机理研究[J]. 水文地质工程地质，1989，1：34-38，54.
[113] 徐林生，王兰生. 岩爆形成机理研究[J]. 重庆大学学报：自然科学版，2001，24（2）：115-117.
[114] 许东俊，章光，李廷芥，等. 岩爆应力状态研究[J]. 岩石力学与工程学报，2000，19（2）：169-172.
[115] 谷明成，何发亮. 秦岭隧道岩爆的研究[J]. 岩石力学与工程学报，2002，21（9）：1324-1329.
[116] 何满潮，苗金丽，李德建，等. 深部花岗岩试样岩爆过程实验研究[J]. 岩石力学与工程学报，2007，26（5）：865-876.
[117] 徐士良，朱合华. 公路隧道通风竖井岩爆机制颗粒流模拟研究[J]. 岩土力学，2011，32（3）：885-890.
[118] 冯涛，潘长良. 硐室岩爆机理的层裂屈曲模型[J]. 中国有色金属学报，2000，10（2）：287-290.

[119] 方恩权，蔡永昌，朱合华. 自由边界形状与近边界裂纹相互作用模型研究[J]. 岩土力学，2009，30（11）：3318-3323.
[120] 张晓春，缪协兴，杨廷青. 冲击矿压的层裂板模型及实验研究[J]. 岩石力学与工程学报，1999，18（5）：497-502.
[121] 颜立新，康红普，苏永华. 板裂化地下岩体工程稳定的力学机理及概率分析[J]. 岩石力学与工程学报，2002，21（增）：1938-1941.
[122] 李江腾，曹平. 硬岩矿柱纵向劈裂失稳突变理论分析[J]，中南大学学报（自然科学版），2006，37（2）：371-375.
[123] 张倬元，宋建波，李攀峰. 地下厂房洞室群岩爆趋势综合预测方法[J]. 地球科学进展，2004，19（3）：451-456.
[124] 吴刚，孙钧. 卸荷应力状态下裂隙岩体的变形和强度特性[J]. 岩石力学与工程学报，1998，17（6）：615-621.
[125] 姜繁智，向晓东，朱东升. 国内外岩爆预测的研究现状与发展趋势[J]. 工业安全与环保，2003，29（8）：19-22.
[126] 王文星，潘长良，冯涛. 确定岩石岩爆倾向性的新方法及其应用[J]. 有色金属设计，2001，28（4）：42-46.
[127] HOEK E，MARINOS P G. Tunnelling in overstressed rock[C] //Rock Engineering in Difficult Ground Conditions-Soft Rocks and Karst，2010 Taylor & Francis Group，London，2010.
[128] BARTON N，LIEN R，LUNDE J. Engineering classification of rock masses for the design of tunnel support[J]. Rock mechanics，1974，6：189-236.
[129] 钟云光，徐成光. 岩爆预测与防治方法述评[J]. 矿冶，2005，4（2）：8-12.
[130] COOK N G W. The Design of Underground Excavations[C]//Eighth rock mechanics symposium，Minnesota，1966.
[131] BRADY B H G，BROWN E T. Energy changes and stability in underground mining design application of boundary element methods[J]. Transactions of the institution of mining & metallurgy，1981，90：61-68.
[132] TAJDUS A，MAJCHERCZYK T，CALA M. Effect of fault on rockbursts hazard[J]. Geomechanics，1996.
[133] 唐宝庆，曹平. 从全应力-应变曲线的角度建立岩爆的能量指标[J]. 江西有色金属，1995，9（1）：15-17，20.
[134] 唐礼忠，潘长良，王文星. 用于分析岩爆倾向性的剩余能量指数[J]. 中南工业大学学报，2002，33（2）：129-132.
[135] 苏国韶. 高应力下大型地下洞室群稳定性分析与智能优化研究[D]. 武汉：中科院武汉岩土力学研究所，2006.
[136] WILES T D. Correlation between Local Energy Release Density observed bursting conditions at Creighton Mine[R]. Report under contract for INCO Ltd. Mines Research，Sudbury，Canada，1998.
[137] 谭以安. 岩爆岩石弹射性能综合指数 Krb 判据[J]. 地质科学，1991，2：193-200.
[138] 冯涛，谢学斌，王文星，等. 岩石脆性及描述岩爆倾向的脆性系数[J]. 矿冶工程，2000，20（4）：18-19.
[139] 邱士利. 深埋大理岩加卸荷变形破坏机理及岩爆倾向性评估方法研究[D]. 武汉：中科院武汉岩土力学研究所，2011.

[140] ABE M，NAKAMURA S，SHIKANO K，et al. Voice conversion through vector quantization[C] // International Conference on Acoustics，Speech，and Signal Processing. IEEE，2002：655-658.
[141] 王学滨，潘一山，任伟杰. 基于应变梯度理论的岩石试件剪切破坏失稳判据[J]. 岩石力学与工程学报，2003，22（5）：747-750.
[142] 刘小明，李焯芬. 脆性岩石损伤力学分析与岩爆损伤能量指数[J]. 岩石力学与工程学报，1997，16（2）：140-147.
[143] 李廷芥，王耀辉，张梅英，等. 岩石裂纹的分形特性及岩爆机理研究[J]. 岩石力学与工程学报，2000，19（1）：6-10.
[144] 潘一山，章梦涛，李国臻. 洞室岩爆的尖角型突变模型[J]. 应用数学和力学，1994，15（10）：893-900.
[145] 徐曾和，徐小荷. 柱式开采岩爆发生条件与时间效应的尖点突变[J]. 中国有色金属学报，1997，7（2）：17-23.
[146] FENG X T，WEBBER S，OZBAY M U，et al. An expert system on assessing rockburst risks for South African deep gold mines[J]. Journal of coal science and engineering，1996，2（2）：23-32.
[147] 王元汉，李卧东，李启光，等. 岩爆预测的模糊数学综合评判方法[J]. 岩石力学与工程学报，1998，17（5）：493-501.
[148] 刘章军，袁秋平，李建林. 模糊概率模型在岩爆烈度分级预测中的应用[J]. 岩石力学与工程学报，2008，27（增1）：3095-3103.
[149] 杨健，武雄. 岩爆综合预测评价方法[J]. 岩石力学与工程学报，2005，24（3）：411-416.
[150] 史秀志，周健，董蕾，等. 未确知测度模型在岩爆烈度分级预测中的应用[J]. 岩石力学与工程学报，2010，29（增1）：2720-2726.
[151] 文畅平. 属性综合评价系统在岩爆发生和烈度分级中的应用[J]. 工程力学，2008，25（6）：153-158.
[152] SZWEDZICKI T. Rock mass behaviour prior to failure[J]. International journal of rock mechanics & mining sciences，2003，40（4）：573-584.
[153] 韩瑞庚. 地下工程新奥法[M]. 北京：科学出版社，1987.
[154] 郑颖人. 地下工程锚喷支护设计指南[M]. 北京：中国铁道出版社，1988.
[155] 孔恒，马念杰，王梦恕，等. 锚固技术极其理论研究现状和方向[J]. 中国煤炭，2001，27（11）：24-29.
[156] LANG T A，BISCHOFF J A. Stability of reinforced rock structure[C]//Design and Peformance of Underground Excavations. London：British Geotechnical Soeiety，1984，11-18.
[157] RABCEWICZ L V. Stability of tunnels under rock load [J]. Water power，1969（1）：225-273.
[158] 赖应得，崔兰秀，孙惠兰. 能量支护学概论[J]. 山西煤炭，1994，5：17-23.
[159] BROWN E T. 地下开挖的岩层控制一成就与挑战[J]. 国外金属矿山，17-25.
[160] 王思敬，杨志法. 地下工程中岩体工程地质力学问题[J]. 岩石力学与工程学报，1987，6（4）：301-30.
[161] 王明恕，何修仁，郑雨天. 全长锚固锚杆的力学模型及其应用[J]. 金属矿山，1983，4：24-29.
[162] RABCEWICZ L V. The New Austrian tunneling method [J]. Water power，1965（4）：19-24.
[163] SALAMON M D G. Stability，instability and design of pillar working[J]. International journal of rock mechanics & mining sciences & geomechanics abstracts，1970，7（6）：613-631.

[164] SALAMON M D G. Stability，instability and design of pillar workings：author's reply to disscussion by D F coates of the paper[J]. International journal of rock mechanics & mining sciences & geomechanics abstracts，1972，9（5）：667-668.
[165] 冯豫. 我国软岩巷道支护的研究[J]. 采矿与安全工程学报，1990（2）：44-46，69，74.
[166] 郑雨天，朱浮声. 预应力锚杆体系-锚杆支护技术发展的新阶段[J]. 矿山压力与顶板管理，1995，12（1）：2-7.
[167] 方祖烈. 拉压域特征及主次承载区的维护理论，世纪之交软岩工程技术现状与展望[M]. 北京：煤炭工业出版社，1999.
[168] 侯朝炯，郭励生，勾攀峰. 煤巷锚杆支护[M]. 徐州：中国矿业大学出版社，1999.
[169] 侯朝炯，勾攀峰. 巷道锚杆支护围岩强度强化机理研究[J]. 岩石力学与工程学报，2000，19（3）：342-345.
[170] 何满潮，景海河，孙晓明. 软岩工程力学[M]. 北京：科学出版社，2002.
[171] 何满潮，高尔新. 软岩巷道耦合支护力学原理及应用[J]. 水文地质工程，1998（2）：1-4.
[172] 孙晓明，何满潮. 深部开采软岩巷道耦合支护数值模拟研究[J]. 中国矿业大学学报，2005，34（3）：166-169.
[173] 董方庭. 巷道围岩松动圈支护理论及应用技术[M]. 北京：煤炭工业出版社，2001.
[174] 刘泉声，康永水，白运强. 顾桥煤矿深井岩岩巷破碎软弱围岩支护方法探索[J]. 岩土力学，2011，32（10）：3097-3104.
[175] 黄兴，刘泉声，乔正. 朱集矿深井软岩巷道大变形机制及其控制研究[J]. 岩土力学，2012，33（3）：827-834.
[176] 康红普，王金华. 煤巷锚杆支护理论与成套技术[M]. 北京：煤炭工业出版社，2007.
[177] 康红普，王金华，林健. 高预应力强力支护系统及其在深部巷道中的应用[J]. 煤炭学报，2007，32（12）：1233-1238.
[178] 康红普，姜铁明，高富强. 预应力在锚杆支护中的作用[J]. 煤炭学报，2007，32（7）：673-678.
[179] 张农. 巷道滞后注浆围岩控制理论与实践[M]. 徐州：中国矿业大学出版社，2004.
[180] 张农，李桂臣，阚甲广. 煤巷顶板软弱夹层层位对锚杆支护结构稳定性影响[J]. 岩土力学，2011，32（9）：2753-2758.
[181] 张乐文，汪稔. 岩土锚固理论研究之现状[J]. 岩土力学，2000，23（5）：627—631.
[182] LUTZL，GERGELEY P. Mechanics of band and slip of deformed bars in concrete[J]. Jounal of American concrete institute，1967，64（11）：711-721.
[183] 汤雷，蒋金平. 锚杆支护强度[J]. 地下空间与工程学报，1997（2）：65-69.
[184] 唐春安，赵兴东，王维纲，等. 新型全长多点楔胀式管缝锚杆（竹节式锚杆）的试验研究[J]. 岩石力学与工程学报，2004，23（3）：465-468.
[185] 杨庆，朱训国，奕茂田. 全长注浆锚杆的解析本构模型研究[C]//全国岩石力学大会，沈阳，2006，9.
[186] 杨庆，朱训国，奕茂田. 岩土体锚固效应研究及锚杆与注浆体界面应力/应变分析[J]. 岩土力学，2007，28（3）：527-532.
[187] 张季如，唐保付. 锚杆荷载传递机理分析的双曲函数模型[J]. 岩土工程学报，2002，24（2）：188-192.
[188] 牟瑞芳，王建宇，张武国. 按共同变形原理计算地锚锚固段黏聚力分布[J]. 路基工程，1999（2）：31-34.
[189] 尤春安，战玉宝. 预应力锚索锚固段的应力分布规律及分析[J]. 岩石力学与工程学报，

2005，24（6）：925-928.
[190] GUNNAR WIJK. A theoretical remark on the stress around pre-stressed rock bolts[J]. International journal of rock mechanics & mining science & Geomechanics abstract，1978（15）：289-294.
[191] 尤春安. 全长黏结式锚杆的受力分析[J]. 岩石力学与工程学报，2000，19（3）：339-341.
[192] 朱训国，杨庆，栾茂田. 岩体锚固效应及锚杆的解析本构模型研究[J]. 岩土力学，2007，28（3）：527-532.
[193] 牟瑞芳，王建宇，张武国. 按共同变形原理计算地锚锚固段黏结应力分布[J]. 路基工程，1999，2：31-34.
[194] 尾高英雄，张满良，岛山三树男. 关于荷载分散型锚杆及周边岩土层剪切应力的研究[C]//岩土锚固工程技术的应用与发展—国际岩土锚固工程技术研讨会论文集. 程良奎，刘启深. 北京：万国学术出版社，1996.
[195] 杨庆，朱训国，奕茂田. 全长注浆岩石锚杆双曲线模型的建立及锚固效应的参数分析[J]. 岩石力学与工程学报，2007，26（4）：692-698.
[196] 何思明，张小刚，王成华. 基于修正剪切滞模型的预应力锚索作用机理研究[J]. 岩石力学与工程学报，2004，23（15）：2562-2567.
[197] CAI Y，ESAKI T，JIANG Y J. An analytical model to Predict axial load in grouted rock bolt for soft rock tunneling[J]. Tunneling and underground space technology，2004（19）：607-618.
[198] 陈胜宏，强晟，陈尚法. 加锚岩体的三维复合单元模型研究[J]. 岩石力学与工程学报，2003，22（1）：1-8.
[199] 杨强，任继承，张浩. 岩石中锚杆拔出试验的数值模拟[J]. 水利学报，2002，（12）：68-73.
[200] 贺若兰，张平，李宁，刘宝琛. 拉拔工况下全长黏结锚杆工作机理[J]. 中南大学学报（自然科学版），2006，37（2）：401－407.
[201] 高丹盈，张钢琴. 纤维增强塑料锚杆锚固性能的数值分析. 岩石力学与工程学报[J]. 2005，24（20）：3724-3729.
[202] 苏霞，李仲奎. 锚杆拉拔力影响因素的数值试验研究[J]. 工程力学，2006，23（2）：97-102.
[203] 朱浮声，李锡润，王泳嘉. 锚杆支护的数值模拟方法[J]. 东北工学院学报，1989，（1）：l-7.
[204] 杨延毅，王慎跃. 加锚节理岩体的损伤增韧止裂模型研究[J]. 岩土工程学报，1995，17（1）：9-17.
[205] 杨延毅. 岩质边坡卸荷裂隙加固锚杆的增韧止裂机制效果分析[J]. 水利学报，1994，6：1-9.
[206] 朱维申，张玉军. 三峡船闸高边坡节理岩体稳定分析及加固方案初步研究[J]. 岩石力学与工程学报，1996，15（4）：305-311.
[207] 李术才. 节理岩体力学特性和锚固效应分析模型及应用研究[R]. 武汉：武汉水利电力大学，1999.
[208] 李术才，陈卫忠. 加锚节理岩体裂纹扩展失稳的突变模型研究[J]. 岩石力学与工程学报，2003，22（10）：1661-1666.
[209] 张强勇. 多裂隙岩体三维加锚损伤断裂模型及其数值模拟与工程应用研究[D]. 武汉：中国科学院武汉岩土力学研究所，1998.
[210] 伍佑伦，王元汉，许梦国. 拉剪条件下节理岩体中锚杆的力学作用分析[J]. 岩石力学与工程学报，2003，22（5）：769-772.
[211] 王成. 层状岩体边坡锚固的断裂力学原理[J]. 岩石力学与工程学报，2005，24（11）：

1900-1904.
[212] 李占海. 深埋隧洞开挖损伤区的演化与形成机制研究[D]. 沈阳：东北大学，2013.
[213] 谢和平. 分形-岩石力学导论[M]. 北京：科学出版社，1996.
[214] 崔广心. 相似理论与模型试验[M]. 徐州：中国矿业大学出版社，1990.
[215] LI S，FENG X T，LI Z，et al. In situ，monitoring of rockburst nucleation and evolution in the deeply buried tunnels of Jinping II hydropower station[J]. Engineering geology，2012，137-138（7）：85-96.
[216] 周辉，孟凡震，张传庆，等. 基于应力-应变曲线的岩石脆性特征定量评价方法[J]. 岩石力学与工程学报，2014，33（6）：1114-1122.
[217] 周辉，杨艳霜，肖海斌，等. 硬脆性大理岩单轴抗拉强度特性的加载速率效应研究：试验特征与机制[J]. 岩石力学与工程学报，2013，32（9）：1868-1875.
[218] 刘冬梅，谢锦平. 单轴压力作用下岩石损伤演化特征研究[J]. 江西有色金属，2000，14（4）：1-3.
[219] 黄达，黄润秋，张永兴. 粗晶大理岩单轴压缩力学特性的静态加载速率效应及能量机制试验研究[J]. 岩石力学与工程学报，2012，31（2）：245-255.
[220] COOK N G W，HOJEM J P M. A rigid 50-ton compression and tension testing machine[J]. Journal of the South African institute of mechanics andengineering，1966，1：89-92.
[221] WAWERSIK WR，C FAIRHURST. A study of brittle rock fracture in laboratory compression experiments[J]. International journal of rock mechanics & mining sciences，1970. 7（4）：561-575.
[222] 葛修润，周百海. 对岩石峰值后区特性的新见解[J]. 中国矿业，1992. 1（2）：57-60.
[223] HUDSON JA，SL CROUCH，C FAIRHURST. Soft，stiff and servo-controlled testing machines：a review with reference to rock failure[J]. Engineering geology，1972. 6（3）：155-189.
[224] 尤明庆. 岩石的力学性质[M]. 北京：地质出版社，2007.
[225] 尤明庆，华安增. 岩石试样单轴压缩的破坏形式与承载能力的降低[J]. 岩石力学与工程学报，1998，17（3）：292-296.
[226] 鲁建荣. 两相条件下圆筒砂岩破裂试验和水力压裂三维模型研究[D]. 武汉：中科院武汉岩土力学研究所，2012.
[227] 杨圣奇，戴永浩，韩立军，等. 断续预制裂隙脆性大理岩变形破坏特性单轴压缩试验研究[J]. 岩石力学与工程学报，2009，28（12）：2391-2404.
[228] HU G，WANG Y，XIE P，et al. Tensile strength for splitting failure of brittle particles with consideration of poisson's ratio[J]. China Particuology，2004，2（6）：241-247.
[229] KARMAN T. Festigkeitsversuche unter allseitigem Druck[J]. Zeitschrift des Vereines Deutscher Ingenieure，1911，55（42）：1749-1757.
[230] 余华中，阮怀宁，褚卫江. 大理岩脆－延－塑转换特性的细观模拟研究[J]. 岩石力学与工程学报，2013，32（1）：55-64.
[231] 杨圣奇，温森，李良权. 不同围压下断续预制裂纹粗晶大理岩变形和强度特性的试验研究[J]. 岩石力学与工程学报，2007，26（8）：1572-1587.
[232] 苏承东，张振华. 大理岩三轴压缩的塑性变形与能量特征分析[J]. 岩石力学与工程学报，2008，27（2）：273-280.
[233] 宋卫东，明世祥，王欣，等. 岩石压缩损伤破坏全过程试验研究[J]. 岩石力学与工程学报，

2010，29（A02）：4180-4187.
[234] 陈颙，姚孝新，耿乃光. 应力途径、岩石的强度和体积膨胀[J]. 中国科学，1979（11）：1093-1100.
[235] 许东俊，耿乃光. 岩体变形和破坏的各种应力路径[J]. 岩土力学，1986. 7（2）：17-25.
[236] 哈秋舲. 加载岩体力学与卸荷岩体力学[J]. 岩土工程学报，1998. 20（1）：114-114.
[237] 李天斌，王兰生. 卸荷应力状态下玄武岩变形破坏特征的试验研究[J]. 岩石力学与工程学报，1993. 12（4）：321-327
[238] 周小平，哈秋聆，张永兴，等. 峰前围压卸荷条件下岩石的应力-应变全过程分析和变形局部化研究[J]. 岩石力学与工程学报，2005，24（18）：3236-3245.
[239] 陈卫忠，刘豆豆，杨建平，等. 大理岩卸围压幂函数型 Mohr 强度特性研究[J]. 岩石力学与工程学报，2008，27（11）：2214-2220.
[240] 李宏哲，夏才初，闫子舰，等. 锦屏水电站大理岩在高应力条件下的卸荷力学特性研究[J]. 岩石力学与工程学报，2007，26（10）：2104-2109.
[241] MOGI K. Experimental Rock Mechanics[D]. London：Taylor & Francis Group，2005.
[242] 李贺，尹光志. 中等主应力变化引起的岩石破坏[J]. 煤炭学报，1990，15（1）：10-14.
[243] 刘汉东，曹杰. 中间主应力对岩体力学特性影响的试验研究[J]. 人民黄河，2008，30（1）：59-60.
[244] 杨继华，刘汉东. 岩石强度和变形真三轴试验研究[J]. 华北水利水电学院学报，2007，28（3）：66-68.
[245] 李小春，许东俊. 中间主应力对岩石强度的影响程度和规律[J]. 岩土力学，1991，12（1）：9-16.
[246] 陈景涛，冯夏庭. 高地应力下岩石的真三轴试验研究[J].岩石力学与工程学报，2006. 25（8）：1537-1543.
[247] 向天兵，冯夏庭，陈炳瑞，等. 三向应力状态下单结构面岩石试样破坏机制与真三轴试验研究[J]. 岩土力学，2009，30（10）：2908-2916.
[248] 李小春，许东俊. 双剪应力强度理论的试验验证-拉西瓦花岗岩强度特性的真三轴试验研究[R]. 武汉：中国科学院院武汉岩土力学研究所，1990.
[249] 黄书岭. 高应力下脆性岩石的力学模型与工程应用研究[D]. 武汉：中国科学院武汉岩土力学研究所，2008.
[250] 张凯. 脆性岩石力学模型与流固耦合机理研究[D]. 武汉：中国科学院武汉岩土力学研究所，2010.
[251] 邱士利，冯夏庭，张传庆，等. 不同卸围压速率下深埋大理岩卸荷力学特性试验研究[J]. 岩石力学与工程学报，2010，29（9）：1807-1817.
[252] 邱士利，冯夏庭，张传庆，等. 不同初始损伤和卸荷路径下深埋大理岩卸荷力学特性试验研究[J]. 岩石力学与工程学报，2012，31（8）：1686-1697.
[253] 邱士利，冯夏庭，张传庆，等. 均质各向同性硬岩统一应变能强度准则的建立及验证[J]. 岩石力学与工程学报，2013，32（4）：714-727.
[254] 杨艳霜，周辉，张传庆，等. 大理岩单轴压缩时滞性破坏的试验研究[J]. 岩土力学，2011，32（9）：2714-2720.
[255] 朱珍德，张勇，徐卫亚，等. 高围压高水压条件下大理岩断口微观机理分析与试验研究[J]. 岩石力学与工程学报，2005，24（1）：44-51.
[256] 冯涛，谢学斌. 岩爆岩石断裂机理的电镜分析[J]. 中南工业大学学报，1999，30（1）：14-17.

[257] 刘小明，李焯芬. 岩石断口微观断裂机理分析与试验研究[J]. 岩石力学与工程学报，1997，16（6）：509-513.

[258] ETHERIDGE M A. Differential stress magnitudes during regional deformation and metamorphism：Upper bound imposed by tensile fracturing[J]. Geology，1983，11（4）：231-234.

[259] RAMSEY J M. Experimental Study of the transition from brittle shear fractures to joints[D]. Texas：A&M University，College Station，2003.

[260] 李春光，郑宏，王水林，等. 复杂应力条件下脆性材料的受拉破坏准则[J]. 力学与实践，2006，28（2）：57-61.

[261] 周火明，熊诗湖，刘小红，等. 三峡船闸边坡岩体拉剪试验及强度准则研究[J]. 岩石力学与工程学报，2005，24（24）：4418-4421.

[262] 柳赋铮. 拉伸和拉剪状态下岩石力学性质的研究[J]. 长江科学院院报，1996，13（3）：35-39.

[263] 朱子龙，李建林. 三峡工程岩石拉剪蠕变断裂试验研究[J]. 武汉水利电力大学（宜昌）学报，1998，20（3）：16-19.

[264] 李建林. 三峡工程岩石拉剪断裂特性的试验研究[J]. 地下空间，2002，22（2）：149-152.

[265] RAMSEY J M，CHESTER F M. Hybrid fracture and the transition from extension fracture to shear fracture[J]. Nature，2004，428（6978）：63-66.

[266] RODRIGUEZ E. A microstructural study of the extension-to-shear fracture transition in Carrara Marble[D]. Texas：A&M University，2005.

[267] FERRILL D A，MCGINNIS R N，MORRIS A P，et al. Hybrid failure：Field evidence and influence on fault refraction[J]. Journal of structural geology，2012，42：140-150.

[268] ENGELDER T. Transitional - tensile fracture propagation：a status report[J]. Journal of structural geology，1999，21（8）：1049-1055.

[269] 周辉，卢景景，徐荣超，等. 硬脆性大理岩拉剪破坏特征与屈服准则研究[J]. 岩土力学，2016，37（02）：305-314.

[270] 周辉，陈珺，卢景景，等. 岩石多功能剪切试验测试系统研制[J]. 岩土力学，2018，39（03）：101-109.

[271] 杨艳霜. 硬脆性岩石强度的时间效应试验与理论模型研究[D]. 武汉：中国科学院武汉岩土力学研究所，2013.

[272] 周辉，李震，杨艳霜，等. 岩石统一能量屈服准则[J]. 岩石力学与工程学报，2013，32（11）：2170-2184.

[273] 杨凡杰. 深埋隧洞岩爆孕育过程的数值模拟方法研究[D]. 武汉：中国科学院武汉岩土力学研究所，2013.

[274] KRAJCINOVIC D，SILVA M A G. Statistical Aspects of the Continuous Damage Theory[J]. International journal of solids & structures，1982，18（7）：551-562.

[275] 张传庆，周辉，冯夏庭. 基于破坏接近度的岩土工程稳定性评价[J]. 岩土力学，2007，28（5）：888-894.

[276] 周辉，张传庆，冯夏庭，等. 隧道及地下工程围岩的屈服接近度分析[J]. 岩石力学与工程学报，2005，24（17）：3083-3087.

[277] MARTINO J B，CHANDLER N A. Excavation-induced damage studies at the underground research laboratory[J]. International journal of rock mechanics & mining sciences，2004，41（8）：1413-1426.

[278] MARTIN C D. The strength of massive Lac du Bonnet granite around underground

openings[D]. Manitoba：University of Manitoba，1993.
[279] READ R S. Characterizing excavation damage in highly stressed granite at AECL’s Underground Research Laboratory[C] //Proc. Int. Conf. on Deep Geological Disposal of Radioactive Waste. 1996：35-46.
[280] 黄运飞. 关于地下洞室形状的几个问题[J]. 水文地质工程地质，1989，06：49-51.
[281] 董书明，辛全才，卢树盛. 断面形状对隧洞围岩稳定性的影响分析[J]. 中国农村水利水电，2011，01：102-104，107.
[282] 郝付成. 合理开挖地下洞室洞形初探[J]. 市政技术，2006，23（6）：390-392.
[283] 顾金才，顾雷雨，陈安敏，等. 深部开挖洞室围岩分层断裂破坏机制模型试验研究[J]. 岩石力学与工程学报，2008，27（3）：433-438.
[284] CHEON D S，JEON S，PARK C，et al. Characterization of brittle failure using physical model experiments under polyaxial stress conditions[J]. International journal of rock mechanics & mining sciences，2011，48（1）：152-160.
[285] 蔡美峰. 岩石力学与工程[M]. 北京：科学出版社，2002.
[286] 吴文平. 深埋硬岩隧洞支护优化设计方法研究[D]. 武汉：中国科学院武汉岩土力学研究所，2011.
[287] 周辉，孟凡震，张传庆，等. 深埋硬岩隧洞岩爆的结构面作用机制分析[J]. 岩石力学与工程学报，2015，34（4）：720-727.
[288] 明华军. 基于微震信息的深埋隧洞岩爆孕育机制研究[D]. 武汉：中国科学院武汉岩土力学研究所，2012.
[289] 刘立鹏. 锦屏二级水电站施工排水洞岩爆问题研究[D]. 北京：中国地质大学，2011.
[290] WANG S Y，LAM K C，AU S K，et al. Analytical and Numerical Study on the Pillar Rockbursts Mechanism[J]. Rock mechanics & rock engineering，2006，39（5）：445-467.
[291] 顾金才，范俊奇，孔福利，等. 抛掷型岩爆机制与模拟试验技术[J]. 岩石力学与工程学报，2014，33（6）：1081-1089.
[292] 朱维申，李术才，陈卫忠. 节理岩体破坏机理和锚固效应及工程应用[M]. 北京：科学出版社，2002.
[293] 张宁，李术才，李明田，等. 单轴压缩条件下锚杆对含三维表面裂隙试样的锚固效应试验研究[J]. 岩土力学，2011，32（11）：3288-3294.
[294] 张波，李术才，杨学英，等. 含交叉裂隙节理岩体锚固效应及破坏模式[J]. 岩石力学与工程学报，2014，33（5）：996-1003.
[295] STEIF P S. Crack extension under compressive loading[J]. Engineering fracture mechanics，1984，20（3）：463-473.

附　图

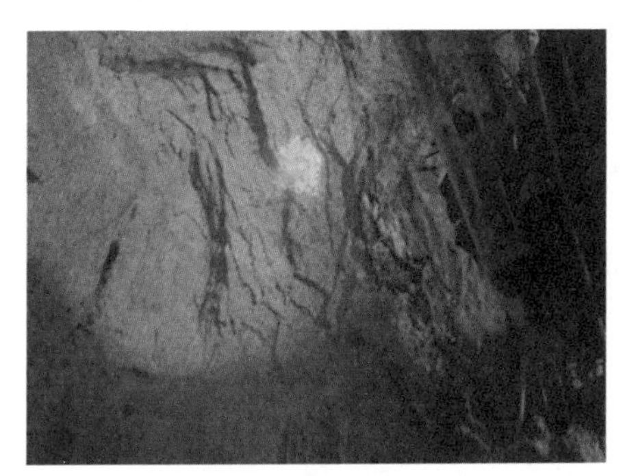

（a）齐热哈塔尔水电站引水隧洞[1]

（b）白鹤滩地下厂房第一层开挖侧拱~拱脚[2]

（c）钻爆法开挖围岩板裂化破坏

（d）TBM 开挖围岩板裂化破坏

（e）伴有板裂化破坏的顶拱岩爆

（f）板裂化围岩高位水压导致衬砌破坏

图 1.1　深埋隧洞围岩板裂化及其危害

（a）圆形断面隧洞围岩板裂化形态

（b）直墙拱形断面隧洞围岩板裂化形态

图 2.3　不同断面形状隧洞围岩板裂化形态

（a）边墙和拱肩　　（b）拱顶和拱肩

图 2.5　2#试验洞支洞板裂化形态

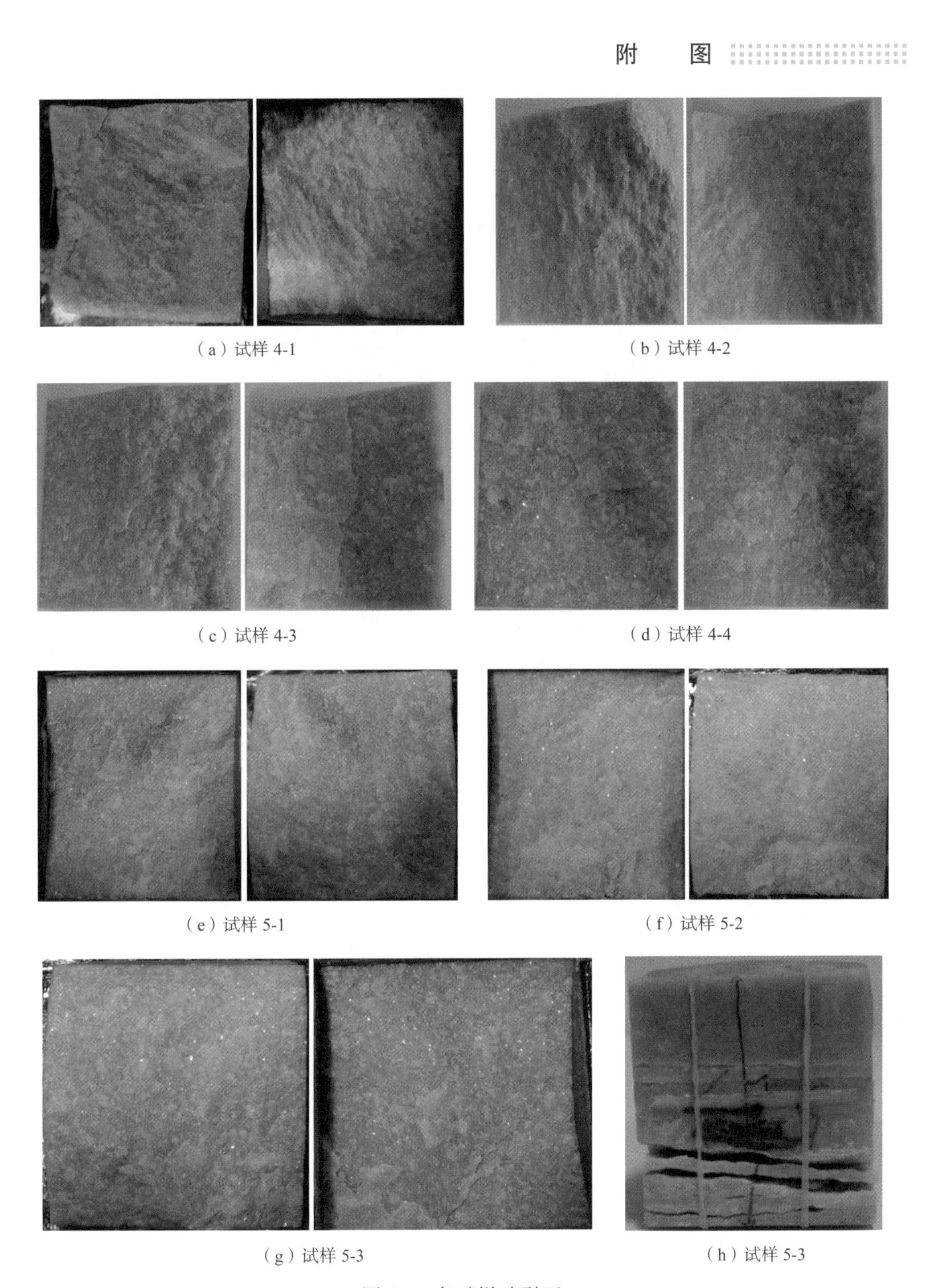

（a）试样 4-1　　（b）试样 4-2

（c）试样 4-3　　（d）试样 4-4

（e）试样 5-1　　（f）试样 5-2

（g）试样 5-3　　（h）试样 5-3

图 4.9　各试样破裂面

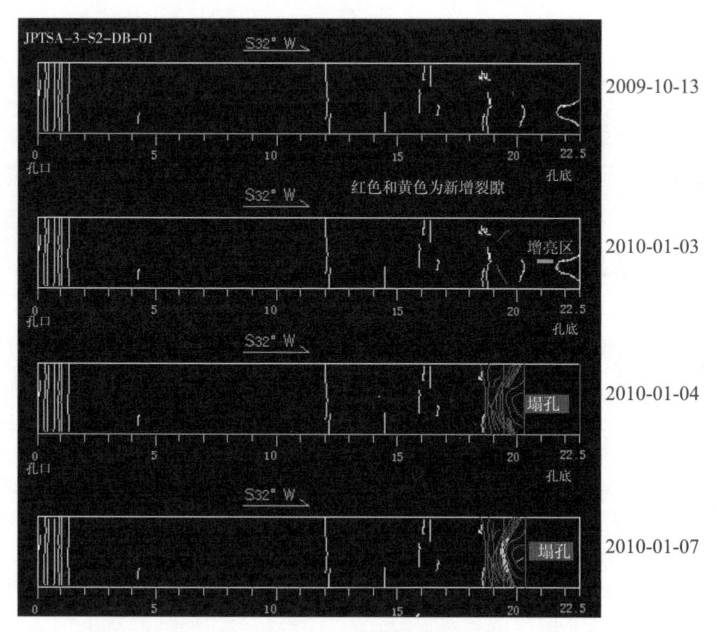

图 4.25　数字钻孔摄像裂隙素描图[212]

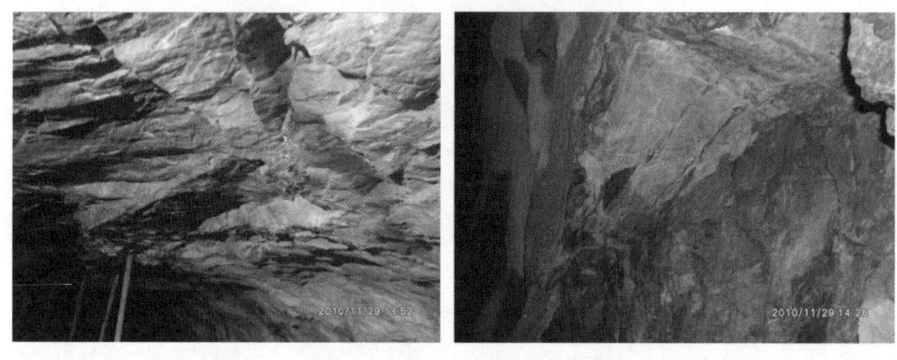

图 5.18　锦屏二级水电站现场揭露的结构面

图 6.10　剪切张拉型板裂化岩爆典型代表图